气体同位素质谱分析 300 问

曹亚澄 等 编著

科 学 出 版 社

北 京

内 容 简 介

气体同位素质谱仪是现代科学研究的一种先进仪器设备,且与同位素质谱仪联机的外部进样设备又多种多样。在仪器性能、分析方法和样品处理技术快速发展的今天,无论是在仪器的使用还是测试方法的掌握上出现很多问题是必然的,在很多场合经常有人提出质谱分析中遇到的许多仪器故障或方法技术问题,请求解答或想得到正确的解决方法。为此,本书将收集到的这些杂然无章的问题进行分类和整理,并尽可能给出恰当的答案。这是编写出版《气体同位素质谱分析300问》一书的初心。本书分类整理出六章,共收集了341个问题,以问答的方式进行编写,图文并茂,清晰明了,通俗易懂。

本书可供从事稳定性同位素相关研究的科研人员,以及气体同位素质谱分析的技术人员参考使用。

图书在版编目(CIP)数据

气体同位素质谱分析 300 问 / 曹亚澄等编著. —北京:科学出版社,2020.11
ISBN 978-7-03-066505-8

Ⅰ.①气… Ⅱ.①曹… Ⅲ.①气体-同位素-质谱法-分析方法-问题解答 Ⅳ.①O657.63-44

中国版本图书馆 CIP 数据核字(2020)第 205253 号

责任编辑:周 丹 黄 梅 石宏杰 / 责任校对:杨聪敏
责任印制:张 伟 / 封面设计:许 瑞

科 学 出 版 社 出版
北京东黄城根北街 16 号
邮政编码:100717
http://www.sciencep.com

北京九州迅驰传媒文化有限公司 印刷
科学出版社发行 各地新华书店经销
*
2020 年 11 月第 一 版 开本:720×1000 1/16
2020 年 11 月第一次印刷 印张:16 1/2
字数:333 000
定价:119.00 元

《气体同位素质谱分析 300 问》
编辑委员会

主　　　编：曹亚澄
副　主　编：田有荣　范昌福　尹希杰　温　腾
编委会成员：（以姓氏汉语拼音字母排序）

序 一

20世纪初出现的质谱计是同位素测量中最重要、使用最广泛的仪器。1940年由尼尔研制出来的同位素比值质谱计，大大提升了气体同位素测量技术，为稳定同位素化学和地球化学快速发展提供了重要支撑。近一个世纪以来，气体同位素质谱分析技术不断与时俱进。近年来，随着仪器设备性能的不断改善和各种配套设备的相继投入使用，相关测量的精确度和灵敏度显著提高，测量速度加快，微区测量和自动化测量成为趋势，为气体同位素质谱分析的相关研究开拓出更为广阔与辉煌的前景。

气体同位素质谱分析技术的进步为人们带来新的机遇和便利，同时不可避免地也将带来新的问题。为了更好地掌握相关技术，充分发挥气体同位素质谱测量的作用，必须深入了解和面对这些问题。正是从这一思路出发，曹亚澄主编和该书的其他编著者收集、整理当前气体同位素质谱分析中常见的各种问题和解决方法，编写了这本名为《气体同位素质谱分析300问》的著作，以帮助相关实验和研究人员更有效地使用气体同位素质谱仪器和外部设备，取得可靠的分析数据。

该书最明显的特点是它的实用性。整书的结构是具有问题导向的。编写者都是长期在气体同位素质谱分析第一线工作的专家和技术人员，与国内外厂商和实验室有密切联系，对相关问题有清楚的理解，提出的处理办法有明确的针对性。同时，该书又保持了论述的完整性和系统性，全面照顾到样品采集处理、仪器设备调试、标准物质使用和数据处理各个方面。书中包含大量图片，叙述清楚易懂，不失为一本有重要参考价值的工具书。

当前，稳定同位素研究在我国进入飞速发展的新时期，数百个实验室正在运用气体同位素质谱分析技术在众多科技领域开展相关研究，参与工作的人员数以千计。该书的出版符合广大科研与实验人员的迫切需要，相信对稳定同位素研究在我国的健康发展将起到重要的推动作用。

丁悌平　研究员

中国地质科学院矿产资源研究所

2020年1月25日

序 二

随着我国科研经费投入的不断增加，曾经非常昂贵、稀少的同位素质谱分析仪器在高校和科研单位中日渐普及，但是对熟练操作同位素质谱分析仪器的专业技术人员的培养却严重滞后。专业技术人员的极度缺乏导致大量购置的稳定同位素质谱分析仪器不能充分发挥作用。有鉴于此，以南京师范大学地理科学学院为依托，曹亚澄老师积极组织举办多次全国土壤和环境领域 ^{15}N 稳定同位素质谱分析技术应用培训班，取得了很好的效果。他总结了自己长期从事土壤稳定同位素质谱分析的丰富经验和认识，负责编写了《稳定同位素示踪技术与质谱分析——在土壤、生态、环境研究中的应用》一书，该书已由科学出版社在 2018 年出版。该书出版后受到了读者的广泛好评。但同时，读者们也发现，该书并没有涉及应用稳定同位素技术和气体同位素质谱分析中遇到的大量具体问题。为了解答这些问题，曹亚澄老师萌生了编写出版一本问答式著作的想法。有了这样的设想后，就邀请了国内气体同位素质谱分析的专家及同位素质谱国外厂商的有关专业技术人员共同收集、整理稳定同位素技术应用中遇到的各种具体问题，并给出答案或解决问题的方法，结集成了《气体同位素质谱分析 300 问》。

《气体同位素质谱分析 300 问》一书不仅收集了稳定同位素标记、样本采集、储存、前处理及同位素分析数据处理中经常遇到的技术问题，而且用较大的篇幅收集和解答了与同位素质谱联用的多种外部设备使用中遇到的技术问题，具有非常强的针对性和实用性。该书是对《稳定同位素示踪技术与质谱分析——在土壤、生态、环境研究中的应用》一书在应用领域的补充，它的出版必将为提高我国气体稳定同位素技术的应用水平发挥重要的作用。

蔡祖聪　教授

南京师范大学地理科学学院

2020 年 3 月 7 日

前　言

稳定同位素技术具有示踪（tracing）、整合（integration）和指示（indication）等多种特殊功能。从对技术影响的广度而言，可能只有现代电子学和数据处理才能与稳定同位素技术相比。它使人们的观察和识别事物的本领提高到分子水平，为人们认识世界开辟了一条新的途径。在我国，稳定同位素技术已广泛地应用于地质、农业、生态、环境、食品溯源等研究领域，以及用于探索古气候与古人类的生存环境等。

稳定同位素质谱仪器是一种精密的大型分析仪器。随着国家经济实力的提升和对科研经费的持续投入，我国拥有气体稳定同位素质谱仪器（SIRMS）的数量快速增加。这些仪器中有赛默飞世尔（Thermo Fisher Scientific）科技有限公司生产的 253 系列和 Delta 系列、Elementar 质谱公司的 Isoprime 100 型、SerCon 质谱公司的 20-22 型，以及英国 Nu 公司的 Perspective 同位素比值质谱仪器等。此外，与同位素质谱仪联机的外部进样设备多种多样，尽管有些称谓不同，但原理基本相似。在仪器性能、分析方法和样品处理技术快速发展的今天，无论在仪器的使用还是测试方法的掌握上出现很多问题是必然的。科学技术人员普遍认识到，只有仪器处于正常和良好状态，才有资格谈论测定结果的准确与否。更有专家提出，提供错误的分析数据比没有数据更可怕！在气体同位素质谱分析的用户交流群中，经常有人提出质谱分析中遇到的各种仪器故障或方法技术问题，请求解答或获得适宜的解决方法。赛默飞世尔科技有限公司马潇工程师为解答疑惑，曾编写了"质谱离子源"等系列问答内容。受此启发，本书拟对这些杂然无章的问题进行分类和整理，并尽可能给出恰当的答案。这就是编写出版《气体同位素质谱分析 300 问》一书的初心，集众多老师的智慧，汇众多专家的经验，将其编写成一本气体同位素质谱分析技术方面相对全面和系统的书籍。

在本书编写过程中，本着如下几个要点：对技术问题的解答直截了当，或给出明确的解答，或给出解决问题的思路和方案；在回答质谱仪器或外部进样设备的故障和疑点时，不仅限于某个商家生产的质谱仪器和设备，而是根据它们各自的特点说明问题所在，确保一定的覆盖面，但仍以赛默飞世尔科技有限公司生产的设备为主要说明对象。在这里需要强调说明一点，本书不对任何型号的仪器设备作推荐和评价，仅对编著者使用仪器设备过程中出现的技术问题作一些简要的解答；为了保证本书的质量，对目前编著者不很熟悉的应用领域的问题（如有机同位素化学和团簇同位素的应用等）暂不作收集，以常见的碳、氢、氧、氮、硫稳定同位素的质谱分析技术问题为主。

本书分类整理出下列六部分：①样品采集、储存和前处理的问题；②同位素示踪技术的问题；③同位素质谱仪器调试的问题；④多种外部设备调试和应用问题；⑤气体同位素组成测量中标准样品的选择问题；⑥气体同位素质谱测定数据的处理问题。根据各位老师和专家的工作经验，分类进行编写，并归纳和融入其他人员收集的同类问题和答案。最后由田有荣、范昌福、马潇、张金波、蔡祖聪、温腾和曹亚澄等完成本书的统稿工作。在本书正文后，我们附上了最新的元素周期表、稳定同位素丰度表、稳定同位素的标准物质表以及赛默飞 IRMS及其外部设备的主要备件和消耗品清单。我国稳定同位素界德高望重的丁悌平先生专为本书作序一，我们由衷地对他表示感谢。在编写本书的过程中，还有一些老师和同学参与了问题的收集和解答，他们的名字都列在相关问题的文后，在此我们一并表示深深的感谢！同时，本书得到了国家自然科学基金重点项目"植物对土壤氮转化的反馈作用及其机理研究"（41830642）和国家重点研发计划子课题"主要农田土壤肥料氮的转化特征与保氮机理"（2017YFD0200101）的支持和资助。

在气体同位素质谱分析过程中，会出现各种各样的问题，有的较为简单，有的极其复杂。对所有的问题作完整、准确的回答，不是一件容易的事，但我们编著者努力在做。可喜的是在编委会中有经验丰富的资深质谱仪器维修和应用工程师，他们严格把关以保证本书质量。尽管如此，由于编著者的水平有限，书中难免存在不足和疏漏，敬请读者和同行专家批评指正。

曹亚澄

2020 年 1 月 30 日

目　　录

序一

序二

前言

第一章　样品采集、储存和前处理的问题 ……………………………………… 1

1. 采集同位素分析样品应遵循哪些原则？ …………………………………… 1

2. 一般土壤样品的采集以什么深度为宜？ …………………………………… 1

3. 为什么以风干方式处理采集后的土壤样品？ ……………………………… 1

4. 测定土壤中无机态氮，为什么要用盐溶液提取？ ………………………… 2

5. 如何采集植物样品？采集后应如何处理？ ………………………………… 2

6. 在研磨示踪试验的土壤和植物样品时，最重要的是应注意什么？ ……… 2

7. 待测的同位素固体样品应该如何保存？ …………………………………… 3

8. 测定动物组织样品的同位素比值时，样品应如何处理？ ………………… 3

9. 水样品采集后应如何处理和保存？ ………………………………………… 4

10. 测定同位素水样品的采样瓶应采用什么样的材质？ …………………… 4

11. 采集同位素水样品的要求是什么？ ……………………………………… 4

12. 同位素水样品储存时间的长短会影响同位素比值结果吗？ …………… 5

13. 应注意水样品存放温度对同位素比值测定结果的影响 ………………… 5

14. 采集气体样品时应注意哪些问题？ ……………………………………… 5

15. 测定气体样品的同位素比值时，在采集、储存、转移和稀释样品时应注意
的事项有哪些？ …………………………………………………………… 6

16. 使用气袋保存气体样品应注意的事项 …………………………………… 6

17. 气体顶空瓶密封隔垫的选择有什么注意事项？ ………………………… 7

18. 应该选择什么样的气体样品瓶和封盖？ ………………………………… 7

19. 应该如何清洗气体样品瓶？ ……………………………………………… 8

20. 应该选择何种气体采样针？ ……………………………………………… 8

21. 测定水中溶解性无机碳（DIC）碳同位素样品的前处理流程及其注意事项 …… 8

22. 对测定碳酸盐岩的稳定碳、氧同位素比值的样品，其取样位置的重要性 …… 9

23. 磷酸法测定碳酸盐岩样品稳定碳氧同位素时，样品的选择需要注意哪些问题？ …… 10

24. 如何减少KCl试剂中的杂质氮对土壤提取液中无机态氮^{15}N自然丰度测定的影响？ …… 11

25. 水体中硫酸根硫同位素样品的处理方法 ································· 11

26. 硅酸盐、氧化物中氧同位素样品的处理方法 ························· 12

27. 对含有碳酸盐的土壤和全岩等样品测定有机碳的同位素比值时，应如何进行
　　前处理？ ··· 12

28. 页岩和土壤样品的有机碳、氮同位素分析样品的处理方法 ············· 13

29. 玻璃和石英膜颗粒有机碳（POC）碳同位素测试前的处理流程 ··········· 13

30. 水溶解性有机碳（DOC）碳同位素测试前处理流程和注意事项 ··········· 14

第二章　同位素示踪技术的问题 ··· 15

31. 国内能买到哪些碳、氮、氧稳定同位素的标记物质？ ················· 15

32. 示踪试验时，如何正确选择同位素标记物质的丰度？ ················· 15

33. 怎样估算出同位素示踪试验中标记物质的使用丰度？ ················· 16

34. 如何由已有高丰度的同位素标记物质，配制出示踪试验所需丰度的标记物质？ ··· 16

35. 进行示踪试验时，如何选取 ^{15}N 标记物质种类？ ······················ 16

36. 在示踪试验中，如何确定 ^{15}N 标记物质的丰度？ ······················ 17

37. 在示踪试验中，如何确定 ^{15}N 标记物质的用量？ ······················ 17

38. 在示踪试验中，如何确定 ^{15}N 的标记方法？ ························· 17

39. 如何进行 ^{15}N 示踪样品的预处理？ ······························· 18

40. ^{15}N 示踪试验的土壤样品如何采集、储存、预处理？ ··················· 18

41. 如何选择 ^{13}C 标记物质的种类？ ·································· 18

42. 如何选择 ^{13}C 标记物质的丰度？ ·································· 19

43. 如何选择 ^{13}C 标记物质的用量？ ·································· 20

44. ^{13}C 标记物质的使用方法有哪些？ ································· 20

第三章　同位素质谱仪器调试的问题 ····································· 24

第一节　气体同位素质谱仪的规范性操作及相关问题的理解 ··············· 24

45. 如何在 Windows 10 电脑上安装 Isodat 3.0 软件？ ······················ 24

46. 在进行稳定同位素比值质谱测定前，如何理解以下 4 个有关同位素的名词？ ···· 25

47. 气体同位素比值质谱仪（GIRMS）的工作原理是什么？ ················· 26

48. 气体同位素质谱仪的分辨率（R）、质量分辨能（MRP）、质量色散（Dm）
　　分别是什么含义？ ··· 27

49. 如何计算稳定同位素比值质谱仪（IRMS）的分辨率？ ··················· 29

50. Peak scan 和 mass scan 有区别吗？ ································· 29

51. 同位素质谱仪分析器的物理半径与离子偏转的有效半径有何区别？ ········· 29

52. 关于气体同位素质谱仪的离子束聚焦 ······························· 30

53. 有哪些质谱仪器的技术指标会严重影响气体同位素质谱的测定结果？ ········· 30

54. 如何理解 IRMS 的绝对灵敏度和丰度灵敏度？ ························· 31

55. 如何计算连续流测量模式的灵敏度 ······31
56. 同位素质谱仪器的灵敏度与测试方法的检测限有什么差别? ······32
57. 稳定 IRMS 为什么需要在真空状态下运行? ······32
58. 气体同位素质谱仪在测定样品前,怎样进行最佳状态的调试? ······32
59. 在气体同位素质谱仪安装、调试以后,如何建立一个样品测定的方法? ···33
60. 什么是同位素质谱仪器的本底值?本底值过高应如何应对? ······34
61. 怎样理解同位素质谱仪器的"线性"? ······34
62. 同位素质谱仪器测定时"峰对中"的作用 ······34
63. On-off test 不达标应如何应对? ······35
64. 气体同位素质谱仪的零富集度测试的精度较差,或线性测试的斜率不达标,应该怎么办? ······35
65. H₃ 因子大于 10 应如何应对? ······35
66. 如果测定样品时,没有信号应该如何应对? ······36
67. 在 SerCon 气体同位素质谱仪测定样品前,如何进行稳定性的调试? ······36

第二节　离子源软件调控参数的含义及优化方式 ······39
68. 何谓连续流进样模式? ······39
69. 气体同位素质谱离子源是什么源?它是如何工作的? ······40
70. 离子源的内部构造是什么样子? ······41
71. 同位素质谱离子源内的"引出电压"作用是什么? ······41
72. 何谓同位素质谱离子源内的"电子能量"?通常需要调节吗? ······42
73. 离子源电参数中"box"与"trap"是什么关系? ······42
74. 离子源调谐时的各项参数代表什么含义? ······43
75. 什么时候需要对气体同位素质谱仪的离子源电参数进行优化调谐? ······43
76. 经 auto focus 后,如何判断离子源参数的好坏? ······44
77. 如何进行气体同位素质谱仪离子源参数的调谐? ······44
78. 什么情况下需要手动调节离子源的参数(manual focus)? ······45
79. 什么是"离子源的加热"? ······45
80. 在同位素质谱仪器的参比气体线性较差时,怎么办? ······45
81. 什么情况下需要更换质谱仪的离子源阴极灯丝? ······45
82. 质谱仪器的离子源阴极灯丝为什么会点不着? ······45
83. 更换质谱仪离子源灯丝的步骤和注意事项 ······46
84. Isoprime 100 型同位素质谱仪离子源参数如何优化? ······46
85. Isoprime 100 型同位素质谱仪离子源电参数的调谐步骤 ······47

第三节　气体同位素质谱仪器的离子接收器问题 ······48
86. 在同位素质谱分析中,仪器的信号输出 nA 与 V 是什么关系? ······48

87. 稳定同位素比值质谱仪为什么使用法拉第杯作为检测器？ ……………… 48

88. 如何正确理解 IRMS 的放大器输出电压的动态范围？ ………………… 49

89. 什么情况下需要变换同位素质谱仪离子接收部件放大器的高阻？ …… 49

90. 测定何种丰度的同位素示踪样品需要调整离子接收器的高阻？ ……… 50

91. Thermo MAT-253 同位素质谱仪高低阻值如何进行切换？ …………… 50

92. 测定样品时找不到所需要的同位素质谱峰，怎么办？ ………………… 50

93. 用什么方法可以调节气体同位素质谱峰的出峰时间？ ………………… 51

94. 为什么能用同位素质谱仪进行同位素比值的精确测定？ ……………… 51

第四节　气体同位素质谱仪的维护问题 …………………………………… 51

95. 气体同位素质谱仪日常维护的日程表 ………………………………… 52

96. 气体同位素质谱仪日常维护的内容 …………………………………… 52

97. 气体同位素质谱仪各部件维护周期的明细表 ………………………… 53

98. 气体同位素质谱仪在日常测样之前需进行的检查项目 ……………… 53

99. 如何清洗 Thermo MAT-253 同位素质谱仪的离子源？ ……………… 54

100. Isoprime 100 型同位素质谱仪的离子源拆洗问题 …………………… 58

101. Thermo MAT-253 同位素质谱仪开机时真空显示异常，且真空度达不到要求
　　怎么办？ ……………………………………………………………… 58

102. Isoprime 100 型同位素质谱仪离子源开关调谐界面无法控制，如何解决？ …… 59

103. SerCon 20-22 同位素质谱仪的开机步骤及其注意事项 ……………… 59

104. SerCon 20-22 同位素质谱仪的关机步骤 …………………………… 60

105. 如何操作 SerCon 20-22 同位素质谱仪在突然断电后的程序？ …… 61

106. 拆装 SerCon 20-22 同位素质谱仪离子源处真空计的注意事项 …… 61

107. 更换 SerCon 20-22 同位素质谱仪离子源灯丝的注意事项 ………… 62

108. 气体同位素质谱仪应该配备哪些辅助设备？ ………………………… 63

第五节　其他问题 ……………………………………………………………… 64

109. 气体同位素质谱仪实验室是否需要安装排风装置？ ………………… 64

110. 要不要给气体同位素质谱仪配备不间断电源？ ……………………… 64

111. 如何选择合适的天平？ ………………………………………………… 64

112. 有连续流外部设备的实验室是否有必要配备气体流量计？ ………… 65

113. 气体同位素质谱实验室应考虑配备的其他物品 ……………………… 65

114. 在稳定同位素比值分析中应配备哪些以及什么纯度的气体？ ……… 65

115. 高纯度优质氦气的重要性及纯化方法 ………………………………… 66

116. 如何检测气体同位素质谱仪使用氦气的质量？ ……………………… 67

117. 气体同位素质谱仪应该选择哪种空气压缩机？ ……………………… 67

118. 同位素质谱仪的机械泵和空气压缩机的维护与保养 ………………… 68

119. 如何进行气体同位素质谱仪的漏气检测？ ……………………………………… 68

120. 质谱仪真空压力显示异常是什么原因？ ………………………………………… 69

121. 如何判断 Isoprime 同位素质谱仪真空的好坏？ ……………………………… 69

122. Thermo Fisher 同位素质谱仪的真空度达不到 10^{-8}mbr 时的检漏方法 ……… 69

123. Thermo-253plus 质谱仪主机在针阀关闭时，高真空出现异常，Set point Scr
　　 为红灯，如何处理？ …………………………………………………………… 70

124. Thermo-253plus 质谱仪主机在关机后再开机时，高真空显示异常，显示为
　　 1.0×10^{-11}mbar 并锁死，Set point Scr 一直显示为红灯，如何处置？ ……… 70

125. Thermo 质谱仪主机在针阀关闭时，真空出现异常高值，如何处理？ ……… 70

第四章　多种外部设备调试和应用问题 ……………………………………………… 72

第一节　双路进样系统 ………………………………………………………………… 72

126. 双路进样系统比较测量的工作原理 …………………………………………… 72

127. Thermo MAT-253 双路进样系统比较测量的操作步骤 ……………………… 73

128. 在进行双路进样系统比较测量时，样品端的离子流下降速度较快是什么原因？ … 74

129. 如何检查双路进样系统中的阀门和可变容积储样器是否漏气？ …………… 74

第二节　元素分析-同位素质谱联用系统 …………………………………………… 75

130. 元素分析-同位素质谱联用仪器的工作原理 ………………………………… 75

131. 元素分析仪（Thermo Flash 2000HT）检漏原理及步骤 …………………… 76

132. 与 MAT-253 气体同位素比值质谱仪相连接的元素分析仪，在更换氧化管或
　　 裂解管之后如何检漏？ ………………………………………………………… 77

133. 如何对元素分析仪分析系统进行检漏？ ……………………………………… 78

134. Open split 出现三通阀漏气和堵塞现象及其解决办法 ……………………… 78

135. 在实际样品分析前，需要测试哪些性能指标以检验 EA-IRMS 的工作状态？ … 79

136. 元素分析仪的闪燃温度是多少？是如何达到的？ …………………………… 79

137. 样品在元素分析仪的燃烧炉中，反应不完全的原因有哪些？ ……………… 79

138. EA-IRMS 联机系统测定元素含量的工作原理 ……………………………… 80

139. 利用 EA-IRMS 联机系统如何进行元素含量的测定？ ……………………… 80

140. EA-IRMS 联机系统的灵敏度与样品称量的关系 …………………………… 81

141. 固体自动进样器的类型有哪些？ ……………………………………………… 82

142. 对 Thermo Flash EA 的 AS200 型进样杆如何清洗？ ……………………… 84

143. 元素分析仪反应管和色谱柱温度都"OK"，检漏也通过，但不能"Ready"，
　　 什么原因？ ……………………………………………………………………… 84

144. 如何使用灰分管以提高分析效率？ …………………………………………… 85

145. 在进行元素分析仪-同位素质谱分析氮、碳同位素比值时，怎么判别氧化炉
　　 和还原炉失效？ ………………………………………………………………… 85

146. 采用 Thermo EA-IRMS 联机系统如何进行 C、N 同位素分析？如何正确
填装燃烧反应管？使用时需要注意什么？ ……………………………… 86

147. 如何正确填装元素分析仪氧化管、还原管及化学阱中的试剂？使用时应
注意哪些事项？ ………………………………………………………… 87

148. 在 EA-IRMS 联机系统中，元素分析仪上的化学阱主要起什么作用？使用时
需要注意什么？ ………………………………………………………… 88

149. 在采用元素分析仪-同位素质谱测定高 C/N 或低 N 含量样品的 N、C
同位素比值时，如何保证测定结果的重复性？ ……………………… 89

150. 何时需要进行磁场的跳跃校准？如何操作？ ………………………… 90

151. EA-IRMS 分析中，称取固体样品需要注意什么问题？ ……………… 90

152. 待测的同位素固体样品应该如何保存？ ……………………………… 91

153. 采用 Thermo EA-IRMS 进行分析时，如何进行空白校正？ ………… 91

154. 如何根据 Thermo EA-IRMS 测定的峰形和信号值判断测定结果是否正确？ …… 91

155. 对于连续流进样模式，常见的本底值算法有哪些？ ………………… 93

156. 氮同位素比值测定的灵敏度为什么低于碳同位素比值测定？ ……… 94

157. 在 EA-IRMS 分析同位素标记样品以后，需要对分析系统进行怎样处理
才能进行自然丰度样品测试？ ………………………………………… 94

158. 元素分析仪测定氮时，测定值异常且出现双峰，是什么原因？ …… 94

159. 在用 EA-IRMS 联机系统测定样品中氮同位素比值时，是否需要采集 m/z 30
的峰值？ ………………………………………………………………… 94

160. 在测定氮同位素比值时，通常为什么无法准确测量氮–30 的峰？ …… 95

161. 测定 N_2 中氮同位素离子峰的选择 …………………………………… 95

162. EA-IRMS 测定固体样品氮同位素时，同位素值异常且出现双峰，是什么原因？ … 96

163. SerCon 20-22 同位素质谱联用仪器上 EA 自动检漏不通过的原因主要有哪些？ …… 96

164. SerCon 20-22 同位素质谱联用仪器 EA 自动进样盘的日常维护 ……… 96

165. 在使用 SerCon 20-22 同位素质谱联用仪器测定样品过程中本底过高的原因
是什么？ ………………………………………………………………… 97

166. 在使用 SerCon 20-22 同位素质谱联用仪器测定样品时，样品峰出现各种
不正常形态及其产生原因 ……………………………………………… 97

167. SerCon 20-22 同位素质谱联用仪器在测定样品时，不出峰的一些原因 …… 98

168. SerCon 20-22 同位素质谱联用仪器测定样品时，如何减小样品间的记忆
效应？ …………………………………………………………………… 98

169. Elementar 元素分析仪-同位素质谱开机之前需要做哪些检查？ ……… 98

170. Isoprime 同位素质谱仪进行高 C/N 的样品测定时，如何同时测定元素
百分含量以及同位素比值？ …………………………………………… 99

171. Isoprime 同位素质谱仪上理想的参比气体峰形是什么样的？导致参比气体
峰形不好的原因有哪些？ ·················· 99

172. Elementar 元素分析仪-同位素质谱开机后，为何显示反应器在加热但温度
不上升？ ·················· 99

173. Elementar 元素分析仪-同位素质谱测定时为何不出现参比气体峰？ ········· 99

174. Elementar 元素分析仪-同位素质谱测定时为何没有样品峰？ ·········· 100

175. Elementar 元素分析仪-同位素质谱测定时为何还原管消耗过快？ ········· 100

176. Elementar 元素分析仪-同位素质谱分析碳、氮同位素比值时，没打开
参比气针阀的情况下，信号值达到了 10^{-8}A 的原因？ ·········· 100

177. Elementar 元素分析仪-同位素质谱分析碳、氮同位素比值，元素分析仪
已通过检漏，但发现氮空白较高，什么原因？ ·········· 100

178. Elementar 元素分析仪-同位素质谱分析碳、氮和硫同位素比值时，
碳吸附柱和硫吸附柱不升温或升温时间不对的原因是什么？ ········ 101

179. Elementar 元素分析仪产生 CO_2 峰拖尾的原因是什么？ ·········· 101

180. Elementar 元素分析仪-同位素质谱同时测定碳、氮同位素比值时，
在测氮后无碳信号输出，应该如何解决？ ·········· 101

181. 在采用 Iso TOC cube-Isoprime 100 型质谱仪测定水样品 DOC 含量
及碳同位素时，虽然系统检漏通过但是××压力仍不正常，是什么原因？ ···· 102

182. 在采用 Iso TOC cube-Isoprime 100 型质谱仪测试海水中的 DOC 含量及碳同位素，
由于海水中较多的卤素对管路和仪器产生较大影响时，如何解决？ ······· 102

183. 硫同位素分析的方法与原理 ·················· 102

184. EA-IRMS 联用连续流测定硫同位素 ·················· 103

185. 采用 EA-IRMS 如何进行硫同位素分析？日常分析时需要注意什么？ ······· 104

186. 如何消除 EA-IRMS 联机系统测定 δ^{34}S 时硫的记忆效应？ ········· 104

187. 硫酸盐是否都需要转化成硫酸钡后再测定其硫同位素？ ·········· 104

188. 碳酸钠-氧化锌半熔法提取全岩样品中的硫 ·················· 106

189. 沉积物等低硫含量的全硫同位素测试方法 ·················· 107

190. Elementar 元素分析仪-同位素质谱测固体硫同位素时，打开参比气体盒，
气压表显示压力增大且无法调小的原因？ ·········· 109

191. 什么是 H_3 因子？为什么要进行 H_3^+ 校正？如何进行 H_3^+ 校正？ ········ 109

192. 采用 Thermo EA-IRMS 如何分析液态水 δD 和 δ^{18}O？日常分析时需要注意
什么？ ·················· 110

193. EA 高温裂解测试水中氢同位素时，对仪器信号值降低的解决方案········· 111

194. EA 高温裂解管测水中氢同位素时，刚更换填料后测试数据不稳定，怎么办？ ··· 111

195. 采用高温碳还原法分析液态水 δD 和 $\delta^{18}O$ 时，为什么会出现 H_2 和 CO 样品峰分离度差，以及 CO 样品峰漂移、延迟或拖尾等现象？ …………… 111

196. 采用高温碳还原法分析有机类样品 δD 和 $\delta^{18}O$ 时需要注意什么？ ……… 111

第三节　Thermo GasBench-IRMS 联用系统 ………………………………… 112

197. Thermo GasBench-IRMS 联用仪器的工作原理 ………………………… 112

198. Thermo GasBench 检漏原理及流程 …………………………………… 113

199. Thermo GasBench 的日常维护与保养 ………………………………… 114

200. 在 Thermo GasBench 装置上，有哪些流量需要经常检查？ ………… 114

201. Thermo GasBench 可以测定哪些样品的什么同位素？ ……………… 115

202. GC-PAL 自动进样盘如何定制和调节？ ……………………………… 115

203. GC-PAL 自动进样装置更换自动进样盘时，如何安装不同的进样盘？ … 116

204. GC-PAL 自动进样装置的自动进样针位置怎么调整？ ……………… 116

205. GC-PAL 自动进样器报警 "object tray collision before toleration" 的解决办法……… 116

206. 双线进样针的结构与堵针现象，以及解决方案…………………………… 116

207. Thermo GasBench 双线进样针常见问题及使用时的注意事项 ……… 121

208. 如何清理半堵塞状态的 Thermo GasBench 双线进样针？ ………… 122

209. 充气不彻底，加酸或加热反应平衡过程中的漏气现象………………… 122

210. 如何选择适合进行手动加酸的注射器针头？ ………………………… 124

211. 安装 GasBench 双线进样针毛细管的注意事项 ……………………… 126

212. 没有完全打开针阀时的质谱谱图……………………………………… 126

213. GasBench 除水阱什么时候应该更换，如何判断？如何更换？ ……… 126

214. 如何拆卸、清洗和安装 Thermo GasBench 上的八通阀？ ………… 128

215. 如何判断 Thermo GasBench 装置上色谱柱的故障？如何维护和更换 色谱柱？ ………………………………………………………………… 130

216. 毛细管色谱柱的烘烤、更换和维护 …………………………………… 130

217. Thermo GasBench 样品瓶的空白信号值越来越大的原因是什么？ …… 131

218. Thermo GasBench 加冷阱预浓缩装置测微量气体 N_2O 时，He 吹扫流速多少 合适？吹扫时间多久合适？ …………………………………………… 132

219. 有关 ^{17}O 的测量问题 ………………………………………………… 132

220. 如何用 CO_2 平衡法准确测量高碱性水中氧同位素组分？ ………… 132

221. 在用平衡法测水中氢同位素时，如何避免铂黑催化剂中毒失效？ …… 133

222. 含硝酸盐的碳酸盐碳、氧同位素准确测定……………………………… 133

223. DIC 样品的加样加酸技巧及顺序…………………………………… 134

224. 超盐度水的氧同位素分析对仪器本底的影响及解决办法……………… 134

第四节　微量气体预浓缩装置与同位素质谱联用系统·······························136

225. 微量气体预浓缩装置的工作原理是什么？·····································136

226. Thermo PreCon 的日常维护保养··137

227. Thermo PreCon 系统的漏气排查··137

228. Thermo PreCon 更换化学阱时的注意事项···································138

229. 化学阱中除水剂五氧化二磷与高氯酸镁的比较······························138

230. 如何解决自动进样器进样针的堵塞问题？·····································139

231. 如何减少双线进样针前端空气对 N_2O 测定的影响？······················139

232. 石英毛细管断裂如何快速解决？···140

233. 如何判断 Thermo PreCon T_3 冷阱的断裂？检查 T_3 冷阱时的注意事项？·····140

234. Thermo PreCon 六通阀常出现的故障有哪些？如何维护？··················141

235. 如何确定 Thermo PreCon 冷阱在液氮中的冷冻时间？······················141

236. 采用 Thermo PreCon 装置浓缩和转化气体样品中的 CH_4 时，应注意哪些
问题？··141

237. 测定 CH_4 中碳同位素比值时，如何消除载气中的杂质气体？··············142

238. Thermo PreCon 的冷阱不动作，该检查什么？·······························142

239. 用 Thermo PreCon-IRMS 测定气体样品的同位素比值时，参比气体峰正常，
却出现 CO_2 峰满标现象，什么原因？··143

240. 用 Thermo PreCon-IRMS 测定气体样品的同位素比值时，不出峰，该如何
检查和排除？··143

241. 用 Thermo PreCon-IRMS 系统进行测定时，不出样品峰的原因是什么？·····144

242. 用 Thermo PreCon-IRMS 系统进行测定时，如何以 m/z 28 离子流强度测定
气体样品中 N_2 浓度？···144

243. 在使用 SerCon 20-22 同位素质谱联用仪器测定气体样品时应注意哪些
问题？··145

244. 在用微量气体预浓缩装置交替测定 N_2O 和 CO_2 气体样品的同位素比值时，
应注意什么？··145

245. Thermo PreCon 测定 N_2O 时，如果测样过程中谱图突然异常，还伴随同位素
结果的异常，这是什么原因造成的？··146

246. 如何判断化学阱失效？测定 N_2O 时质谱图中的 CO_2 峰突然变大是什么
原因？··146

247. 如何解决气体样品 N_2O 测定过程中 m/z 46 漂移的现象？··················148

248. 在分析微量氮的氮同位素比值时，为什么现在都将 N_2O 作为目标气体？·····149

249. 在稀释 N_2O 气体样品时应注意哪些问题？···································149

250. 在 N_2O 气体样品同位素比值的测定中，如何减少杂质气体的影响？·········150

251. 在测定 N$_2$O 气体样品的同位素比值时，出现某一个或几个样品没有信号，下一个样品信号加倍，如何解决？ ································· 151

252. 在进行气体样品测定时，使用注射器直接注射入进样杆的方式，其信号响应明显低于利用双套针吹扫的方式，其原因是什么？ ········· 151

253. Thermo GasBench-PreCon 联用测定气体样品时的注意事项 ················ 152

254. Thermo GasBench-PreCon 联用测量微量气体 N$_2$O 时，He 吹扫流速和吹扫时间怎样设置？ ··································· 153

255. Thermo PreCon 的 V1 和 V2 阀门不工作导致无信号的判断和解决案例 ····· 153

256. Thermo GasBench-PreCon 联用本底异常的解决案例 ················ 160

第五节　Thermo Kiel Ⅳ全自动碳酸盐岩制备装置 ··························· 162

257. Thermo Kiel Ⅳ全自动碳酸盐岩制备装置的工作原理 ··············· 162

258. 采用 Thermo Kiel Ⅳ全自动碳酸盐岩制备装置测定微量碳酸盐样品碳、氧同位素比值时需要注意哪些问题？ ···················· 163

259. Thermo Kiel Ⅳ全自动碳酸盐岩制备容易出哪些小问题？ ·········· 164

260. 如何控制 Kiel Ⅳ全自动碳酸盐岩制备装置的反应条件？ ············ 164

261. 碳酸盐矿物或岩石中碳、氧同位素组成都采用磷酸法测定，为什么磷酸能"担当此任"？ ····································· 165

262. 磷酸的浓度会影响碳酸盐岩中的稳定碳、氧同位素比值吗？ ·········· 165

263. 如何配制高浓度的磷酸？ ································· 167

264. 如何判定离线和在线测定稳定碳氧同位素的磷酸浓度是否合适？ ········ 168

265. 碳酸盐样品测试前如何进行岩性和纯度的预判？做出判断后，如何控制取样量？ ······································· 168

266. 为什么要对混合岩性碳酸盐岩样品进行碳、氧同位素分组分分析？ ······ 169

267. 如何对混合岩性地质样品进行分成分的稳定碳、氧同位素分析？ ········ 169

268. 为什么要进行有孔虫稳定碳、氧同位素测试前处理方法的研究？ ········ 170

269. 如何测定有孔虫样品的稳定碳、氧同位素？ ··················· 171

第六节　气相色谱-燃烧炉-同位素质谱联用系统 ··························· 171

270. 气相色谱-燃烧炉-同位素质谱联用系统是什么工作原理？ ············ 172

271. GC-C-IRMS 与 EA-IRMS 联机系统分析目标的差异 ················ 173

272. GC-C-IRMS 与 EA-IRMS 联机系统对样品量的要求 ················ 173

273. 为什么 GC-C-IRMS 与 EA-IRMS 联机系统样品需求量有差异？ ········ 174

274. 为什么测定氮元素单体同位素需要的样品量远大于碳元素？ ·········· 174

275. 不同浓度单体同位素测试信号多少合适？ ···················· 174

276. 什么类型样品适用于 GC-C-IRMS 单体同位素分析？ ··············· 175

277. GC-C-IRMS 高温燃烧管的工作原理 ························· 175

278. 应该如何维护 GC-C-IRMS 高温燃烧管？ 176

279. 更换 GC-C-IRMS 的燃烧管后应做哪些检查？ 176

280. GC-C-IRMS 高温燃烧管为什么会堵？ 176

281. 如何判断高温燃烧管堵塞？ 177

282. 哪些化合物是燃烧管"禁忌"的物质？ 177

283. 在 GC-C-IRMS 分析中应避免使用哪类溶剂？ 177

284. 在 GC-C-IRMS 分析中应避免使用哪些衍生试剂？ 178

285. 在 GC-C-IRMS 分析中为什么强调基线分离？ 178

286. GC-C-IRMS 分析时，出现色谱峰拖尾的原因是什么？ 178

287. 什么是符合分析要求的色谱峰？ 179

288. 什么是色谱柱的评价？ 181

289. GC-C-IRMS 分析对样品制备的要求 181

290. 仪器长期不使用后，再次进行 GC-C-IRMS 测试前需要做哪些检查？ 181

291. 单体同位素分析数据如何校准？ 182

第五章　气体同位素组成测量中标准样品的选择问题 183

292. 气体同位素比值测量所用的标准物质是如何分类的？ 183

293. 选择稳定同位素国际标准物质的依据是什么？ 184

294. 选择实验室内部标准样品的原则 184

295. 选择同位素标准物质的依据是什么？ 185

296. 实验室内部标准样品（或称工作标准）有什么作用？ 185

297. 在进行 SIRMS 测定时，应采用哪种方法确定被测样品的准确同位素比值？ 185

298. 怎样制备同位素质谱实验室的氮同位素质控样品？ 186

299. 富集 ^{15}N 的实验室工作标准物质的制备方法 187

300. 建议测定气体样品中 N_2O、CH_4、CO_2、N_2 同位素比值的实验室，应配备一瓶天然的压缩空气，为什么？ 187

301. 热力学同位素分馏效应与动力学同位素分馏效应有哪些区别？ 188

302. 在气体同位素质谱分析过程中，如何防止记忆效应的影响？ 188

303. 如何消除高丰度样品测试对管路记忆效应的影响？（以气相色谱-燃烧炉-同位素质谱联用系统测定甲烷气体碳同位素为例） 189

304. 在样品制备和同位素比值的质谱分析中，怎样避免产生同位素的分馏效应？ 189

305. 在同位素示踪样品的研磨和制备过程中，如何防止产生交叉污染？ 189

第六章　气体同位素质谱测定数据的处理问题 191

306. Thermo Isodat 输出结果中各符号代表的意义 191

307. 绝对测量与相对测量有什么不同？ 193

308. 什么是准确的和可再现的数据？ ··· 193

309. 数据的准确性概念是什么？ ··· 194

310. 什么是数据的溯源性？如何溯源？ ·· 194

311. 如何能获得良好的同位素比值的测量结果？ ····································· 194

312. 如何区分和计算同位素比值测量的内精度和外精度？ ························· 195

313. 准确的同位素组成测量数据的基本要求是什么？ ····························· 196

314. 如何判断同位素比值测量数据的准确性？ ······································ 196

315. 为什么同位素比值要用相对比值 δ 来表示？ ·································· 197

316. 如何计算和评价气体同位素丰度质谱测量的精度和准确度（不确定度）？ ···· 198

317. 在使用 Isodat 计算机软件时，应注意什么？ ·································· 198

318. 气体同位素质谱分析中，R 值、δ 值与 atom% 分别是什么概念？它们
有何相互关系？ ··· 199

319. 稳定同位素比值 $\delta^m X‰$ 值，有什么特点？ ································· 200

320. 质谱测定同位素示踪样品时以 atom% 表示结果，是什么概念？ ············ 200

321. 何谓同位素丰度的原子百分超？ ··· 201

322. δ 值与 atom% 值如何互算？ ··· 201

323. 同位素丰度（atom%）、同位素比值（R）和 δ 值之间如何进行换算？ ···· 202

324. 有没有推荐的同位素质谱数据处理的标准流程？ ····························· 202

325. IRMS 仪器常见的数据标准化方法 ··· 203

326. 如何进行同位素测定数据的校正？需要注意什么？ ························· 204

327. 在气体同位素质谱测量时，设立参比气体的实质是什么？ ·················· 205

328. Isodate 3.0 数据的采集及其运算过程（以 CO_2 为例） ····················· 206

329. Elementar Ionvantage 数据计算方法（以 CO_2 为例） ······················ 208

330. 根据 CO_2 参比气体如何计算 CO_2 样品气的碳、氧同位素组成？ ············ 209

331. 如何根据 GIRMS 测得的 N_2 分子同位素组成信号的强度计算出 ^{15}N 丰度？ ···· 209

332. 如何根据 N_2 参比气体计算自然丰度样品的氮同位素组成？ ················· 211

333. 在 Isoprime 同位素质谱仪数据处理软件 CFDA 中，如何修改积分参数？ ···· 211

334. 理想的参比气体峰形是什么样的？导致参比气体峰形不好的原因有哪些？ ······ 212

335. 在 SerCon 20-22 同位素质谱联用仪样品测定程序中如何选择
Reference（R）？ ··· 212

336. 在 SerCon 20-22 同位素质谱联用仪测定样品过程中，如何对样品
测定结果进行校准？ ··· 214

337. 如何测定不同 ^{15}N 丰度的氮气混合后的 ^{15}N 丰度？ ························ 215

338. 测定低浓度同位素样品时，常采用何种办法进行空白扣除，以计算样品的
真值？ ··· 216

339. 利用 Thermo PreCon-IRMS 测定高丰度 ^{15}N 的 N_2O 和 N_2 时，为什么 N_2 的 AT %超过 10atom%时就出现结果异常，而 N_2O 的 AT%超过 70atom%时才 出现结果异常？ ················ 216

340. 当采用 Thermo EA-IRMS 联机系统测定 50atom%^{15}N 样品时，在 "method" 的 "peak detection" 选择 29，即可准确测定；但在 PreCon- IRMS 测定 50atom%丰度的 N_2 时，采用同样的操作输出的结果却不对，造成这种情况 的原因是什么？ ················ 217

341. 在离子组合符合随机组合的前提下，计算 ^{15}N 丰度的 3 个公式应该是 等价的，但在实际测定不同丰度的 ^{15}N 样品时计算结果存在差异，这是 什么原因？ ················ 217

主要参考文献 ················ 218
附录一 ················ 220
附录二 ················ 232
附录三 ················ 237

第一章 样品采集、储存和前处理的问题

样品采集是分析技术的关键。为了获得准确的分析数据，必须严格规范样品的采集和储存。例如，应预先制订一个包括研究目的、采样地点、时间、方法、步骤，以及样品采集后的处理与分析项目等的计划。本章收集的都是有关在样品采集、储存和前处理过程中所遇到的常见问题，并做了相应的解答。

1. 采集同位素分析样品应遵循哪些原则?

首先，所采集的样品必须具有代表性，否则所得分析结果就失去应用价值。错误的采样，可能得出完全错误的结论。其次，所采集的样品应具同一性，例如，应该是同一层剖面的土壤样品、同一部位的植株样品、同一出水口的水样品或同一地域的空气等均一样品。另外，在样品采集、运输和储存过程中不能发生任何改变样品原有的稳定同位素比值的化学、生物学和微生物等作用。

（曹亚澄）

2. 一般土壤样品的采集以什么深度为宜?

如不做深入的研究，仅测定不同土壤的稳定同位素丰度的变异，一般采集根系密集区的表层（0~15cm）土壤样品为宜，因为该层土壤最能反映当前土壤的肥力和人类的活动状况，最具代表性。若需研究土壤不同剖面的稳定同位素变化，则应以土壤剖面的发生层次进行采样。土壤剖面的发生层次不等于厘米数。

（曹亚澄）

3. 为什么以风干方式处理采集后的土壤样品?

通常采用风干方式处理从野外采集来的土壤样品是因为风干（气温在25~35℃，空气相对湿度为20%~60%时）相对而言对土壤性状影响较小，且较方便。风干后的土壤需磨碎，并通过10目筛孔方可制备成待测样品。

测定土壤中碳或氮同位素比值，在磨碎土壤样品时应特别注意需彻底清除掉存在于土壤中的细小的植物根系，植物根系的存在将严重影响土壤碳的含量以及碳和氮同位素比值的测定结果。一般将研磨过的土壤平铺在平板上，用与绸

布摩擦过的具有静电吸附作用的有机玻璃棒清扫土壤表面的办法，清除掉细微的植物根毛。

（曹亚澄）

4. 测定土壤中无机态氮，为什么要用盐溶液提取？

土壤中的无机态氮可以分为水溶态氮、交换态氮及固定态氮等。交换态氮则认为是可被中性盐（氯化钾或氯化钠）溶液交换提取出的部分。新鲜土壤以 1∶5 或 1∶10 的比例与中性盐溶液混合、振荡，可将土壤吸附的铵态氮交换浸出，其中包含有水溶态氮。因此，测定土壤无机态氮（铵态、硝态和亚硝态氮素）的氮同位素应是水溶态氮与交换态氮两者的总量。

（曹亚澄）

5. 如何采集植物样品？采集后应如何处理？

植物采样技术包括各类植物样品的采集和保存技术。植物样品分为植物茎叶、根系、籽粒、块茎根和瓜果等。不同种类的植物样品应采用不同的前处理方法。一般谷类作物应采集全部的地上部分，作物成熟时应分出籽粒，有时也采集植物的根系。对蔬菜类作物和水果及核果类植物，主要采集它们当年生长的、近期成熟的叶和叶柄，或其果实、浆果和块茎根。

在气体同位素质谱分析中，植物样品一般用烘干的植物组织样品。首先应将采集到的新鲜植物样品，按测定需要分成不同的器官（茎叶、籽粒、果实等）样品；然后，在植物组织尚未萎蔫时经蒸馏水清洗和用吸水纸擦干，于沸水蒸气蒸笼中，或于 105℃ 鼓风干燥箱中烘 15～30min 杀酶（或称杀青），再将温度降至 65℃ 去除水分；干燥的样品用研钵或磨碎机进行粉碎，过 60 目筛。多汁的瓜果样品，应将采集的样品切成小块置于高速植物组织捣碎机中打成匀浆，然后在 110～120℃ 的鼓风箱中烘 20～30min，降温后再在 60～70℃ 烘至粉末状。烘干时间不宜太长，一般为 5～10h，对这类样品最好是采用真空干燥的办法。

经研磨后的植株样品应放入适宜的包装（如小瓶子、小信封或自封袋）里密封保存，标签内容尽可能详细，包括样品名称、日期、试验处理、同位素丰度等信息。

（曹亚澄）

6. 在研磨示踪试验的土壤和植物样品时，最重要的是应注意什么？

施入的富集同位素标记物质，在不同的土壤层和植物的不同器官中分配完全不同。因此，在粉碎研磨和处理这些样品时，最重要的一点是防止样品间的交叉污染，因为样品会残留在器皿上和研磨器具上。除了在每个样品处理以后认真地对研磨器具作彻底地清扫外，最好的预防办法是以估算的样品同位素丰度，从低丰度样品开始向高丰度样品进行处理；特别应最先处理空白对照样品，确保获得该类样品准确的同位素自然丰度值。

（曹亚澄）

7. 待测的同位素固体样品应该如何保存？

由于仪器状态及每日测样量的限制，待测样品不一定能及时测定，因此需要将这些样品作妥善的保存。

对于土壤和植物样品，通常土壤样品经风干后需过 100 目筛；植株样品在 60℃烘干后，经植物粉碎机粉碎后需过 60 目筛。测定前，精确称重后包入锡杯内，放入 96 孔板中，应置于常温干燥处保存。

对于蒸馏后得到的液体样品，需置于锥形瓶中，60℃烘干（7 天左右），将烘干后的粉末样品包入锡杯，放入 96 孔板中，置于常温干燥处保存。

对于由微扩散法制备的样品，应将扩散结束后的滤纸片置于含变色硅胶和浓硫酸的干燥器中干燥 24h 以上，在去除滤纸片中的水分后，包入锡杯内，放入 96 孔板中，同样置于常温干燥处保存。

对于样品瓶中的气体样品，放置时间不宜过长，特别是 CO_2 及 N_2 样品，放置时间最好不超过 3 个月；而对于置于气袋中的样品，则应尽速测定，防止空气进入气袋影响样品测定结果。

（戴沈艳）

8. 测定动物组织样品的同位素比值时，样品应如何处理？

动物组织样品通常来源于动物肌肉组织、肝脏组织以及血液、毛发和指甲等。鱼类样品可取鱼背部肌肉或全鱼，无脊椎动物如蚌和蛤取软体组织，在 60℃鼓风箱中烘 24～48h，或者采用冷冻干燥的办法除去水分后研磨至粉末状，密封保存待测。

牛肉样品，为了避免不同成分间造成的干扰，需要将肌肉样品中的蛋白和脂肪分开。将至少 50g 组织样品切成厚约 2mm 的薄片，冷冻干燥 24～48h，待样品完全干燥后用陶瓷刀切碎，研磨至粉末状。用索氏提取法将粗蛋白和脂肪分开，放置于 4℃冰箱中，密封保存待测。

牛血液样品，冷冻干燥 24h，研磨至粉末状，二氯甲烷浸泡 1h 脱脂，过滤，待血粉风干后，密封保存待测。

牛尾毛样品，先用去离子水充分浸泡洗净，在 60℃鼓风箱中烘 12h，用甲醇∶氯仿 = 2∶1 的溶液浸泡 2h 脱脂，去离子水清洗 2 次，并浸泡 30min，再用甲醇∶氯仿 = 2∶1 的溶液浸泡 2h，去离子水清洗 3 次，在 60℃鼓风箱中烘干，剪成 1~2mm 小段备用。

（张　莉）

9. 水样品采集后应如何处理和保存?

水样品包括雨水、河水、湖水、地表径流水、土壤渗漏水和土壤提取液等。所使用的采样瓶应该是经多次洗涤干净的、具磨口塞的玻璃瓶或塑料瓶。采集的水样装满后塞紧瓶塞，不能有漏水现象。采集的水样不宜放置过久，如不能及时进行分析，应先用 0.45μm 滤膜过滤，去除各种各样的悬浮物；为了防止微生物的活动，应将水样放置于 5℃以下低温保存，并在样品中添加氯仿、硫酸铜、氯化汞等防腐剂。需特别注意一点，在低温地区或深海区域采集到的水样品，在温度变化时体积会迅速膨胀，严重时会损坏瓶塞和瓶子，使样品报废。

（曹亚澄）

10. 测定同位素水样品的采样瓶应采用什么样的材质?

测定同位素水样品的采样瓶的材质首选是玻璃材质，其次是 PP（聚丙烯）、HDPE（高密度聚乙烯）和 PET（聚对苯二甲酸类）等。LDPE（低密度聚乙烯）的材质，由于会出现气体渗透不宜采用。样品瓶的瓶盖，最好是里面带有橡胶垫或有泡沫垫的。需要注意的是，PP 材质的样品瓶可以耐 120℃高温，但不耐低温。有的样品瓶的瓶体是 HDPE，但瓶盖是 PP 材质的，这样的样品瓶在冷冻时会出现盖子开裂的现象。样品瓶应具足够的密封性，瓶盖不能漏水，瓶体不能出现气体的穿透扩散。检验 PP、HDPE 和 PET 等材质的样品瓶是否漏水的办法是，将样品瓶装满水盖好盖子后，倒置，用力挤压瓶子，检查是否有水从瓶盖处溢出。

（曲冬梅）

11. 采集同位素水样品的要求是什么?

（1）样品瓶内尽可能装满水样，无论多大体积的样品瓶都需要装满整个瓶子，以防止样品水的蒸发。如果采样后会马上冷冻，则应留出一部分空间用于体积的膨胀。样品瓶的体积应尽量大一些，以减小蒸发带来的影响。考虑到野外携带和运输的不方便，一般以 30~50mL 为宜。

（2）关于采样量，虽然质谱仪器测定时需要的样品量很小，但是在采样、运输和储存等步骤中均有可能由于操作不当造成损失，因此采样量不宜过小。对于河水、湖水、地表水、井水等水样建议采集 30mL 以上；对于单次雨水的收集，如果受降水量影响无法收集到 10mL 或 20mL 以上的水量时，建议改换小体积的样品瓶，请记住：以装满样品瓶为原则。

（3）必须拧紧样品瓶盖，最好在盖子与瓶子的缝隙处以封口膜（parafilm）封住。

（4）水样采集后应尽快进行测定。

（曲冬梅）

12. 同位素水样品储存时间的长短会影响同位素比值结果吗？

对测定氢、氧同位素比值的水样品，以尽快进行同位素质谱测定为最佳，最好是采样后马上测定。如果不能马上测定则需要将水样品置于 4℃冰箱中冷藏，最好能在半年内完成测定。如果 3～6 个月内可以测定，则不推荐冷冻保存。因为，一是冷冻和融化过程可能会对同位素比值的测定结果有影响；二是样品瓶可能由于冷冻变形造成水样的蒸发泄漏。

如果事先知道一年内不会进行测定，应考虑将水样品冷冻，但要有足够的措施保证样品瓶的密封性。例如，必须考虑到塑料瓶冷冻后会变形和瓶盖与瓶体会出现缝隙等问题。

（曲冬梅）

13. 应注意水样品存放温度对同位素比值测定结果的影响

对于常温保存的水样品，在进行同位素质谱测定取样以前，推荐事先将水样品置于 4℃冰箱内降温一天。

（曲冬梅）

14. 采集气体样品时应注意哪些问题？

在采集气体样品时应选择质地良好的样品气袋或气瓶，通常使用的是带金属螺旋采样口的铝箔气袋，应杜绝漏气现象的发生。在采样前，先将气瓶和气袋抽成真空，然后在空旷、人活动较少的地方打开气阀，待气瓶和气袋内外气压平衡后关闭气阀。如需使用针筒采集气体样品，应十分注意针尖内的残留气体对样品气体同位素比值的影响。对于同位素丰度较高气体样品的抽取，这种影响尤为突出。针尖内残留的同位素自然丰度空气会严重稀释气体样品的丰度；反之，针尖内残留的微量高丰度气体会污染低丰度的样品气体。这是被分析实验证明了的现象。

（曹亚澄）

15. 测定气体样品的同位素比值时，在采集、储存、转移和稀释样品时应注意的事项有哪些？

气体样品的采集和储存一般使用采血管、气袋或顶空瓶。但考虑到采集、储

图 1-1　自制的样品瓶抽气金属管

存和转移的难易程度和保存效果，建议采用合适容积的顶空样品瓶来保存样品。气体样品在转移时，宜采用死体积尽量小的带封闭锁的样品针，而且样品瓶必须预先抽成真空。抽真空的方法有多种，这里介绍一种由中国科学院南京土壤研究所附属工厂自制的抽气金属管（图 1-1），内部设计成活动的二层，可适用于带支架瓶塞的 20～125mL 不同体积的样品瓶，以 20mL 和 125mL 体积的样品瓶为例，一次可同时对近 100

个 20mL，或近 25 个 125mL 样品瓶进行真空抽气。气体采集完成后，最好使样品瓶中保持一定正压，防止样品被空气污染。

（曹亚澄　王　曦）

16. 使用气袋保存气体样品应注意的事项

在气体样品的同位素比值测定过程中，经常需要使用气袋保存气体样品。市售的气袋材质有塑料、尼龙、铝箔等，铝箔气袋的气密性最好，易保存运输，有多种体积规格，方便储存不同类型的气体样品。气袋上通常配有阀门，常见有 L 形阀门、金属立柱阀门，二者区别不大。由于阀门中使用的硅胶隔垫气密性差，经注射器针头往复取气后，极易漏气，建议将其更换为气相色谱用硅胶隔垫。为防止受残留气体的影响，气袋在使用前需进行清洗，建议使用高纯 He 灌满后抽真空，重复 2～3 次。对于 N_2O 气体样品，也可使用高纯 N_2 冲洗，节约成本。对于使用过的气袋，要注意防止交叉污染，一般储存过同位素标记气体的气袋不能用于储存自然丰度的同类气体；储存过高丰度气体的气袋不能用于储

存低丰度同类气体,因为高丰度的气体会残留在气袋中,难以彻底清除,但仍可用来储存不同类型气体。例如,储存过高丰度 N_2O 气体的气袋,可继续用于储存自然丰度的 N_2 气体。

与顶空瓶相比,气袋中的气体便于存取。顶空瓶因受大气压力的影响,负压后气体难以抽出,而气袋中的气体不受影响,但气袋的气密性较顶空瓶差,即使更换隔垫也易漏气。为防止气袋中的样品受大气污染,建议根据样品体积选择合适规格的气袋,保证气袋中为正压;在多次使用注射器后,应及时更换气袋的隔垫;另外,避免注射器针头与气袋铝箔直接接触,防止扎破气袋。

(温 腾)

17. 气体顶空瓶密封隔垫的选择有什么注意事项?

气体样品测定前,常需要保存一定的时间,密封隔垫的质量直接影响气体保存的稳定性和储存时间长短,进而影响测定结果的准确性。目前市售的密封隔垫材质有丁基、硅胶、氟橡胶。由于硅胶瓶塞会吸附气体且气密性较差;氟橡胶的隔垫可能会对 m/z 31 的信号产生污染,所以建议尽量选用丁基材质的隔垫。密封隔垫的外形有平面和带支脚两种,平面隔垫在密封性能上略逊于带支脚的隔垫,难以保证体积较大的气体顶空瓶的气密性,国产平面隔垫即使用铝箔封盖有时也无法保证气密性;而带支脚的隔垫,可使用塑料盖或铝箔盖,均可保证气密性,对不同体积的气体顶空瓶,保存期限可达 3~6 个月。目前较为常用的隔垫尺寸为20mm、22mm,可用于上海安谱实验科技股份有限公司的 20mL、50mL 和 100mL气体顶空瓶,和日本 Maruemu 公司的 18.5mL 和 22mL 的顶空瓶。丁基隔垫可从德国 IVA Analysentechnik 公司或日本 Maruemu 公司购买。

(温 腾)

18. 应该选择什么样的气体样品瓶和封盖?

气体样品一般采用采血管、气袋或顶空瓶来储存。但采血管和气袋密封性能较差,样品储存时间较短。通常采用顶空瓶来长期储存气体样品,但保存时间一般不超过 3 个月,低浓度样品一般不超过 15 天。可根据样品的浓度和测定的需求来选择顶空瓶的体积,一般采用 20~50mL 的顶空瓶。对于浓度较低的样品,也可选择 100~150mL 的顶空瓶。但顶空瓶体积越大,密封性能越差,保存样品的时间也会降低。顶空瓶可选择上海安谱实验科技股份有限公司或者日本 Nichiden-Rika Glass 的产品。顶空瓶的密封隔垫应选择带支脚的丁基橡胶隔垫,不要选择硅胶材质的隔垫,因硅胶材质会吸附待测气体,对结果产生干扰。在利用顶空瓶储存气体时,样品瓶中应保持轻微正压。例如，上海安谱实验科技股份有限公司生产的 20mL 顶空瓶，其内容积为 22.5mL，可利用注射器采集 25mL 样品注入顶空瓶，或收集气样并加盖密封后，利用注射器注入 2～3mL 惰性气体（一般采用高纯 He）。

（王　曦）

19. 应该如何清洗气体样品瓶？

可采取以下两种方式进行气体样品瓶的清洗：

（1）将样品瓶用隔垫密封后，用真空泵抽至真空，再注入不含待测样品的惰性气体（多为高纯 He）至真空消除。然后再次抽至真空，并再次注入惰性气体。如此反复操作 2～3 次后，样品瓶中基本被高纯的惰性气体充满，可携带至实验现场进行采样；或者可在再次抽取真空后，进行气体样品的转移。

（2）将样品瓶用隔垫密封后，将双套针插入瓶底部，利用高纯惰性气体吹扫样品瓶，一般采用高纯 He，气体流速为 120mL/min，吹扫 10min。吹扫完成后，样品瓶中基本被高纯的惰性气体充满，可进行样品转移操作。

（王　曦）

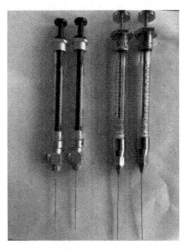

图 1-2　采集或转移气体样品的
带封闭锁的注射器

20. 应该选择何种气体采样针？

应选择带封闭锁的注射器进行气体样品的采集或转移（图 1-2）。根据所采集或转移样品的体积来选择合适体积的注射器。封闭锁可保证样品在转移过程中不会泄漏。注射器的推杆应选择特氟龙材质，以保证注射器的气密性。注射器前部针头应选择小直径和短针头，以尽量减少转移过程中的死体积。针头应采用平口或侧开孔针头，不使用带刃口的针头，以防止在转移过程中产生隔垫碎屑堵塞针头。推荐使用 Hamilton 样品锁进样针。

（王　曦）

21. 测定水中溶解性无机碳（DIC）碳同位素样品的前处理流程及其注意事项

（1）样品的采集及储存。水样采集后，先用 0.45μm 滤膜过滤，去除水中的悬浮物；然后用干净的玻璃瓶或者塑料瓶低温（4℃）密封储存。

（2）样品瓶的清洗。用稀盐酸（浓度约为 2mol/L）浸泡 12mL 的 Labco 样品瓶 48h 后取出；先用自来水清洗三遍，然后再用超纯水清洗三遍。

（3）磷酸的熔制。将固体磷酸置于玻璃烧杯中，在 80℃条件下加热烘烤 1h，使其熔化成液体，100%脱水。

（4）加入酸液。用 1mL 注射器往 12mL 的 Labco 样品瓶中加入 8～10 滴液体磷酸，拧紧瓶盖，按顺序放入恒温样品盘上。

（5）吹扫样品瓶。安装并调整吹气针位置，打开 He 阀门，He 流量调节至 0.2MPa，设定自动进样器工作程序，编制吹气方法，依次对样品瓶进行长达 8min 的 He 排空处理，以去除瓶内的空气，消除空气对样品碳同位素比值测定的影响。

（6）抽取水样。用 1mL 的注射器往吹过 He 的样品瓶中注入 0.2mL 水样（水样体积根据无机碳含量调整）。加样时注射器应靠边扎，尽量不要加到瓶壁上，把瓶盖上沾到的样品擦干净。

（7）加热并离心。将加好水样的反应瓶，置于干式恒温器上 45℃加热 45min，在 4000r/min 条件下离心 2min，待同位素质谱测定。

（尹希杰 杨海丽）

22. 对测定碳酸盐岩的稳定碳、氧同位素比值的样品，其取样位置的重要性

采集稳定同位素地质样品，不仅取决于研究工作的目的，更为重要的是所采集的样品能否真正反映所研究的问题本质。同一块地质样品上，取样位置不同，得到的稳定碳、氧同位素比值相应也有差异（图 1-3）。这就说明除了

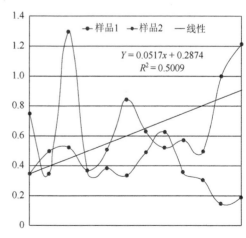

$Y = 0.0517x + 0.2874$
$R^2 = 0.5009$

图 1-3 地质样品采样点与同位素测定值的曲线

右图中的样品 1 和样品 2 分别指示左图中不同采样位置，仅为了表示不同位置采集的样品数据的差异

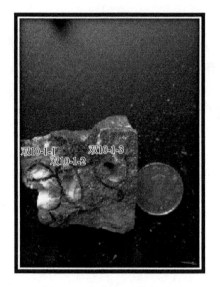

图 1-4 地质样品采样点与
同位素比值的测定值

实验室分析测试的精度要求外,采集的样品是否具有代表性,样品处理过程中有没有外来物质的污染等也尤为重要。如果想反映地质时代的初始同位素信息,那么一定要选择研究需要的样品位置。

例如,中国科学院南京地质古生物研究所二叠纪末生物大灭绝与环境变化研究团队试图通过选择保存原始海水信息的腕足类壳体化石,以及通过获取高精度地球化学数据,研究二叠纪全球气候变化和环境变化过程中表层海水温度及季节性循环演化。通过电镜扫描选择出保存完好的生长纹信息的腕足化石;并在体视显微镜下,从以毫米量级间隔距离和深度上由手工钻取微量粉末样品,所以得到了很好的同位素比值的分析数据(图 1-4,表 1-1)。

表 1-1 图 1-4 中地质样品采样点的同位素比值的测定值

编号	$\delta^{13}C_{PDB}$/‰	$\delta^{18}O_{PDB}$/‰
双 10-1-1	4.804	−5.052
双 10-1-2	5.637	−3.717
双 10-1-3	4.131	−6.347

(刘　静　陈小明)

23. 磷酸法测定碳酸盐岩样品稳定碳氧同位素时,样品的选择需要注意哪些问题?

样品的采集是稳定同位素地质研究中一项十分重要的基础工作,是关系到研究工作能否达到预期目的的一个极为重要的问题。选择测定同位素比值矿物样品的原则:

（1）在该温度范围内矿物同位素分馏系数有可靠的数据;

（2）矿物能保存形成时的同位素组成,形成后没有再发生同位素交换作用;

（3）次生矿物之间达到同位素平衡,并有相当大的同位素分馏。

首先应根据研究的地质问题选择有针对性的样品进行分析测试;其次,采集的地质样品不仅要符合研究工作的需要，更为重要的是要具代表性，能真实地反映研究问题的本质。进行稳定碳、氧同位素测定的样品一定要新鲜，避免采集那些已经受到各种地质作用影响的样品，这样才能代表地质体形成时初始的同位素信息。另外，只有获得某一地质作用全面的、系统的数据才能对所要解决的地质问题有正确的全过程认识，所以研究工作中所采集的样品不能是零星的、不系统的，否则所获得的分析数据不可避免地存在着片面性，甚至导致得出错误的结论。总而言之，样品的采集一定要有针对性、代表性和系统性。

（刘　静　陈小明）

24. 如何减少 KCl 试剂中的杂质氮对土壤提取液中无机态氮 ^{15}N 自然丰度测定的影响?

土壤提取液中 NH_4^+、NO_3^-、^{15}N 自然丰度的测定，经常受到提取液中高浓度 KCl 所含杂质氮的影响。国内市售的 KCl 试剂，以国药集团生产的 KCl 为例，其 2 mol/L KCl 溶液中 NH_4^+、NO_3^- 的浓度可达 0.01ppm[①]以上，而且不同批次 KCl 的杂质氮含量不同。要减少 KCl 中杂质氮的影响，可通过以下途径:

（1）将 KCl 试剂置于马弗炉内，450℃高温烘烤 48h 以上，可以有效去除 KCl 中的 NH_4^+。

（2）有研究数据表明，0.5mol/L KCl 提取液中的杂质氮含量显著低于 2mol/L KCl。因此，在不影响提取效率的前提下，降低 KCl 浓度有助于减少杂质氮的影响。

（3）购买国外试剂公司生产的高纯 KCl 试剂，也可以减少杂质氮的影响，但成本较高。

（4）利用若干个标准样品，制作标准曲线，可有效地校正测定结果，减少杂质氮的影响。需将标准样品溶于 KCl 溶液，KCl 浓度与样品提取液中的 KCl 浓度相当。

（5）对于同一批样品，应使用同一批次、同一时间配置的 KCl 溶液，避免不同批次 KCl 中的杂质氮浓度差异造成的影响。

（温　腾）

25. 水体中硫酸根硫同位素样品的处理方法

（1）取 500~550mL 水样置于干净烧杯中，加入 1∶1 配置的盐酸（分析级即可，即 50%HCl），将样品 pH 调节至 3~4，去除水中的碳酸根离子。

---

① 1ppm = 10^{-6}。

（2）加入 10mL 氯化钡溶液（10mol/L），搅拌至出现硫酸钡白色沉淀。

（3）待静置沉淀后，倒掉上清液，用去离子水冲洗，浸泡硫酸钡沉淀；这个过程持续 3～5 天，直到洗至中性，转移至蒸发皿中，置于 105℃烘箱中过夜烘干；或经玻璃纤维滤膜（滤径 0.45μm）过滤加去离子水清洗。

（4）确认烘干以后，收集固体硫酸钡后采用标准方法测试。

（范昌福）

26. 硅酸盐、氧化物中氧同位素样品的处理方法

纯的石英、氧化物（如磁铁矿、角闪石等），称取含氧量为 3.2mg 的样品（200 目 2 粉末）。

含有无机碳酸盐的全岩样品，取约 80mg 样品置于溶样罐中，加入 50%的稀盐酸充分与样品反应，在电热板上 120℃蒸干，之后再次加入稀盐酸，确认不再有气泡即可，蒸干之后，用去离子水清洗样品至中性烘干之后保存待用。

含有机物的泥页岩，先去除无机碳酸盐部分，烘干之后的样品，置于陶瓷坩埚中，马弗炉 800℃灼烧 5h，冷却后保存待用。

（范昌福）

27. 对含有碳酸盐的土壤和全岩等样品测定有机碳的同位素比值时，应如何进行前处理？

利用元素分析燃烧法测定土壤样品中有机碳的碳同位素比值时，土壤样品中的碳酸盐会严重影响有机碳碳同位素比值的结果，如表 1-2 所示。因此对含有碳酸盐的碱性土壤样品在 EA-IRMS 分析前，必须用无机酸去除所含的碳酸盐。具体操作方法如下。

表 1-2　样品中无机碳对有机碳碳同位素测定（$\delta^{13}C_{PDB}$/‰）的影响

样品	未经酸处理	经酸处理
1	−10.49	−22.91
	−8.98	−22.65
2	−17.09	−25.06
	−16.26	−25.35
3	−9.75	−23.20
	−9.21	−23.09
4	−16.44	−25.43
	−16.04	−25.54

将土壤样品进行适当的粉碎（为了更好地反应），称量部分含碳酸盐的样品倒进容积为 400mL 的玻璃烧杯中；倒入适量浓度（浓度一般用 0.5mol/L）的盐酸溶液，盐酸的量视样品中的碳酸盐含量而定；将稀盐酸缓慢倒进烧杯中，在这个过程中起泡会很严重，所有稀盐酸务必缓慢加入，同时用玻璃棒搅拌使反应更完全，每间隔 1h 搅拌一次，使之充分反应，直到加入稀盐酸烧杯中不起泡为止。反应至少 6h，然后低速离心（1000r/min）1～2min，倒掉上层清液；再用去离子水搅拌洗涤沉淀，静置至沉淀物和上清液明显分层，倾倒上层清液，如此重复 5 次，充分洗净过量的盐酸；对一些含有难以分解的碳酸盐土壤样品，还需加入少量的氢氟酸溶液。最后 60℃低温烘干经酸处理的样品，待有机碳同位素比值的质谱测定。

（曹亚澄　范昌福）

28. 页岩和土壤样品的有机碳、氮同位素分析样品的处理方法

对页岩和土壤样品的处理方法：

（1）配置比例为 1∶4 或 1∶5 的稀盐酸（浓盐酸摩尔浓度为 6mol/L），浓盐酸为 1 份，水比例为 4 或 5 份，具体的水-酸比例视全岩中碳酸盐含量而定。

（2）将需去除无机碳酸盐的粉末样品倒进容积为 400mL 的玻璃杯中。

（3）将配制好的稀盐酸缓慢倒进烧杯中。在这个过程中起泡会很严重，所有稀盐酸务必缓慢加入，同时用玻璃棒搅拌，直到加入稀盐酸烧杯中不再起泡时，溶样过程完成，倒掉上清液留下杯中沉淀。

（4）清洗稀盐酸，加水到 400mL 刻度处，用玻璃棒搅拌，静置直到沉淀物和上清液明显分层，倒掉上清液；反复这个过程 5 次。

（5）完成步骤（4）后，将置有沉淀物的烧杯放进烘箱烘干，温度设为 60℃。

（6）将干燥好的沉淀物从烧杯中取出，称量、包样。

（范昌福）

29. 玻璃和石英膜颗粒有机碳（POC）碳同位素测试前的处理流程

（1）对采用玻璃纤维滤膜过滤水样所获得的有机颗粒物样品（POM），在玻璃纤维滤膜经 40℃烘干后，通常采用两种方法除去无机碳：①在密闭容器中（通常干燥皿）加入浓盐酸，将滤膜放置在酸雾中 12h 后取出，对折滤膜并用去离子水洗净残存盐酸，再 40℃烘干；②对折滤膜，用 0.5mol/L 盐酸溶液淋洗滤膜上的样品，再用去离子水洗干净残存的盐酸后，40℃烘干。

（2）玻璃纤维滤膜直径一般为 47mm 和 25mm。如果将整张滤膜进样，可能

对同位素质谱自动进样器来说太大，所以通常采用两种处理办法：①可以采用特定的工具截取固定面积的滤膜进样，测定碳、氮同位素比值，并根据面积比计算滤膜上的碳、氮含量；②将滤膜全部磨碎，经称重之后，称取一定质量粉碎的样品进样，测定碳、氮同位素比值，再根据质量比计算滤膜上碳、氮含量。

（尹希杰）

30. 水溶解性有机碳（DOC）碳同位素测试前处理流程和注意事项

将所需的玻璃器皿（这里主要是指 40 mL 玻璃瓶）先用自来水冲洗三遍，再用超纯水冲洗三遍。将清洗好的玻璃器皿放置于烘箱 60℃烘干。将烘干好的玻璃器皿用锡箔纸包裹好，放置于马弗炉 500℃灼烧 5h，隔夜冷却至室温。吸取 15mL 待测 DOC 的样品放置于 40mL 经过上述处理准备好的玻璃瓶中。加入 75μL 的 6mol/L HCl，调至 pH 小于 2（1mL 样品加 5μL 的盐酸）。制备好的样品放置在超声仪中超声 15min，再将超声好的样品静置 3 天。处理和制备好的水样，可以上机测试。建议对样品进行两次测试，第一次清洗管路以去除记忆效应，第二次测试属正常的样品测定。

（尹希杰）

第二章 同位素示踪技术的问题

本章收集了在利用富集 ^{15}N 和 ^{13}C 同位素标记物进行示踪试验时所涉及的问题。同位素示踪试验包括实验室试验、盆栽试验、大田微区和培养箱的试验。为了确保同位素示踪试验的成功，应当正确注意和掌握以下几个问题，即如何选择同位素标记物质的丰度、施用量、施用时间和施用方法等。

31. 国内能买到哪些碳、氮、氧稳定同位素的标记物质？

国内有专门生产和销售稳定同位素标记物质的单位，如上海化工研究院稳定性同位素工程技术研究中心等。主要产品：

（1）同位素标记的无机化合物。^{15}N 标记的硫酸铵、尿素、硝酸铵（有 ^{15}N 标记在铵上的、^{15}N 标记在硝酸根上的，以及铵和硝酸根上都标记有 ^{15}N 的双标记物）、硝酸钾、亚硝酸钠和 ^{15}N 标记的氮气等；^{13}C 标记的尿素、碳酸钡、碳酸钙和 ^{13}C 标记的二氧化碳等。

（2）同位素标记的有机化合物。^{15}N 标记的氨基酸、间苯二胺和盐酸羟胺等；^{13}C 标记的有机化合物有葡萄糖、辛酸和美沙西汀等。

（3）^{18}O 标记的水，如普通水（$H_2^{18}O$）和重水（$D_2^{18}O$）。

标记物的同位素丰度范围很宽，一般可从 1~99atom%[①]，同位素丰度越高的化合物售价越贵。

（曹亚澄）

32. 示踪试验时，如何正确选择同位素标记物质的丰度？

为了保证稳定同位素示踪试验的成功，且又不浪费同位素标记物质，必须根据试验中示踪物被稀释的程度认真选择标记物的丰度。一般情况，对稀释倍数不大的短期试验，^{15}N 示踪试验中使用 ^{15}N 为 30atom%丰度以下标记物即可；^{13}C 示踪试验通常使用 50atom%以下的 ^{13}C 标记物质。当进行同位素示踪的长期试验，或多年生、大型植物的示踪试验时，可考虑使用加高丰度的同位素标记物质。但在农业、生态和环境科学研究中，一般应该杜绝使用同位素丰度＞90atom%的标记物。

（曹亚澄）

[①] 非法定单位，原子百分数，下同。

33. 怎样估算出同位素示踪试验中标记物质的使用丰度？

以 ^{15}N 示踪试验为例可能存在两种情况：一是实验室中不栽种作物的试验，对这类试验，^{15}N 标记物丰度的选择主要取决于标记氮库的浓度，以及土壤氮素的转化速率；二是栽有作物的盆栽或大田微区示踪试验，丰度选择由下式计算得出。依据公式可以看出，进行这类试验时，还需要估计作物从土壤或培养液中移出的氮量，包括作物对肥料中氮的利用率。对一季作物的 ^{15}N 示踪试验而言，通常使用 25atom% 的 ^{15}N 标记物就已足够。

$$E_f = (W_p \times N_p \times E_p) / (M_f \times R_f)$$

式中，E_f 为同位素标记肥料的使用丰度；W_p 为所栽作物的收获量；N_p 为作物的含氮百分数；E_p 为预计作物的同位素丰度；M_f 为施入标记肥料的量；R_f 为作物对肥料中氮的利用率。

（曹亚澄）

34. 如何由已有高丰度的同位素标记物质，配制出示踪试验所需丰度的标记物质？

以计算数值来说明，假设需要配制示踪试验所需要的 ^{15}N 标记物质的丰度为 A_2；现有 3.5g（T）50atom%（A_1）的高丰度 ^{15}N 标记物质；若用 30g（D）的同质自然丰度（A_0，0.366atom%）物质进行混合，按照下列公式就可计算出配制成的标记物质的 ^{15}N 丰度（A_2）为 5.55atom%。

$$A_2 = (T \times A_1 + D \times A_0) / (T + D)$$

（曹亚澄）

35. 进行示踪试验时，如何选取 ^{15}N 标记物质种类？

^{15}N 标记物质很多，需要根据研究目的、研究方法等慎重选择同位素标记物质。以土壤硝化速率研究为例，可以采用 ^{15}N 标记 NH_4^+-N 库，通过测定培养过程中 NO_3^--N 库 ^{15}N 丰度的富集程度来定量（净硝化速率）；也可以采用 ^{15}N 标记 NO_3^--N 库，通过测定 NO_3^- 库丰度的稀释程度来定量（初级硝化速率）。另外，标记方法也是决定标记物质种类的依据之一，即使标记同样的氮库，采用的标记方法不同（如溶液混合法、气室标记法、干粉末方法等），标记物质种类也会不同。

（张金波）

36. 在示踪试验中，如何确定 ^{15}N 标记物质的丰度？

^{15}N 标记物质丰度的选择应遵循以下 3 个原则：

（1）示踪物质被稀释的程度。示踪物质被稀释的程度主要与被标记氮库的初始浓度、示踪物质的使用量、土壤氮转化速率有关。一般而言，在使用量一定的情况下，初始氮浓度越大、与该氮库形态产生有关的过程转化速率过高，稀释效应越明显。

（2）同位素质谱仪器分析的准确性。任何仪器都具有一定的精密度、准确度和最优检测范围。如果 ^{15}N 示踪物质被强烈稀释后，导致标记氮库 ^{15}N 丰度过低，不同处理组间或不同取样时间点间样品的 ^{15}N 丰度差异很小，则很难准确反映出处理组间的差异；如果样品 ^{15}N 丰度过高（如>20atom%），仪器的测定结果也会产生误差，导致分析结果的偏离和重复性较差。

（3）经济原则。^{15}N 丰度越高的标记化合物，价格越高，其试验费用也就越高。所以在满足试验要求条件的前提下，尽量选择低丰度的 ^{15}N 化合物。丰度选取的最基本原则是标记后被标记氮库的同位素丰度必须明显高于氮同位素的自然丰度（0.3663atom%），又不能过高（建议样品 ^{15}N 不高于 5atom%）。

（张金波）

37. 在示踪试验中，如何确定 ^{15}N 标记物质的用量？

^{15}N 示踪试验需要满足培养过程氮的浓度和 ^{15}N 丰度都有明显的变化，所以标记物的用量不能过低，^{15}N 标记物质的使用量需依据研究目的和对象进行调整。就农田土壤，一般在 10~30mg N/kg，甚至 50mg N/kg。人为扰动较小的自然土壤，用量不宜过高。总体上，^{15}N 标记物质用量的确定需要综合考虑以下几个因素：

（1）同位素质谱仪器准确测定所需要氮量。

（2）被标记氮库的浓度。自然土壤一般不超过氮库初始浓度，以减小激发效应。

（3）土壤氮转化速率。

总体的准则是在满足同位素质谱仪和研究方法对浓度和丰度的测定要求下，尽可能地选择高 ^{15}N 丰度而低氮使用量的方法。

（张金波）

38. 在示踪试验中，如何确定 ^{15}N 的标记方法？

^{15}N 标记的均匀性是同位素标记试验的基本假设，^{15}N 的不均匀分布会影响测

定的转化速率。目前把 ^{15}N 标记到土壤氮库中可行的方法有 3 种：

（1）溶液混合方法；

（2）气室方法；

（3）干粉末方法。

各种方法均有优缺点，总体而言，液体比气体更容易定量，比固体粉末更容易扩散，因此溶液混合方法是 ^{15}N 标记首选的方法。对不同施用方法的详细介绍请参考《稳定同位素示踪技术与质谱分析》一书。

（张金波）

39. 如何进行 ^{15}N 示踪样品的预处理？

^{15}N 示踪样品的处理方法与分析的氮形态相关。测定土壤全氮 ^{15}N 丰度，只需要把土壤样品风干或 60℃ 左右烘干，过 100 目筛，即可上机测定。测定土壤铵态氮、硝态氮、亚硝态氮，一般是用 2mol/L KCl 溶液提取，之后依据实验室条件和提取液氮浓度，采用相应的分离方法，分离出提取液中不同形态的无机氮，即可上机测定。对于铵态氮和硝态氮，提取液中浓度较高时（一般 >3ppm）可以使用凯氏蒸馏法分离；提取液中浓度较低时（0.5～3ppm）可以使用微扩散法分离；当提取液中的浓度低于 0.5ppm 时，建议使用化学法或生物法分离。对于亚硝态氮，一般使用化学法分离。经过 2mol/L KCl 溶液提取后的土壤固体部分，用 0.01mol/L $CaCl_2$ 溶液反复冲洗（至少 3 次），再用蒸馏水反复冲洗（至少 3 次），60℃ 左右烘干，过 100 目筛，用于土壤有机氮 ^{15}N 丰度的测定。

（张金波）

40. ^{15}N 示踪试验的土壤样品如何采集、储存、预处理？

根据试验目的，选取具有代表性的土壤采样点，采用多点取样法采集土壤样品，先去除植物残体，然后混匀，过 2mm 或 3mm 筛，4℃ 低温冷藏备用。注意，低温储存过程也会影响土壤氮转化过程，所以土壤采集、过筛后应尽快完成标记土壤样品的测试，不宜存储太久。用于测定土壤全氮含量和 ^{15}N 丰度值的样品，需尽快风干、过 100 目筛。

（张金波）

41. 如何选择 ^{13}C 标记物质的种类？

目前应用较多的 ^{13}C 同位素标记物质有气体（$^{13}CO_2$、$^{13}CH_4$ 等）、固体化合物

（^{13}C-Na$_2$CO$_3$、^{13}C-NaHCO$_3$、^{13}C-BaCO$_3$、^{13}C-Glocuse 等）和经过 ^{13}C 标记的植物秸秆等（Atere et al.，2017；Zhu et al.，2017a；Zhu et al.，2018b；Ge et al.，2019）。

选用哪一种标记物质进行试验，一般要根据试验目的来确定。还会参考可操作性等，比如有些试验需要用固体 ^{13}C 同位素化合物生成 ^{13}C-CO$_2$，可选择的有 ^{13}C-Na$_2$CO$_3$ 和 ^{13}C-NaHCO$_3$，但由于 NaHCO$_3$ 相对于 Na$_2$CO$_3$ 难溶于水，而且储存过程中容易析出结晶，因而建议优先选择 ^{13}C-Na$_2$CO$_3$ 进行试验。

另外，当需要用到 ^{13}C 秸秆材料（如水稻、玉米或小麦等）开展试验时，除了通过购买途径获得，也可以选择自行制备。例如，用 ^{13}CO$_2$ 气体对相应的植物进行连续标记或脉冲标记一段时间后，将 ^{13}C 标记的植物样品烘干即得到相应的秸秆材料。^{13}C 标记丰度可以通过稳定同位素质谱仪测定，如果达不到试验要求可相应延长标记时间或提高 ^{13}C-CO$_2$ 丰度。

（葛体达）

42. 如何选择 ^{13}C 标记物质的丰度？

刚接触稳定同位素的研究人员多数会有一个疑问，人为标记时是否应该用 100atom%的同位素化学试剂进行标记，以单一的源追溯其分配或去向。事实上，使用 100atom%丰度标记物质，既不经济也不现实，因此在实际操作中不需要用 100atom%丰度的标记物质。另外，进行百分之百 ^{13}C 同位素丰度标记时，需要预先去除 ^{13}C 标记装置中原有的 CO$_2$，无疑增加了操作难度。

通常会根据研究对象以及标记方法的不同配制 ^{13}C 标记物的丰度，其最终目的是能在所研究的碳库中检测到 ^{13}C 同位素丰度的差异。比如，研究植物光合作用碳的分配与传输时，涉及根际沉积碳在土壤中的固定，由于这部分有机碳输入量比较小，容易被土壤原有的自然丰度的有机碳稀释。假如选用脉冲标记 6h，其 CO$_2$ 标记 ^{13}C 的丰度一般应在 50atom%左右，有时甚至选择 99atom%的丰度才可以达到示踪目的（Liu et al.，2019）。然而用连续标记的话，3atom%丰度的 ^{13}CO$_2$ 就已经足够。直接向土壤添加 ^{13}C 标记物的试验，其选择的丰度可以更低（Cui et al.，2020）。

切记 ^{13}C 标记的丰度并不是越高越好，实际中添加的 ^{13}C 标记物材料丰度一般不会太高，略高于自然丰度（1.108atom%），即 3atom%左右即可达到比较满意的效果。用高丰度的 ^{13}C 标记物进行试验，成本相应提高；在同位素质谱测定过程中，有可能因其丰度过高而无法进行准确的同位素质谱测定，因为高丰度样品会对测定系统造成污染，对测定仪器的维护不利。如果研究者不确定其标记丰度，建议先做预试验进行判断。

（葛体达）

43. 如何选择 ^{13}C 标记物质的用量?

^{13}C 标记物质的用量,除了参考具体试验要求,还要考虑 ^{13}C 同位素在标记生成物的示踪效果。如以气体形式标记 ^{13}C 植物时,一般需要参考植物的生长速率,可以用生物量的增长速率粗略估算出每天光合作用所需的碳量;同时应该考虑植物类型的差异,不同植物以及不同生长时期的生长速率不一样。使用过量则造成 ^{13}C 标记物的浪费,而用量不足会影响植物的生长或者造成 ^{13}C 同位素在生成物碳库中的丰度过低,增加 ^{13}C 丰度的检测误差,甚至会检测不到处理间同位素丰度的差异,进而影响整体示踪试验的效果。

^{13}C 标记物质的用量还应考虑标记方式,如果选择脉冲标记,用量过低可能无法达到示踪效果,由于植物体本身存在自然丰度的碳库,后续植物光合作用吸收 ^{12}C-CO_2,标记中施用的 ^{13}C 同位素会被稀释;连续标记需要的丰度相对较低,但长时间持续标记无疑增加了总标记物的用量。如果直接向土壤中添加标记物,需要根据添加物的含碳量决定标记物用量:使用葡萄糖或者小分子有机酸模拟外源碳时,添加的总碳量一般不应超过土壤有机碳的 5%,而其中 100atom% 丰度的 ^{13}C 标记物只占总量的 3%(Wei et al.,2019);秸秆材料添加会根据田间秸秆还田或半还田量等来确定碳添加量,丰度则需参考上述植物标记方法的差异。

(葛体达)

44. ^{13}C 标记物质的使用方法有哪些?

^{13}C 同位素标记物的使用方法有多种,根据标记物的状态可分为气体和固体同位素标记物的使用方法。

^{13}C 同位素气体标记物通常用来研究植物光合作用固定的碳的分配和传输等,或者是用于研究微生物对特定气体(CH_4 或 CO_2)的利用与周转特征。气体可以是直接购买的已知丰度的 ^{13}C 标记的气体,或者用自然丰度的气体稀释 ^{13}C 标记的气体得到的所需丰度的同位素标记气体;也可以通过与酸反应(^{13}C-Na_2CO_3 或者 ^{13}C-$NaHCO_3$ 与硫酸)产生一定丰度的 ^{13}C 标记气体。在自制同位素标记气体时,应注意自然丰度气体也存在一定的 ^{13}C 同位素丰度,而人为操作也会导致实际丰度和理论丰度的差异,制备的过程比较难做到精确控制 ^{13}C 丰度,因此在正式试验前需要测试实际的 ^{13}C 丰度值。

^{13}C 固体标记物的施用相对较为简单,通常直接将一定量的 ^{13}C 同位素丰度的标记物充分混匀后施加到相应的体系中(如土壤),充分混匀后开始相应的研究。此时应注意的问题是,有时候由于标记物 ^{13}C 丰度过高,一般会用相应的自然丰

度物质稀释后进行标记，因此务必要充分混匀。如果是秸秆等较粗的物质，需要剪碎之后混匀使用，避免由于加入同位素丰度不均的标记物造成试验误差。

还可以根据操作方法，将 ^{13}C 标记物的使用区分为脉冲标记、连续标记及 ^{13}C 自然丰度法等。脉冲标记是指用标记物对试验体系（植物或土壤）进行短期的标记操作，持续时间为几小时至数天；而连续标记指用标记物对受试对象进行长时间标记操作，标记时间较长，有时候甚至持续植物整个生育期；^{13}C 同位素自然丰度法则利用 C_4 植物与 C_3 植物在同位素上的差异。

（1）脉冲标记，与连续标记相比，脉冲标记具有以下特点：第一，操作简单，耗费较小；第二，^{13}C 脉冲标记可以探索特定生长时期的光合同化作用碳的分配特征（Xiao et al.，2019b）；第三，^{13}C 脉冲标记技术还能够研究传输的动力学特征，如碳库的周转速率、微生物利用率等（Liu et al.，2019）。

在进行脉冲标记时，^{13}C 在植株不同部位的分配并不代表该部位的总标记碳的分配，而是指该部位新产生总碳与标记时生长速率的乘积，因为在实际标记中没有选用 100atom% 丰度。由于植物不同生育期的生长速率和分配模式存在差异，特定时期的脉冲标记估算碳的输入只能说明该生育期的特性，并不能应用于估算植物整个生长周期内碳的输入。然而这并不是说用脉冲标记技术就不能进行整个生育期碳输入的估算，可以选择在几个典型的生育期进行独立的多次脉冲标记，分别估算不同生育期碳输入速率，对不同时期碳的输入进行整合，以估算植物整个生育期的碳输入总量（Xiao et al.，2019a；2019b）。

（2）连续标记，如果从植物萌芽开始连续标记，此时并不会出现同位素稀释效应，自始至终同位素丰度较为稳定，如果不考虑不同部位间的同位素分馏效应，那么 ^{13}C 的分配可以代表总光合同化碳的分配特征。因此连续标记是估算光合同化碳输入较好的一种手段，通常可以应用于植物光合碳向地下部的传输与分配研究（Ge et al.，2015；Zhao et al.，2019）。

另外，连续标记能较好地区分根系来源和土壤有机质（SOM）来源的 CO_2，在根际激发效应的研究中效果较好（Zhu et al.，2018a）。因为在连续标记时，各部位的同位素丰度均质性较好而且相对稳定，能够较好地指示总光合同化碳的分配特征。^{13}C 连续标记试验中测定的根系同位素丰度可以指示整个标记期间根系同位素丰度值，利用二元混合模型，计算不同来源 CO_2 的含量。然而，连续标记要求在标记期间保持相对恒定的 ^{13}C 标记丰度，对标记设备里面的温度和湿度的控制要求也比较高，因此操作比较复杂。

（3）^{13}C 自然丰度法。^{13}C 自然丰度法是利用 ^{13}C 同位素丰度在 C_4 植物与 C_3 植物之间的差异，以研究"新碳"和"老碳"在不同碳库中的分配特征（Zang et al.，2017；2018）。由于 C_4 植物与 C_3 植物不同的光合途径，^{13}C 同位素的判别值在两种植物间存在较为明显的差异。C_3 植物的 ^{13}C 的 δ 值平均为-28‰（-36‰～

-20‰），而 C_4 植物的 ^{13}C 的 δ 值平均为-12‰（-15‰～-7‰）。土壤碳库输入途径主要为植物凋落物、根系残体及根系沉积碳，其 ^{13}C 同位素丰度会因长期植物碳的输入接近地上部植物 ^{13}C 丰度值。因此，常常选择栽种其中一种光合作用途径植物（C_4 植物或 C_3 植物）的土壤，添加或种植另一种光合作用途径的植物，根据 ^{13}C 同位素分配的差异可达到示踪和判别的目的。

　　具体选择哪一种方法，研究人员可以根据自己的资源、试验目的及可操作性等，择优选取。

　　介绍一种碳、氮同位素野外标记装置系统。该系统为青岛圣森数控科技研究所研制的 CO_2 自动发生器，CO_2 浓度数字检测系统和气体内循环系统（Shesen-QZD，青岛），可以维持稳定的 CO_2 浓度，供气浓度偏差小于 10%。CO_2 数字监控系统连接 CO_2 气体浓度传感器，实时监控培养箱内 CO_2 浓度，当 CO_2 浓度高于（低于）设定值时，CO_2 气体浓度传感器将信号传输到 CO_2 监控系统，系统接收到信号后将会中断（开启）CO_2 的输送，同时开启气体内循环系统用碱液吸收多余的 CO_2（图 2-1）。培养箱内温度由杭州时域电子科技有限

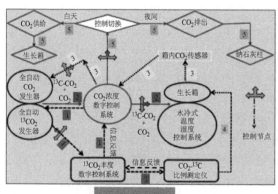

工作原理图

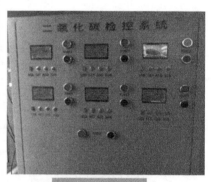

CO_2 监控系统

植物密闭培养箱

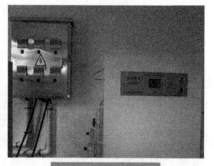

温度控制与 $^{13}CO_2$ 发生器

图 2-1　CO_2 自动发生器

公司提供的 ST-96S 系列智能型精密数显温湿度控制器监测，配备工业用空调，维持标记箱内设定温度，误差±1℃（Zhu et al.，2017b；Ge et al.，2017）。

（葛体达）

第三章　同位素质谱仪器调试的问题

气体同位素质谱仪是现代科学研究的一种先进仪器设备。仪器主要由离子源、分析室、离子接收器、真空系统和电子计算机组成。气体样品进入同位素质谱仪后，经轰击电离、质量分离、带电离子的传输和不同 *m/z* 离子的接收，最后完成样品同位素比值的测试。为了保证样品测试结果的精密度和准确性，在样品测定之前有时必须对质谱仪器进行调试，确保仪器处于测定样品的最佳状态。只有仪器状态是良好的、正常的，才有资格谈论测定结果的好坏！

第一节　气体同位素质谱仪的规范性操作及相关问题的理解

导语：在正式测定样品前，往往需要认真、仔细地对质谱仪器进行一系列的测试，以证明仪器处于最佳状态。如果状态不佳应该如何调试？需要做哪些测试呢？下面这些问答会给你答案。

45. 如何在 Windows 10 电脑上安装 Isodat 3.0 软件？

赛默飞世尔科技有限公司的 Delta 和 MAT 系列稳定同位素比值质谱仪，通常安装 Isodat 3.0 版本以上的软件，该版本软件在 Windows7 的操作系统里可以正常运行。由于操作系统更新换代，目前市面电脑通常配备 Windows10 操作系统，在安装 Isodat 3.0 软件需注意以下问题：

（1）Isodate 3.0 软件只能在 32 位模式下的 Windows10 操作系统上运行。目前市售电脑多安装 64 位模式的 Windows10 系统，需要重新下载 32 位模式的操作系统，安装新系统前，需检查电脑的主板和处理器等硬件是否有兼容性问题，确保所有硬件都能在 32 位模式下运行。

（2）如果是在个人电脑上使用 Isodat 3.0 软件处理数据，可安装 VMware 等虚拟机，在虚拟机中安装 Windows 7 的操作系统，再安装 Isodat 3.0 软件，也可保证软件正常运行。

（3）Windows 10 操作系统通常默认自动更新，且更新后会自动重启，造成 Isodat 软件关闭，影响日常测试工作。修改 Windows 中的 "local group policy editor"，即可手动配置 Windows 更新。

（温　腾）

46. 在进行稳定同位素比值质谱测定前，如何理解以下4个有关同位素的名词？

稳定同位素比值质谱仪是测量离子化的同位素分子和原子质量的科学分析仪器，因此在进行稳定同位素比值质谱测定前，应该厘清和理解以下4个有关同位素的名词。

（1）Isotope，同位素。凡是质子数（Z）相同，而质量数（A）不同的一组核素，即在元素周期表中占据同一位置的同一元素的一类核素，称为该元素的同位素。例如，^{12}C 与 ^{13}C、^{14}N 与 ^{15}N 等，^{13}C 和 ^{15}N 不互为同位素，而分别是两种核素。

（2）Isotopomer，是 isotopic isomers 的简写，此名字最早出现于1967年，使用最多。它在狭义上定义为一组具有相同组成的，分子中每种元素的轻、重同位素原子数量完全相同，但被重同位素原子取代的位置不同的分子。它包括了两组分子：①同位素异位体分子，例如，乙醛有 $CH_2DCH = O$ 和 $CH_2HCD = O$；氧化亚氮有 $^{14}N—^{15}N—^{16}O$ 和 $^{15}N—^{14}N—^{16}O$，氧化亚氮的分子结构是 N—N—O，只是 ^{15}N 所处的位点不同，前者在 α 位（或称 $^{15}N^{\alpha}$）；后者在 β 位（或称 $^{15}N^{\beta}$）。由于氧化亚氮的分子结构没有变，所以不能称它们为"同位素异构体"。②同位素立体异构体分子，如(R)-CH_3CHDOH、(S)-CH_3CHDOH，参见图3-1。

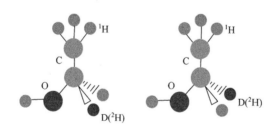

图 3-1　同位素立体异构体分子示意图

（3）Isotopologue，是 isotopic analogue 的缩写。一组具有相同组成和相同结构，但被重同位素原子取代的数量不同的分子，包括单一取代和多元取代的同位素分子。由一个重同位素原子取代的分子称为单一取代的同位素分子，例如，甲烷有 $^{12}CH_3D$ 和 $^{13}CH_4$；氧化亚氮有 $^{14}N^{15}N^{16}O$、$^{14}N^{14}N^{18}O$ 和 $^{14}N^{14}N^{17}O$。由两个或两个以上重同位素原子取代的分子称为多元取代同位素分子，也称为 clumped isotope，中文翻译为团簇同位素，或耦合同位素和二元同位素或稀-稀同位素等，例如，甲烷有 $^{13}CH_3D$、$^{12}CH_2D_2$ 和 $^{13}CH_2D_2$；氧化亚氮有 $^{14}N^{15}N^{18}O$、$^{14}N^{15}N^{17}O$ 和 $^{15}N^{15}N^{16}O$。

（4）Isotopocule，2011 年才引入 isotopocule 这一新名词，它是 "isotopically substituted molecules" 的缩写。它指一组被重同位素取代的数量不同，或者被重同位素取代的位置不同的分子。它包括了同位素异位分子和同位素异数分子的概念，也就是以重同位素原子取代的位置和数量来区分分子个体。它包含了所有属于 isotopomer 和 isotopologue 的分子，也包含了不属于这二者范畴的分子。例如，今后在提到 N_2O 的 12 种同位素异位体分子时，应该使用 isotopocule，而不是 isotopomer。

（曹亚澄　温　腾　孟宪菁）

47. 气体同位素比值质谱仪（GIRMS）的工作原理是什么？

气体同位素比值质谱仪（GIRMS）是利用电磁学原理，分离并检测经气化、离子化的同位素分子和原子质量的科学分析仪器。根据洛伦兹定律，当带电离子以一定的速度进入磁场时，它的运动方向会受磁场作用力影响而发生偏转，由直线运动改作圆周运动。磁质谱的工作原理图见图 3-2。

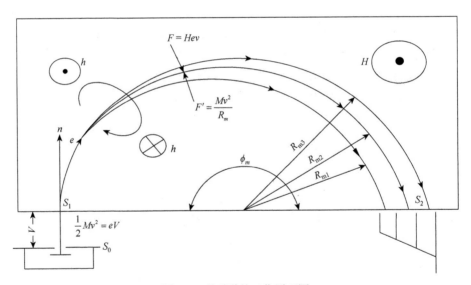

图 3-2　磁质谱的工作原理图

离子偏转的轨迹可用质谱仪器的基本工作方程式表达，即

$$m/z = 4.82 \times 10^{-5} \times (R^2 \times H^2/U)$$

式中，m 为原子质量单位（amu）；z 为电荷数；R 为带电离子的偏转曲率半径（cm）；H 为磁场强度，以高斯（Gs）[①] 为单位；U 为离子加速电压，以伏特（V）为单位。

---

① $1Gs = 10^{-4}T$。

由上述方程式可知，一定 m/z（质荷比）的带电离子在磁质谱中运行的偏转曲率半径与离子的加速电压呈正相关，而与磁场强度呈负相关。当质谱仪离子接收器在固定位置，磁场强度不变时，通过改变加速电压就可在接收器上接收到某一带电离子的束流，这种测量方式称为电（电场）扫描，其扫描速度较快。当加速电压固定时，通过调节磁场强度可使某一离子束流落在一定的接收器上，该测量方式称为磁（磁场）扫描。由于会产生磁滞效应，磁扫描速度较慢。

（孟宪菁　曹亚澄）

48. 气体同位素质谱仪的分辨率（R）、质量分辨能（MRP）、质量色散（Dm）分别是什么含义？

在日常同位素质谱分析工作中有时会将分辨率和质量分辨能混淆，会将扇形场的扇形半径（图 3-3）和质量色散（图 3-4）混为一谈。为此，在这里作一简单介绍。

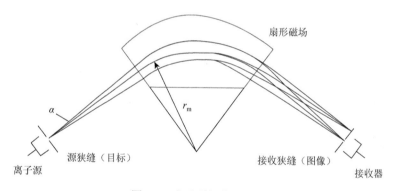

图 3-3　扇形磁场的示意图

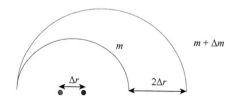

图 3-4　180°的磁场离子在聚焦面处的色散

质量分辨率指的是对质谱图中峰的分离能力的指标。质量分辨率通常与质谱峰的 m/z 值和谱图上分开的两个不同 m/z 值的差值有关。

　　质量分辨能指的是质谱仪能够提供特定质量分辨率的能力，是由 IUPAC 定义的。根据 IUPAC 的定义，质谱图上的质量分辨率（R）指的是 m/z 值除以能被分开的两个离子的最小 m/z 值之差。

　　质量色散是指两束离子在接收器聚焦面的出口狭缝的位置被有效分开时，这两束离子之间的距离。这个参数与扇形磁场的半径有关，对于共聚焦扇形场质谱仪来说质量色散是扇形半径的两倍（图 3-5）。

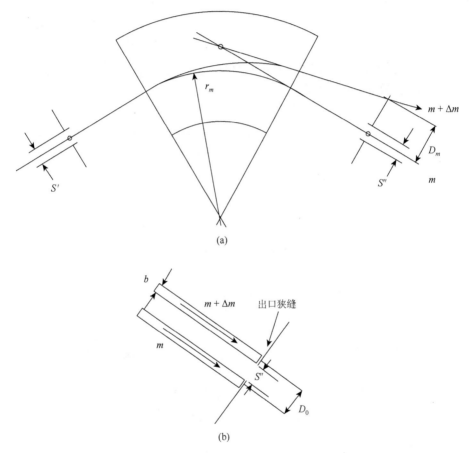

图 3-5　质量色散和质量分辨率示意图

D_m —质量色散；S'' —出口狭缝的宽度；b —在接收器焦面处，离子束的宽度；

Δm —质量差；m —离子的质量数；D_0 —色散因子

分辨率可以按如下公式计算：

$$R = \frac{m}{m_2 - m_1} = \frac{D_0}{(S'' + M \times S')}$$

式中，R 为分辨率；m 为质量数；$m_2 - m_1$ 为质量差；D_0 为色散因子；S' 为入口（源）狭缝的宽度（mm）；S'' 为出口狭缝的宽度（mm）；M 为倍率。

由于分辨能主要由源狭缝大小决定，因此分辨能一般是分辨率的 3～4 倍。

（田有荣）

49. 如何计算稳定同位素比值质谱仪（IRMS）的分辨率？

分辨率是质谱仪的重要技术指标，它是指两个质量相近的离子峰能够被分辨开的最小相对距离。一个比较公认的分辨率计算公式为 $R = m / \Delta m$（10%峰谷定义）。该公式可以理解为，当两个等高度的相邻质谱峰被分开到两峰之间的峰谷值等于峰高的 10%时，分辨率（R）等于质量（m）除以两相邻峰的质量差（Δm）。但在实际测试中很难找到两个等高度的质谱峰，而且分开后的峰谷值又恰好是峰高的 10%。

因此通常采用下述公式计算 IRMS 分辨率：

$$R = 0.5 \times (m_1 + m_2) / (m_1 - m_2) \times s / a$$

式中，m_1 和 m_2 是两个相邻质谱峰所对应的质量数；s 为两个峰的中心距离；a 为其中一个峰在峰高 5%处的峰宽值，s 和 a 均可在谱图上画线度量出来。赛默飞 Delta V Advantage 的分辨率可达到 110，MAT-253 的分辨率高达 200。

另外，有时会用到分辨能（RP）表征质谱仪器的质量分辨能力，计算公式为 $RP = m / \Delta m$（5%，95%），这里 Δm 是指某个质谱峰从峰高 5%处到峰高 95%处所对应的质量差，分辨能（RP）在数值上约等于分辨率（R）的 4 倍。赛默飞 253Plus 的分辨能可达 900 以上。

（孟宪菁）

50. Peak scan 和 mass scan 有区别吗？

气体同位素质谱仪属于多接收器的质谱仪器，由于测量精度要求高，因此质谱峰应该是平顶峰。为了检查仪器的峰形和套峰情况，首先应确认质谱仪器是否有合适的峰中心，然后再优化仪器的离子源参数，最后完成一个峰扫描（peak scan）以确认仪器的状态。峰扫描是指高压扫描，属于电场扫描，没有滞后问题，可以得到实时的图谱；有时候也会做质量扫描（mass scan），质量扫描是指磁场扫描，由于磁铁存在磁滞效应，因此，得到的质量峰往往有一些滞后。

（田有荣）

51. 同位素质谱仪分析器的物理半径与离子偏转的有效半径有何区别？

质量分析器是质谱仪的重要部件，其功能是将离子源产生的离子束按 *m/z* 实现分离。稳定同位素比值质谱仪通常采用的是磁场偏转质量分析器，通过电磁铁使不同 m/z 离子束发生磁场偏转而实现分离。电磁铁的物理半径是指磁铁轨道半径，即飞行管道半径；有效半径是指通过磁场的离子轨道偏转半径，即带电离子的偏转曲率半径。

目前用于气体同位素分析的磁质谱仪器主要有两种工作条件：一种是 90°扇形均匀磁场，离子入射角为 26.5°，电磁铁的物理半径为 230mm，在加速电压 10kV 下离子偏转曲率半径（有效半径）为 460mm，例如，赛默飞世尔科技有限公司生产的 MAT-253 和 253Plus 型稳定同位素比值质谱仪；另一种仍然是 90°扇形均匀磁场和 26.5°离子入射角，但电磁铁的物理半径只有 90mm，在 3kV 加速电压下离子偏转曲率半径（有效半径）为 180mm，例如，赛默飞世尔科技有限公司生产的 Delta V 系列的同位素比值质谱仪，Elementar 公司生产的 Isoprime 100 型稳定同位素比值质谱仪器等。

（曹亚澄　孟宪菁）

52. 关于气体同位素质谱仪的离子束聚焦

气体同位素质谱仪的离子流聚焦有两种方式。

（1）线性模式（linearity mode）

低的引出电压也就是说比较高的引出电位，连续流方式建议用线性模式。赛默飞世尔科技有限公司生产的 Delta V、Delta plus XP、MAT-253 和 253plus 的气体同位素质谱仪，在 ISODAT NT 软件里如将 extraction 调为 80%～100%时，其他参数优化到最佳的离子流强度，这时质谱仪器的离子源在线性模式下工作。

（2）灵敏度模式（sensitivity mode）

高的引出电压也就是说比较低的引出电位，双路进样方式一般在灵敏度模式下工作。赛默飞世尔科技有限公司生产的 Delta V、Delta plus XP、MAT-253 和 253plus 仪器，在 Isodat NT 软件里将 extraction 调为 20%以下时，其他参数优化到最佳的离子流强度，这时仪器的离子源在灵敏度模式下工作。

（田有荣）

53. 有哪些质谱仪器的技术指标会严重影响气体同位素质谱的测定结果？

气体同位素质谱仪的验收技术指标，通常有 13 项，而有的技术指标需在配备双路进样系统上进行调试。其中严重影响气体同位素质谱测定结果的技术指标有以下 4 项：

（1）绝对灵敏度，它是质谱仪器电离效能、传输效率、检测能力及本底噪声等的综合体现。在测定时会对决定样品的进样量有帮助。

（2）线性，在 1～10V 信号输出范围内，观察离子束强度与同位素比值的相关性，可在最佳质谱信号下选择其进样量。质谱仪器线性测试（linearitytest）指标为 0.06‰/V。

（3）放大器测试，检查同位素质谱仪器在不进任何样品的条件下放大器的稳定性，包括电器部件本底噪声的状况，特别应注意具较高阻值放大器的稳定性。

（4）精密度，一般也称为重复性，即测定 6～10 次的"次间"的相对标准偏差。通常在通进参比气体后，做一次零富集度（on-off）测试。测试的碳、氮同位素比值的零富集度值，如在 0.06‰左右表明质谱仪器多项技术指标都处于稳定状态。

（曹亚澄）

54. 如何理解 IRMS 的绝对灵敏度和丰度灵敏度?

IRMS 的绝对灵敏度是指在离子接收器上接收到一个离子所需要的气体分子数。以 CO_2 气体为例，绝对灵敏度的测试方法是，计算接收到 1 个 m/z 44 离子所需要的 CO_2 气体分子数。而丰度灵敏度则表示质量数为 m 的大丰度同位素质谱峰的"拖尾"对相邻质量 $m \pm \Delta m$ 小丰度同位素质谱峰的影响。同样以 CO_2 气体为例，丰度灵敏度是指 m/z 44 离子流落到 m/z 45 接收杯中的量与 m/z 44 离子流落到 m/z 44 接收杯中的量的比值。m/z 44 离子对 m/z 45 的信号贡献不应超过 2×10^{-6}。

（孟宪菁）

55. 如何计算连续流测量模式的灵敏度

气体同位素质谱仪灵敏度是指产生单位离子需要的气体分子数，也可以用电离效率（E，离子/分子）来表示：

$$E = A / (m \times R_f \times q_e \times N_A)$$

式中，以 CO_2 为例，A 为 m/z 44 的峰面积（Vs）；m 为样品产生的 CO_2 进入质谱离子源的量（摩尔数）；R_f 为 m/z 44 对应放大器的反馈电阻（$3 \times 10^8 \Omega$）；q_e 为电荷 1.6×10^{-19} 库仑/离子；N_A 为阿伏伽德罗常数。

在这个公式里，需要知道气体的分流比，进入同位素质谱的流速是 0.4mL/s。因此，Thermo-EA 接上 ConFlo 后的分流比大约为 250：1，GC 或 GasBench 等接到质谱后的分流比大约在 2.5：1。

（田有荣）

56. 同位素质谱仪器的灵敏度与测试方法的检测限有什么差别？

同位素质谱仪器的灵敏度，通常用绝对灵敏度表示，即在仪器的离子源内产生一个主离子所需要的气体分子数。一般以 CO_2 气体调试气体同位素质谱仪器的绝对灵敏度，系指产生一个 m/z 44$[^{12}C^{16}O^{16}O]^+$ 离子所需要的 CO_2 分子数；产生一个 m/z 44$[^{12}C^{16}O^{16}O]^+$ 离子所需要的 CO_2 分子数越少，仪器的绝对灵敏度越高。例如，Thermo Delta V 系列两种质谱仪器的这项指标：Delta V advantage 是 1200 分子/离子；Delta V plus 是 800 分子/离子。相互比较看出，Delta V plus 的绝对灵敏度高于 Delta V advantage。

测试方法的检测限则表示在保证测定结果准确可靠的情况下该方法能检测到的最低目标物的含量。对固体样品，一般以所含元素的 mg 或 μg 表示；对液体和气体样品，通常以所含物质的 mmol/L 或 nmol/L 表示。

（曹亚澄）

57. 稳定 IRMS 为什么需要在真空状态下运行？

所有 IRMS 仪器系统都必须配备一套真空系统，从而使离子源、质量分析器、接收器及放大器均处于超高真空状态下。在质谱仪器的针阀处于开启或关闭状态下，整个仪器系统的真空度分别为 $10^{-7} \sim 10^{-6}$ mbar 或 $10^{-9} \sim 10^{-8}$ mbar[①]。如果 IRMS 真空度较差，离子与残留气体分子的碰撞将改变离子源与接收器之间的离子运行轨迹，导致法拉第杯检测到错误的结果；碰撞过程形成的其他带电粒子将导致同量异位素干扰；真空较差时，还会降低灯丝使用寿命。在连续流模式下，必须采用真空泵系统处理大量氦气。真空泵系统一般采用前级机械泵和涡轮分子泵相结合以获取超高真空，还可以在离子源和磁分析室之间额外配置一个差分泵单元，该单元拥有外加的涡轮分子泵，可提高质量分析器部分的真空度。

（孟宪菁）

58. 气体同位素质谱仪在测定样品前，怎样进行最佳状态的调试？

在气体同位素质谱仪测定样品前，应该首先进行仪器稳定性的测试，确保仪器处于最优状态。对带有外部设备的同位素质谱仪，应先关闭针阀，只对气体同位素质谱仪主机的工作状态作如下的检查和调试。

---

① 1bar = 10^5Pa，1mbar = 100Pa。

（1）检查离子源和分析室的 vacuum 真空度是否达到要求。通常<3×10^{-7}mbar（Thermo Delta V 系列质谱）或者不开差分泵<1×10^{-7}mbar，开差分泵（选配）<5×10^{-8}mbar（Thermo 253 系列质谱）。

（2）检查加速电压（3kV 或 10kV）、灯丝发射电流（1.5mA，box/trap）是否正常，是否稳定。可在"仪器控制"窗口中用扫描方式查看。

（3）对长时间没有开机的质谱仪器，待真空度达到要求后，在"仪器控制"窗口中用扫描方式查看质谱仪器的本底状况，从 m/z 12 扫到 m/z 44，观察 m/z 16 的氧峰、m/z 18 的水峰、m/z 28 的氮峰、m/z 40 的氩峰和 m/z 44 的二氧化碳峰值是否有异常。一旦发现氩峰值在 $3\times10^{10}\Omega$ 接收杯上数百毫伏以上，应考虑仪器存在微小的漏气，可进行氩检漏，一般氩峰值应在 40mV 以下；当气体同位素质谱的主机部分没有漏气现象，而所有检测到的峰值仅是偏高时，应对系统（离子源和分析管道）进行长时间（10~20h）的加热除气。

（4）待系统加热冷却，仪器的真空度和本底都正常以后，打开针阀。由于系统内存在一定流量的氦气，此时的真空度将上升到 10^{-6}mbar 左右，氩峰值也应在 50mV 左右。此时说明质谱仪器的基本测定样品的条件已经达到。

（5）对某一种参比气体进行 auto focus，正常情况下 auto focus 的结果应该为正增长，且与上一次调试的变化波动不大，建议此步骤可每周做一次。注意，若是更换一瓶新的参比气体，或者更换灯丝之后，或者取出过离子源之后则必须重新做。

（6）on-off test，也称 zero-enrichment test，即零富集度测试。对应不同的参比气体，每次做 5~10 个为佳，连续 3 个 SD 值达到指标值即过关。

（7）linearity test，也称线性测试。每次做 1~2 个，slope regression 达到指标即可。此测试对于氢气，称作 H_3 test，每次必做，要求 H_3 因子小于 10。对于其他气体可以一个月做一次或者忽略不做。

在上述技术指标测试都通过以后，说明气体同位素质谱仪器已具备正式测定样品的条件，即可连接外部设备进行联机测定。

（马　潇　曹亚澄）

59. 在气体同位素质谱仪安装、调试以后，如何建立一个样品测定的方法？

即使是已有成熟的测定方法，对于一台新的同位素质谱仪器仍需要为其"建立"方法，意味着不能马上进行样品的测定。例如，需要在该仪器上测定不同同位素值的标准样品、建立标准曲线、确定以后日常测定所需标准样品的个数（不同同位素数值的标准样品的数量）、对同一测定样品序列进行重复测定、设置质控标准样品并进行反复测定，考察仪器的稳定性和计算测量结果的精密度（一天、一周、一个月甚至更长时间）等。

（曲冬梅）

60. 什么是同位素质谱仪器的本底值？本底值过高应如何应对？

同位素质谱仪器的本底值是指在没有进样的情况下检测到的仪器信号，除了由测量系统本身的电子学器件性能引起，其他主要来自进样管路、离子源和分析管路表面吸附的水分或者有机物。这些气体经电离产生的离子将以本底值贡献给样品的测试结果，以 BGD 表示。正常情况下，通过测试质谱仪器 Ar 40 的信号来判定本底值的高低。关闭针阀，m/z 40Ar 峰值应该小于 10mV；打开针阀连接 ConFlo 以后，m/z 40Ar 峰值应该小于 40mV。如果发现本底过高，应立刻检查质谱仪器或者外部设备是否存在漏气问题；如果是仪器长时间处于关机状态，则应该考虑是否是质谱仪器内水分和空气过多的缘故。应该打开分析器加热（analyzer heater）和进样阀加热（inlet valve heater）进行加热除气和除水。此外，劣质的氦气也会产生较高本底值而影响测试结果，因此氦气的纯度必须达到 99.999%。

（马　潇）

61. 怎样理解同位素质谱仪器的"线性"？

线性（linearity），代表质谱仪器离子源内在不同气体分子碰撞频率下对同位素比值的影响。质谱仪器良好的线性表示同位素比值在一定范围（控制气体的进样量，使质谱仪器的输出信号电压值在 1～10V）内不受电离室样品气压的影响。这是一项考察质谱仪器工作状态是否正常的常规技术指标。

（曹亚澄）

62. 同位素质谱仪器测定时"峰对中"的作用

峰对中（peak center），是采用电扫描的方式，通过改变加速电压值，使有型的离子束电触式地移过接收杯，从而获得离子束峰位的统计中心值。因此，在测定样品前，或在测定程序中都会采用和选择"峰对中"，以确保在准确的离子束峰位下获得被测样品的峰高值或峰面积。

（曹亚澄）

63. On-off test 不达标应如何应对？

如果参比气体的 on-off test 未达到最低规定的 SD 标准，首先应该检查仪器的本底 BGD。如果本底偏高，将 sample dilution 分别设置为稀释比例 100%或者 0%，再分别观察本底。主要检查是质谱端 MS 漏气，还是 ConFlo 端或是外设端漏气？如果本底不高，没有发现漏气，可尝试用参比气体重新进行一次 auto focus；此外，可以打开 inlet valve heater 进行针阀加热。一般对于新换的参比气体，或者长时间未开机使用的仪器，应该进行 20～50 个 on-off test，使其逐渐稳定。如果发现 SD 值过大，且朝一个方向规律性波动，可联系维修工程师进行进一步解决。

（马　潇）

64. 气体同位素质谱仪的零富集度测试的精度较差，或线性测试的斜率不达标，应该怎么办？

（1）对 CO_2 和 N_2 参比气体的 $\delta^{13}C$ 和 $\delta^{15}N$ 进行零富集度测试时，测试精度均应优于 0.06‰。当测试精度较差时，建议采取以下办法进行核查：

①多进行几次零富集度测试试验；

②确认氦气及参比气体的纯度；

③观察本底值，检查质谱仪器的气密性；

④对 IRMS 的进气针阀进行加热处理，以烘除挥发性杂质。

（2）对 CO_2 和 N_2 参比气体的 $\delta^{13}C$ 和 $\delta^{15}N$ 进行线性测试时，测试斜率均应小于 0.066‰/V（0.02‰/nA）。如果斜率较差时，应采取以下办法进行核查：

①将参比气体峰高信号的递增区间设为 1～9V，连续引入 5～6 次；

②进行多次线性测试试验；

③调谐离子源参数，重新进行电参数的聚焦。

（3）对 SO_2 参比气体的零富集度测试或线性测试时，建议预先在 SO_2 钢瓶上安装一个 40℃恒温减压阀，并将 Thermo ConFlo IV 内置的 SO_2 参比气体的减压阀以及 IRMS 的进气针阀和离子源切换至加热状态，通过降低 SO_2 气体的黏滞性，优化 SO_2 峰形。

（孟宪菁）

65. H_3 因子大于 10 应如何应对？

H_3 因子是做氢同位素时必须测试的指标，一般小于 10。如果发现该指标接近

10 或者大于 10，应当及时进行调整。观察 $m/z\,2$ 和 $m/z\,3$ 的峰值，通过手动调节 electron energey 和 extraction 使得 $m/z\,2$ 的峰值是 $m/z\,3$ 的峰值的大约 3 倍，这时 H_3 因子可能会自动下降到小于 10。正常情况下，在手动降低 electron energey 的值后，再重新 auto focus，H_3 因子会自动降低。在某些情况下，H_3 因子异常也可能与离子源或者灯丝或者氢气有关，这时应该联系维修工程师做进一步诊断。

（马　潇）

66. 如果测定样品时，没有信号应该如何应对？

当测定样品时同位素质谱仪器没有出现信号，应对如下：

（1）检查针阀是否打开；

（2）检查离子源是否打开；

（3）检查氢气或者相应参比气体是否通入；

（4）测试参比气体 on-off test 是否正常；

（5）如果参比气体 on-off test 正常而测定样品没有信号，应检查气体样品在进样过程中是否出现问题；如果气体样品进样没有问题，则可能是 conflo sample inlet 这一根毛细管断开连接，需要检查并手动连接。

（马　潇）

67. 在 SerCon 气体同位素质谱仪测定样品前，如何进行稳定性的调试？

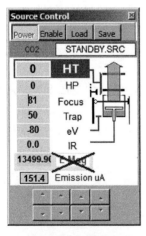

图 3-6　SerCon 同位素质谱仪器
的离子源的控制窗口

本题旨在简述从质谱仪待机模式到测定样品前的准备，怎样对系统进行检测、如何检查峰形以及如何进行仪器稳定性的调整。

（1）待机模式时同位素质谱仪器应具备的条件：针阀关闭时系统真空度应为 1×10^{-8}mbar，然后加载离子源的备用参数。

（2）本底扫描，扫描时应加载测定 N_2 的离子源参数文件（图 3-6），单击 Callisto Graph 窗口上的 Background，在 HT 为 2000～4200V 的范围内扫描，也可以通过 Callisto Graph 窗口的 Presets 中的 Customise 来设置扫描范围。扫描完成后应依次出现多个小峰，其中 CO_2、N_2 和 O_2 3 个峰最明显，最大的峰为 N_2 峰，应小于 1×10^{-11}A。当高于这一数值时说明系统有微漏，可以根据已知的峰值（N_2 28 或 CO_2 44）来判断是否存在污染杂质峰（图 3-7）。

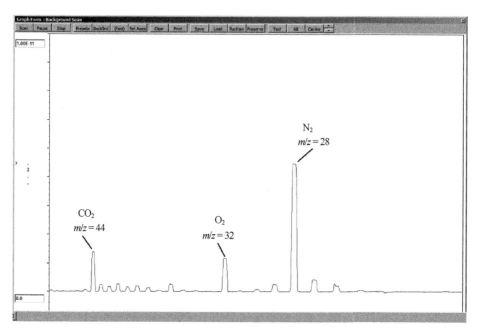

图 3-7　SerCon 同位素质谱仪器的本底谱图

（3）对质谱仪器外部设备的检漏，对于 Integra 2 及 2022 型号的元素分析仪都采用憋压测试。

（4）由 Trapping 收集样品气体，对于 Integra 2 元素分析，需要外设处于正常工作状态，当高温燃烧标准样品（如氮气），检测到氮气信号值接近最高处时，关掉针阀并排空，截留部分由标准样品产生的氮气（碳同位素及硫同位素同样方法）；而对于 2022 型号的质谱仪器，只需打开相应的参比气体（用 CO_2 气体调谐 CO）即可。

（5）峰形及稳定性的调整。在测试样品之前，应首先检查质谱仪器的峰形，以确保 HT 设置准确。采用电扫描模式，随着高压的增加，离子束进行不同角度的偏转，目标离子束分别落进 1、2 和 3 杯中接收器内，重合点的高压值应为离子束峰位的统计中心值（图 3-8）。

在 Callisto Graph 窗口 Presets 上包含了 4 个扫描设置，前两个峰对中为 2 束和 1 束，以及 3 束和 1 束的扫描（例如 CO_2，1 束代表 m/z 44，2 束代表 m/z 45，3 束代表 m/z 46），后两个为比值稳定性扫描。比值稳定性扫描是指在当前离子源参数调谐条件下，总时间 600s 内，不同颜色表示不同质量数离子束的轨迹。其中，图 3-9 中下拉菜单表示当前选择的接收杯类型（图 3-8～图 3-10）。

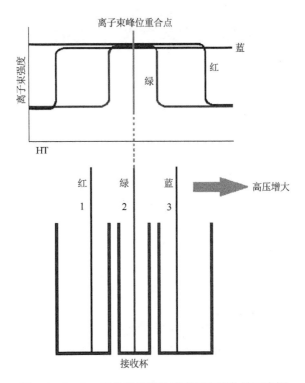

图 3-8　SerCon 同位素质谱仪器离子束峰位的示意图

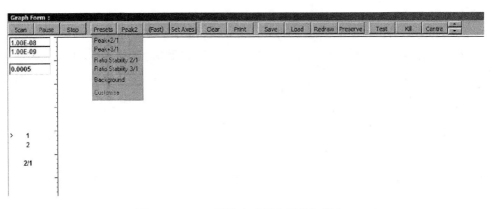

图 3-9　SerCon 同位素质谱仪器的扫描窗口

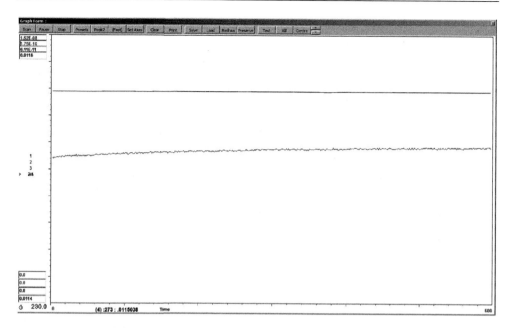

图 3-10　SerCon 同位素质谱仪器对 CO_2 气体的扫描谱图

（6）参比气体的 on-off 测试。向同位素质谱仪器中通入参比气体进行零富集度测试，也称"on-off"测试。其测试精度（仅限于 2022 型）：CO_2（$\delta^{13}C$）为 0.06‰，CO_2（$\delta^{18}O$）为 0.06‰，N_2（$\delta^{15}N$）为 0.06‰，SO_2（$\delta^{34}S$）为 0.1‰，H_2（δ^2H）为 0.4‰。

（尹希杰　苏　静）

第二节　离子源软件调控参数的含义及优化方式

导语：气体同位素质谱仪是一个复杂的工作系统，在它的内部有很多硬件，它的工作原理是什么？在使用操作软件时，人们可能对质谱仪器的一些电参数的含义及优化方式不是很清楚，如离子源参数的调谐等。下面的这些问答会给出答案。

68. 何谓连续流进样模式？

以前气体同位素质谱分析都是采用离线进样模式，即需要在其他的制样装置上预先进行样品的制备、分离、浓缩和收集，然后再将纯净的样品气体通进同位素质谱仪的进样系统中进行同位素比值的测量。采用这种进样模式，一是需要离线制备气体样品的制样装置；二是需要较大的样品量（mg 级）。

自 20 世纪 80 年代后，气体同位素质谱仪器一般都采用了连续流（continuous flow，CF）进样模式，不论经高温燃烧后产生的样品气体，还是经冷冻、浓缩和解吸释放出的目标气体，或被气相色谱等分离出的目标物又被燃烧后产生的气体，都将随高纯氦气连续不断地流入质谱仪器的进样管道，一部分经毛细管漏孔进入离子源中，其余的作为废气排入大气，在没有样品气体时，进样管道内仍维持一定流量的氦气。采用连续流进样模式，其特点：每个样品只出一个质谱峰；所需要的样品量较少（μg 级）；需要有参比气体作比较，以及高纯的氦气消耗量较大。

（曹亚澄）

69. 气体同位素质谱离子源是什么源？它是如何工作的？

质谱仪器离子源主要是将被分析的电中性物质电离成带电的分子离子或碎片离子，这些离子经光学透镜系统被引出、加速、聚焦成具有一定能量和一定几何形状的离子束。离子源是质谱仪器的心脏部件，其性能优劣与质谱仪器的灵敏度、分辨率和测量精度等密切相关。质谱仪器常用的离子源类型：电子轰击电离离子源（EI）、热电离离子源（TI）、电感耦合等离子体离子源（ICP）、化学电离离子源（CI）、电喷雾电离离子源（ESI）、大气压化学电离离子源（APCI）等。

稳定同位素质谱仪大都采用电子轰击源（electron impact ionization），也就是 EI 离子源（图 3-11）。

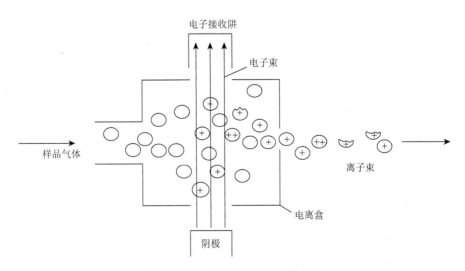

图 3-11　EI 离子源工作原理示意图

EI 离子源的工作原理如下：

（1）灯丝打开之后，通入电流，由灯丝阴极发射出慢电子，在灯丝周围形成电子云。通常会在电子轰击电离的离子源内设置小磁铁，其作用是使电子在磁场中沿螺旋线轨迹旋转前进，增加其与样品气体分子的碰撞机会，提高电离效率，提高仪器分析的灵敏度。

（2）样品气体进入电离盒（box）后，由于灯丝和电离盒之间有电压差（voltage difference），会使电子运动，轰击样品气体分子。当电子能量（electron energy）大于样品气体分子的电离电位时，分子失去电子被电离成正离子，反之捕获电子成为负离子。电离盒电流加电子接收阱（trap）电流等于发射电流（emission），多余的电子会被电子接收阱捕获。

（3）以氮气分子为例，在此电离过程中可以形成 m/z 28 的 $[^{14}N^{14}N]^{+}$、m/z 29 的 $[^{14}N^{15}N]^{+}$、m/z 30 的 $[^{15}N^{15}N]^{+}$ 单电荷的分子离子；或者单电荷的原子离子，如 m/z 14 的 $[^{14}N]^{+}$ 和 m/z 15 的 $[^{15}N]^{+}$；甚至可能产生双电荷分子离子 m/z 14 的 $[^{14}N^{14}N]^{++}$ 和 m/z 15 的 $[^{15}N^{15}N]^{++}$ 等。

（4）由于电离盒和引出极之间存在电压差，最后带正电荷的离子被引出电压（extraction voltage）拉出离子源，经过透镜聚焦成离子束，最后经加速电压的加速进入质量分析器。

（马　潇　孟宪菁　曹亚澄）

70. 离子源的内部构造是什么样子？

在电子轰击离子源的内部有一套加工和组装十分精致的离子光学透镜系统。以 Thermo Delta V 型同位素质谱仪为例，它由多个组件和透镜排布而成，组件与透镜之间由陶瓷片相隔绝缘，并有陶瓷柱固定各组件的位置，确保其间距。Thermo MAT-253 同位素质谱仪离子源的内部结构见图 3-12。

（马　潇　曹亚澄）

71. 同位素质谱离子源内的"引出电压"作用是什么？

引出电压，有时称"拉出电压"或"提取电压"，是引出电极与电离盒之间的电位差，它会对带电离子在离子源内的停留时间产生影响。当引出电压增大时，从电离盒中引出的正离子数增多，于是随着电离盒中正离子数的减少，电离盒中样品气体密度降低，碰撞概率减少，电离效率就会下降，此时会导致仪器的灵敏度下降，却提高了质谱仪器的线性，反之亦然。除非特殊测定，一般都在仪器进行自动聚焦时调谐。

（曹亚澄）

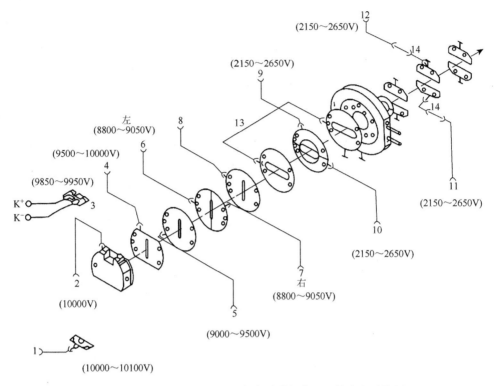

图 3-12　Thermo MAT-253 同位素质谱仪离子源的内部结构图

72. 何谓同位素质谱离子源内的"电子能量"？通常需要调节吗？

电子能量，有时也称电离电压，是离子源灯丝与电离盒之间的电位差，它严重影响着离子源内激发能的分布状态。其大小对气体分子碎片离子的形成有很大影响，根据测定需要进行调谐。例如，在测定 N_2O 同位素异位分子的位点优势值（SP）时，电子能量的大小严重影响了 m/z 30 和 m/z 31 碎片离子流的强度，从而直接影响了 SP 值测定的准确性。

（曹亚澄）

73. 离子源电参数中"box"与"trap"是什么关系？

"box"指电离盒，在这里指电离盒的电流；"trap"指电子接收阱，在此即阱电流。box 电流加 trap 电流等于灯丝的发射电流。通常气体同位素质谱仪器工作时都将灯丝的发射电流调到 1.5mA，此时 box 电流与 trap 电流分别为 0.75mA 左右。当两者电流的相差值越来越大时，表示灯丝的性能变坏。在气体同位素质谱仪器开机达到真空要求后需打开灯丝时，可先手动将灯丝的发射电流调至0.8mA；然后待灯丝加热放气结束，即可逐步升高发射电流值，此操作可有效地保护灯丝，延长灯丝的使用寿命。

（曹亚澄）

74. 离子源调谐时的各项参数代表什么含义？

同位素质谱仪器离子源的电参数，主要有以下几个：

（1）emission，即发射电流，为 box 电流和 trap 电流之和，一般情况下为1.5mA。通常在刚开机打开离子源时，待仪器真空达到指标后手动将发射调至0.8mA，再待灯丝加热放气结束后，逐步升高发射电流值，以便保护灯丝。

（2）electron energy，即电子能量，代表着灯丝与电离盒之间的电位。对于H_2而言，较大的电子能会使氢气电离，产生同质离子干扰，因此需要降低电子能。

（3）extraction voltage，为引出电压，当引出电压增大时，意味着 box 和引出极之间的电压差增大，从 box 中提取走的正离子数变多，而 box 中的正离子数目浓度降低，会导致灵敏度下降，但是线性提高；反之亦然。

（4）其余的 X、Y 为光学透镜的位置参数，建议可自动调谐。

（马　潇）

75. 什么时候需要对气体同位素质谱仪的离子源电参数进行优化调谐？

在气体同位素质谱的离子源电参数中，有的是影响离子流强度的，如灯丝电流和电子阱电压。有的是为了调整离子束的几何形状的，如屏蔽板、各种棱镜和多种偏转极；其中一些电参数会对被测样品的同位素比值产生严重影响。因此，必要时应对气体同位素质谱仪离子源的电参数进行优化调谐，其目的是使离子束具有一定能量和几何形状，保证电离效率和离子的准直性：

（1）仪器长时间关机，在开机后先对离子源和分析器加热烘烤，待真空度及高压、灯丝电流都正常后，测定样品前可重新调谐；

（2）在拆洗离子源或更换灯丝后，因为各透镜和灯丝的几何位置已有一定的改变；

（3）磁铁位置有了微小变动以后；

（4）当发现样品气体的信号值明显下降，或发现 on-off test 指标和线性测试不通过时；

（5）不同的气体分子具有不同的电离能，所以在改换不同的被测气体时，如从测定 CO_2 的碳、氧同位素比值转换成测定 N_2 或 N_2O 的氮、氧同位素比值时，即在更改被测定目标物和改变被测定气体后进行一次调谐；

（6）需进行某些特殊目标离子的测定时，例如，需精确测量氧化亚氮气体分子的碎片离子（m/z 30$[^{14}N^{16}O]^+$和 m/z 31$[^{15}N^{16}O]^+$）峰时等。

进行气体同位素质谱仪器的离子源电参数优化调谐时，应向离子源内通入一定量（m/z 44 的离子流约在 3000mV 左右）的 CO_2 参比气体，既可以用仪器软件作自动聚焦（auto focus），也可以采用手动方式进行多次来回的调谐。作一次离子源电参数调谐以后，必须点击 "pass to gas configuration"，将电参数保存起来。经聚焦电参数调谐后，有时离子流强度可增高 2～3V。

（曹亚澄 马 潇 孟宪菁）

76. 经 auto focus 后，如何判断离子源参数的好坏？

在每次 auto focus 结束后，在仪器的下方会出现提示：显示有××mV 的信号的升高或者降低。正常情况下，如果仪器处于稳定状态，其信号值每次只会有大约数百或数十毫伏的升高或者降低，波动不大，这样是正常的。但是如果换了新的参比气体或者拆动过质谱仪器的离子源（更换灯丝或者清洗离子源）后，这时信号值会有较大的波动。请选择具有正＋波动的电参数，然后 pass to gas configuration。

（马 潇）

77. 如何进行气体同位素质谱仪离子源参数的调谐？

以 Thermo 气体同位素质谱仪为例，一般情况下离子源调谐都采用自动模式，即 auto focus。在 auto focus 时，只要勾选出想调谐的参数，并将参比气体的信号值调至 3V 左右，即可开始。

离子源调谐具有两种模式：一种是灵敏度模式，一种是线性模式。在线性模式下，extraction 参数会调至 80%～100%，此时仪器的线性为最佳状态；在灵敏度模式下，extraction 参数会大约调至 20%或者更低，此时灵敏度为最佳状态。一般情况下，都将仪器调于线性模式，即 linearity mode。

此时在进行 auto focus 时，首先保持 emission、trap、electron energy 3 个参数最大值（H_2 模式下，electron energy 不是最大值），extraction 调至 80%～100%，然后勾选 extraction sym、x-focus、x-focus sym、x-deflection、y-deflection 和 y-deflection sym 这 6 个选项进行自动调节即可（针对 Thermo Delta 型号）。

（马 潇）

78. 什么情况下需要手动调节离子源的参数（manual focus）？

一般情况下，离子源调谐都采用自动模式。遇到以下情况时可采取手动调谐：

（1）H_3 因子大于 10，具体方法参照前面问题的解答；

（2）需要提高信号灵敏度时，手动将 extraction 参数调至 20%左右，这时信号会提高，可能适用于某些样品量极低的情况，但此时线性会下降；

（3）其他特殊情况。

（马　潇）

79. 什么是"离子源的加热"？

在离子源电离盒的附近增设了 2 个（35W，12V）钨灯丝的卤素灯，点亮灯泡给电离盒加热，减少电离盒金属表面对气体分子的吸附，可降低同位素质谱分析过程中的记忆效应。"离子源加热"指示灯不亮，说明卤素灯泡的灯丝已烧毁，需更换新的灯泡。

（曹亚澄）

80. 在同位素质谱仪器的参比气体线性较差时，怎么办？

检查质谱仪器离子源的 box 值和 trap 值是否稳定，首先排除灯丝的原因，如果是灯丝问题则需要更换灯丝；再检查是否存在漏气；最后再检查或优化离子源的调谐电参数。

（张　莉）

81. 什么情况下需要更换质谱仪的离子源阴极灯丝？

（1）当 box 电流与 trap 电流短时间内出现波动和跳跃，而且两者的值相差较大时，可能到了需要更换新灯丝的时候；

（2）灯丝无法点着；

（3）灯丝是消耗品，建议每 1～2 年更换一次。

（马　潇）

82. 质谱仪器的离子源阴极灯丝为什么会点不着？

（1）真空度不够（检查是否漏气或者没有氦气）；

（2）阴极灯丝已烧断；

（3）控制离子源电路主板的保险丝已烧断。

（马　潇）

83. 更换质谱仪离子源灯丝的步骤和注意事项

更换质谱仪离子源的灯丝是一件非常细致的事，通常可请专职的工程师进行更换。当仪器操作人员自己更换时，应按如下的步骤进行：

（1）让质谱仪器的离子源和分析室卸除真空。

（2）拆除连接离子源的电源线。

（3）以对角线方式松动离子源法兰上的螺丝；拆卸掉所有螺丝，仅留一个螺丝固定住离子源组件。

（4）用手托住离子源组件，卸下仅剩的一个螺丝，小心取出离子源组件，将其放置在平稳的桌面上。

（5）操作人员的双手立即戴上无粉末的医用手套，一手固定住离子源组件，一手用螺丝刀拧下离子源组件上固定灯丝的螺丝和与法兰连接线上的螺丝，取下损坏的灯丝。

（6）按照损坏灯丝连线的弯曲形状，扭弯新灯丝的连接线；按照原样，将新灯丝安装在离子源组件上。

（7）最关键的一步，即检查离子源电极连接线间的绝缘性。在所有螺丝上紧以后，必须用万用表检查灯丝组件与离子源组件的任何电极连接线间是否绝缘。

（8）如果有烧毁的离子源加热的卤素灯泡，此时也可一并更换。

（9）用浸有无水酒精的丝绸布擦洗离子源组件上和灯丝组件上所有被手接触到的地方，再用电吹风吹干。

（10）十分小心地将离子源组件安放进仪器内，仍以对角方式将固定螺丝安上并拧紧。

（11）连接离子源的电源线。

（曹亚澄）

84. Isoprime 100 型同位素质谱仪离子源参数如何优化？

在调谐界面，先运行峰对中，然后按照以下顺序循环进行调节，extraction voltage→half plate differential→ion repeller volts→electron voltage→Z plate voltage。对于 extraction voltage，结果最高点向左移动 5 个百分点；HP 选择曲线的最高点；IR 与线性密切相关，对 CO_2、N_2、CO、SO_2、N_2O 测定，通常取–5 以下的最高

点；EV 一般设在 70eV 左右；ZV 选择曲线的最高点。离子源电参数优化好后再次运行一次峰对中，然后进行保存。

（张　莉）

85. Isoprime 100 型同位素质谱仪离子源电参数的调谐步骤

（1）打开黄色进样阀，待仪器的真空度正常后（一般高真空应达到 10^{-6}mbar；低真空应达到 10^{-2}mbar），打开离子源。

（2）作磁场扫描：在 CO_2 界面下进行磁场扫描，点击 acquire→slow magnet scan（1～5A），扫描图谱中的 Minor1 信号均应低于 1×10^{-10}A。在本底扫描通过后，点击 cycle magnet，消除磁场记忆效应。

（3）峰对中的调谐：打开参比气体，在 tune page 页面中，点击 acquire→run peak centre，在峰中心校准后，点击 accept peak centre result。以 CO_2 为例，peak centre 的目的是使 m/z 44、m/z 45 和 m/z 46 的 ion beam 都能全部落入对应的接收器中，确保数据的准确性。

（4）聚焦的调谐：点击 acquire 菜单→run scan→ZV scan.isf。点击工具栏"display"图标。取 ZV 曲线的最大值，不必保存，再运行下一个参数。

点击 acquire 菜单→run scan→HP scan.isf。点击工具栏"display"图标。取 HP 曲线的最大值。不必保存，再运行下一个参数。

（5）引出电压的调谐：在 tune page 页面中，点击 acquire 菜单→run scan→EX scan.isf。运行 extraction voltage 扫描。扫描完成后，点击"display"图标，拖动图中黑色线至曲线最高点，然后向左移动 5～10 个百分点，完成 EX 电压的调谐。

（6）IR 的调谐：一般情况下，无须做 IR 的调谐，IR 的值（除测 H_2 外）只需落在 -10～$-2V$ 即可，测 H_2 时，IR≈$+45V$。如果需要调谐，则点击 acquire 菜单→run scan→IR scan long.isf，再点击"display"。IR 曲线会出现两个最高峰，当测试 CO_2、CO、SO_2、N_2O 时，应取小于零一边的最高峰，但务必让其值小于 $-2V$；当测试 H_2 时，应取大于零一边的最高峰。不必保存，再运行下一个参数。

（7）一般将 electron voltage 设定为 100eV，不必作修改。

（8）一般将 trap current 设定为 200μA。当需要提高灵敏度时，可以增大 trap current。通常在测定 $\delta^{13}C$ 时的 trap current 设置为 200μA；测定 $\delta^{15}N$ 时设置为 600μA。

（9）所有参数运行完毕，再调谐一次峰中心。点击 acquire→run peak centre，点击"accept peak centre"。

（10）在 tune page 页面中，点击 file→save，保存修改。

一般情况下，peak center 的 focus 值需大于 0.5，才表明调谐成功。

（尹希杰　粟　蓉）

第三节　气体同位素质谱仪器的离子接收器问题

导语：稳定同位素质谱仪离子接收器的功能是接收来自质量分析器分离后的不同 m/z 的离子束流，并根据检测到的离子类型和离子流强度实现同位素比值的测定。通常由数个法拉第杯组成，并配备有各自的 100% 负反馈高阻值的放大器，电阻值应该与被测定的同位素丰度相匹配。以下就有关离子接收器的一些问题给出解答。

86. 在同位素质谱分析中，仪器的信号输出 nA 与 V 是什么关系？

不同 m/z 的离子束落入相应的法拉第接收杯中，获得的是 fA（10^{-15}A）到 nA（10^{-9}A）级的微弱电信号，大多数情况下无法被仪器计算机准确识别，只有通过配备相应的放大器和反馈电阻，将其转换成输出电压后才能被识别，图 3-13 为 Thermo 同位素质谱仪离子接收器的通用三杯。根据欧姆定律 $U(\mathrm{V}) = I(\mathrm{A}) \times R(\Omega)$，100nA 的电流经 $1 \times 10^{9}\Omega$ 高阻转换后就可获得 100V 的电压值；若将接收到的 167nA 的电流用 $3 \times 10^{8}\Omega$ 高阻进行转换，即可获得 50V 的电压。仪器输出电压的范围，仅是同位素质谱仪的表观技术指标，而它能接收到多大的离子流信号强度则是质谱仪器信号输出范围的关键指标。

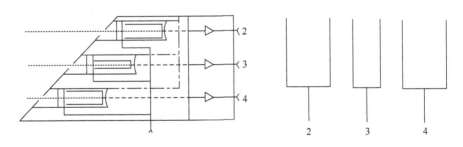

图 3-13　Thermo 同位素质谱仪离子接收器的通用三杯

（曹亚澄）

87. 稳定同位素比值质谱仪为什么使用法拉第杯作为检测器？

首先，稳定同位素比值质谱仪需要高精密度，而高精密度需要高计数率，对于大量离子流的线性检测，法拉第杯无须进行调整就能满足要求。其次，法拉第杯相对于电子倍增器很少需要更换，具有高稳定性和耐用性。此外，法拉第杯传感器响应值与离子能量、质量及化学性质无关。

（张　莉）

88. 如何正确理解 IRMS 的放大器输出电压的动态范围?

放大器动态范围是同位素质谱仪器用户十分关注的一项技术指标，它关系到对不同含量样品的适用性问题。不同 m/z 的离子束落入相应的法拉第接收杯中，产生 $10^{-15}\sim10^{-9}A$ 数量级的微弱电信号，在每个接收杯上都配有自身的放大器和反馈电阻，根据欧姆定律表达的电流（I）、电阻（R）和电压（U）之间的关系：$U(V)=I(A)\times R(\Omega)$，将离子流的输出信号用输出电压 U 表示，计算机可以准确地识别。对于放大器输出电压的动态范围这项技术指标，不同的质谱仪器有不同的表示方法，有的标明 0~100V，有的标出 0~50V。那么，0~100V 的技术指标是否就优于 0~50V 呢? 根据欧姆定律可以看出，放大器的输出电压与它所使用电阻的阻值有关，使用高阻值的电阻就能得到高数值的电压。以测定 CO_2 气体的同位素比值为例，在接收 m/z 44 和 m/z 45 离子束的放大器上，有的质谱仪器分别配置的是 $1\times10^9\Omega$ 和 $1\times10^{11}\Omega$ 电阻,而有的仪器则配置成 $3\times10^8\Omega$ 和 $1\times10^{10}\Omega$ 电阻，对这项技术指标两种质谱仪器分别标出了不同的放大器输出电压的动态范围：0~100V 和 0~50V。经过计算，前者能够接收到的 m/z 44 和 m/z 45 离子束电流的最高值为 100nA 和 1nA；而后者接收到的离子束电流值最高可达 167nA 和 5nA，更适合进行宽信号范围的样品测试。因此，在表征 IRMS 放大器输出电压的动态范围时，应当注明放大器所配置电阻值和实际接收的离子束电流值。

（曹亚澄　孟宪菁）

89. 什么情况下需要变换同位素质谱仪离子接收部件放大器的高阻?

同位素质谱仪通常根据元素的同位素自然丰度比值对放大器的高阻值作标准型配置，三个接收杯上的高阻值一般设为 1∶100∶330。当同位素质谱仪测定到较高丰度（>30atom%）的示踪试验样品时，必须变换某些放大器的高阻阻值，降低其放大器的放大倍数。例如，进行示踪试验样品的氮同位素测定，当样品的 ^{15}N 丰度大于 30atom%时，质谱仪离子源内形成的 m/z 29$[^{14}N^{15}N]^+$离子流强度很高，在原先的高阻值为 $1\times10^{10}\Omega$ 接收杯上就有可能超出量程，因此必须将其高阻值降低到 $1\times10^9\Omega$，才能确保样品的准确测定。有些型号的气体同位素质谱仪，在接收杯的放大器上可以配置两种阻值的高阻，只需在软件点击选项就可变换。

如需更换放大器上不同阻值的高阻，应由专职工程师操作。

（曹亚澄）

90. 测定何种丰度的同位素示踪样品需要调整离子接收器的高阻？

在赛默飞世尔科技有限公司标准配置的同位素质谱仪上，通用三杯接收系统配备了不同阻值的 100% 负反馈高阻。例如，测定氮或碳同位素比值时，在 2 杯上的高阻值为 $3 \times 10^{8}\Omega$，接收 $m/z\ 28$ 或 $m/z\ 44$ 的离子流；在 3 杯上为 $3 \times 10^{10}\Omega$，接收 $m/z\ 29$ 或 $m/z\ 45$ 的离子流，在 4 杯上为 $1 \times 10^{11}\Omega$，接收 $m/z\ 30$ 或 $m/z\ 46$ 的离子流。这种高阻值的配置，适宜自然丰度或低丰度示踪样品的同位素比值的测定。当测定高丰度的同位素样品时，有的离子峰会出现满标（>50V）。现列举一些 ^{15}N 样品测定的数据加以说明，如表 3-1 所示。

表 3-1　测定不同 ^{15}N 丰度样品时所配备的放大器高阻值

	$m/z\ 28$	$m/z\ 29$	$m/z\ 29$	$m/z\ 30$
	$3 \times 10^{8}\Omega$	$3 \times 10^{10}\Omega$	$3 \times 10^{9}\Omega$	$1 \times 10^{9}\Omega$
^{15}N 自然丰度样品	2.72V	2.00V		
3.55atom%示踪样品	2.72V	20.00V		
26.88atom%示踪样品	1.36V	100.00V（满标）		
99.14atom%示踪样品			0.44V	8.36V

因此，在测定高丰度示踪样品时，必须在 3 或 4 接收杯上配备一套低阻值的高阻，通常将阻值降至 1/10 即可。

（曹亚澄）

91. Thermo MAT-253 同位素质谱仪高低阻值如何进行切换？

在电脑软件 Acquisition 界面，点击屏幕上方 editor，点击 cup config；例如，在氮气一行选择右击键，即出现 resistor 0、resistor 1 等，然后选择质量数 30 相对应的电阻值，选择和调整后进行保存。

（尹希杰）

92. 测定样品时找不到所需要的同位素质谱峰，怎么办？

"找不到所需要的同位素质谱峰"，或称"质谱峰的逃逸"，其真实的原因应是同位素质谱峰位发生了偏移。需从检查加速电压及磁流（即磁场强度）的稳定性开始：

（1）先在"仪器控制"窗口中，用扫描方式检查加速电压和磁流的稳定性；当两者的稳定性符合要求时，进行步骤（2）的"质量校正"（mass calibration）。

（2）向离子源内通入一定量的 CO_2 参比气体，仍在"仪器控制"中用磁扫描方式，磁场扫描范围为 $200 \sim 12500$，其中包括了 $m/z\ 12$、$m/z\ 28$ 和 $m/z\ 44$ 三个主要的质谱峰，然后通过拖拽的办法将攫获的竖直线拖拽到赋值的质量峰位上，并将峰中心的位移值输入计算机软件中。经过这样磁扫描调整后的峰位，就不可能出现"找不到所需要的同位素质谱峰"的现象。

（曹亚澄）

93. 用什么方法可以调节气体同位素质谱峰的出峰时间？

分析的目标气体随氦气流从色谱分离柱流出后，立即进入质谱的离子源内电离，并经磁分析器分离，在被离子接收器接收放大后形成了同位素质谱峰。因此，可以用以下两种方法调节气体同位素质谱峰的出峰时间。

（1）调节氦气的流速，流速越快，出峰时间越早。但是，它会使峰与峰之间的距离缩短，有时会导致不同的质谱峰分离不开。

（2）调节色谱分离柱的柱温。通常色谱柱的温度都控制在常温（$40℃$），色谱柱温度升高，目标气体流出加快；反之亦然，色谱柱温度降低，气体流出变慢。若要使某个杂质峰与同位素质谱峰完全分开，只需将色谱柱温降至 $25℃$ 即可。

（曹亚澄）

94. 为什么能用同位素质谱仪进行同位素比值的精确测定？

由于同位素质谱仪的质量分析器是磁质谱，所以可进行高精度的同位素比值测定。对自然丰度样品的测定，同位素比值测定精密度可达到 $0.10‰ \sim 0.30‰$，而其他有机质谱仪的精度就很难达到 $0.5‰$ 以下。

（张　莉）

第四节　气体同位素质谱仪的维护问题

导语：在同位素质谱仪的日常使用中，应定期地对质谱仪进行保养和维护，保证仪器的正常运行和延长使用寿命。下面这些问题将根据维护日程表进行说明，告诉你在使用中有哪些日常维护是可以自己做的。本小节只针对气体同位素质谱主机的维护，不讨论仪器的各种外部设备。

95. 气体同位素质谱仪日常维护的日程表

气体同位素质谱仪日常维护的日程表如表 3-2 所示。

表 3-2　仪器日常维护日程表

序号	维护内容	频率
1	气路系统检查（钢瓶氦气和压缩空气气路）	每月
2	烘烤分析器和针阀（analyzer heater and inlet valve heater）	每月（或必要时，如长时间未用）
3	空气压缩机	每月（或必要时）
4	机械泵油面观察	每月（观察颜色）
5	清洗离子源	每 3 年（或必要时，如灵敏度大幅下降等）
6	更换灯丝	每年（灯丝烧断）
7	灰尘清理	每年

（曲冬梅）

96. 气体同位素质谱仪日常维护的内容

外部设备的日常维护，可见相应的章节部分。这里主要介绍气体同位素质谱仪主机的日常维护。

（1）气路的检漏。在所有气体中氦气消耗较快，其余钢瓶气体的消耗较慢，因此及时更换气体非常重要。每日早晨应查看氦气钢瓶的压力并记录氦气的量，压力低于 2MPa 时需及时更换。更换气瓶时可能会发生气体泄漏；调换气路时，可能造成接头处泄漏，必须在接头处涂抹泡沫检漏，没有冒泡视为不漏气，或气体的泄漏处于允许范围内，或者再通过憋压进行检漏。定期检查压缩空气气路的橡胶管是否破损，是否积水。

（2）烘烤离子源和针阀。烘烤离子源可以去除离子源中一些残留的有机杂质和水汽。长时间未使用的仪器开机前或者参比气体的线性测试稍差以及标准样品的测定值偏差较大时，必须烘烤分析器和针阀。一般分析器烘烤应大于 24h（analysis heater 点亮），烘烤针阀 12h。

（3）更换压缩机干燥剂。每月应给压缩机排水，如发现干燥剂的 2/3 以上变色，应更换干燥剂；检查润滑油的高度，如果低于警戒位置应及时添加润滑油。

（4）观察机械泵的油面。每个月都应打开质谱仪下方的小门，观察机械泵的油面。如果油面低于窗口的中心线，应补充同型号的新油至稍高于中心线的位置；如果油的颜色变黑或成乳沫状，则应将其全部倾倒掉并加入新油。

（5）涡轮分子泵的维护。一般每年应更换一次润滑泵轴承的油杯。由于涡轮分子泵是一种高速运行的真空组件，仪器操作人员千万不能对它进行随意的拆卸。

（6）清洗离子源。清洗离子源需要专业工程师操作，建议仪器用户不要自己动手，并由专业工程师判断是否需要清洗或维护。

（7）更换离子源的灯丝。灯丝的状态可以由 box 和 trap 电流的情况判断。当 box 或者 trap 的读数出现跳跃、不稳定时，应及时更换灯丝。

（8）清理电路板的灰尘。在卸下和装上质谱仪的电路板时，操作人员的双手必须戴有无粉末的医用手套。可以定期地（两年以上）打开仪器面板边用细毛刷刷去灰尘，边用小型吸尘器清理所积的灰尘。

（马 潇 曹亚澄）

97. 气体同位素质谱仪各部件维护周期的明细表

（1）真空检查，每周；
（2）机械泵油面高度检查，每三个月；
（3）检查分子泵工作的声音，每月；
（4）机械泵换油，每年；
（5）更换分子泵油杯，每年；
（6）参比气体稳定性检查，每周；
（7）参比气体线性检查，每周；
（8）H_3 因子检查，每天；
（9）基线漂移、噪声检查，每半年；
（10）烘烤色谱柱，每月；
（11）更换水阱以及相连接的毛细管，每两年。

（曲冬梅）

98. 气体同位素质谱仪在日常测样之前需进行的检查项目

在测定样品之前，气体同位素质谱仪需进行的日常检查项目如下。
（1）检查气体同位素质谱仪状态的项目：真空度、高压值、本底值、Ar 峰值和 H_2O 峰值等，仪器正常本底谱图应如图 3-14 所示；
（2）零富集度测试；

（3）线性测试；

（4）检查充气针、样品测定针和酸针是否都正常等。

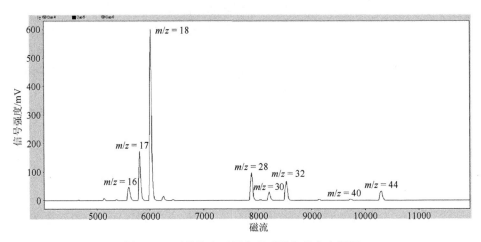

图 3-14　正常状态下同位素质谱仪的本底谱图

（曲冬梅）

99. 如何清洗 Thermo MAT-253 同位素质谱仪的离子源？

要不要自己动手清洗离子源，主要看操作质谱仪的技术人员的责任心和好奇心强不强，一般都由质谱公司的专职工程师进行。如果自己清洗，请参照离子源结构示意图（图 3-15），严格按照以下步骤进行。

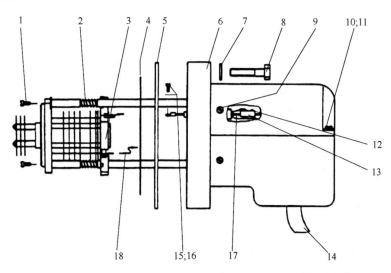

图 3-15　Thermo MAT-253 同位素质谱仪的离子源结构示意图

步骤 1：先将离子源外壳上方的硫窗完全打开。

步骤 2：松螺丝 8（顶部留一个螺丝挂住离子源，最后取出）（图 3-15）。

步骤 3：松开灯丝接线柱，拔掉所有接线柱，松开两端固定柱螺丝 1，取下离子源。

步骤 4：拆掉两个磁铁，注意将两个磁铁分开放置到塑料盒中，以避免相互碰撞；拍照记下灯丝对面磁铁的方向以及螺丝、垫圈 16 的位置（一根螺丝固定了两个部件）；同时拆下来的还有金属组合件 10，记住这个组合件上的一个螺丝 15 比其他螺丝薄，金属片上两个孔 13 的位置不在中间，偏向某一边，中间以螺丝固定的电极 14 也朝向同一边（图 3-16）。

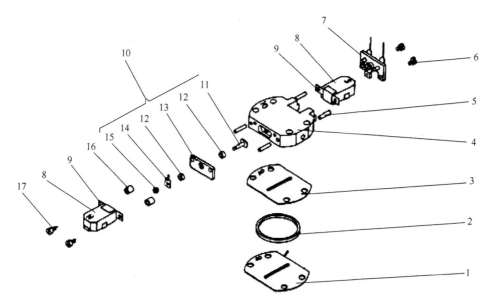

图 3-16　Thermo MAT-253 同位素质谱仪离子源中电离盒的结构图

步骤 5：拆下接地端（grounding plates）（图 3-17），拧松顶端螺丝 8，数字编号在金属片的背面（03、04 和 05），记住 04 在中间位置且接线柱方向朝下，拍照记下陶瓷柱的方向（内外两层陶瓷柱）；最后用细螺丝刀插入金属柱子的洞中旋转卸下 4 个金属柱 2。

步骤 6：拆下狭缝 13（图 3-18）。

步骤 7：拆下弹簧片尾部的两个螺丝 19，前后挪动弹簧片 17，即可将弹簧片取下来，取下正方形金属纽 21，取下陶瓷管 22（安装时一定要做到金属纽 21 可以自由地弹起，否则很容易将陶瓷管 22 折断）（图 3-19）。

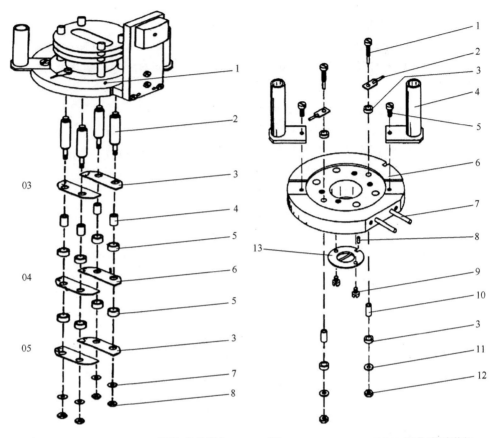

图 3-17　Thermo MAT-253 同位素质谱仪
离子源中电极组件的连接图

图 3-18　Thermo MAT-253 同位素质谱仪
离子源中部分组件的结构图

　　步骤 8：用专用工具（圆筒上有两个凸出的部分）松开四根陶瓷柱的螺丝 1，松开两圈即可，用镊子拔出另一端的金属插销（注意插销的插入深度，因为有一根插销要用作接线柱），此时即可抽动陶瓷柱 2，套在陶瓷柱上的金属片及金属片中间的石英垫可依次取下，注意 10 个金属片的顺序及方向（金属片的方向根据数字确定，一定与标号为 1 的底座同一个方向，区别 6 和 9 的方法是数字右下角有个点），注意共计 7 片不同尺寸石英垫的顺序（10 无、9 薄、8 薄、7 中、6 厚、5 中、4 中、3 中、2 无、1 无），金属片 6 和 3 分别是两个半圆，尤其是 3，一定要注意其方向，只要方向安装正确了，电极的位置即可准确无误（图 3-19）。

　　步骤 9：拆下底座上的两个电极 1，拍照记下这两个电极的朝向，记住这两个螺杆 1 是一头粗，另一头细，细的那头穿到对面用作电极（图 3-18）。

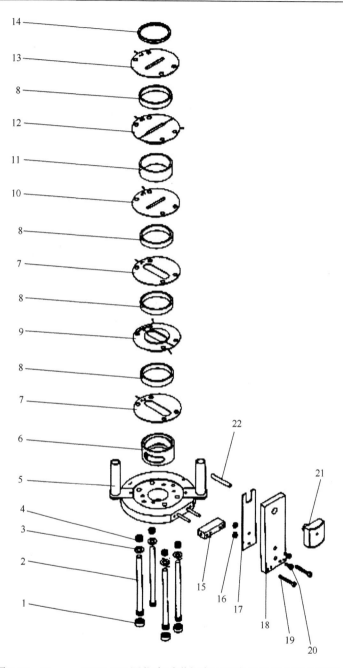

图 3-19　Thermo MAT-253 同位素质谱仪离子源中多种电极的组装图

步骤 10：至此已将离子源全部拆散。用石英刷仔细地擦洗金属片，此时应做好个人防护，否则石英刷弄到衣服上很扎人，而且衣服也基本废掉了。石英垫用稀硝酸浸煮；陶瓷柱以过氧化氢浸泡；所有零件分别用去离子水、酒精或丙酮超声清洗，烘干。

　　离子源重新组装时，必须按上述步骤及注意问题倒序进行组装。

　　需要说明：新的石英垫（2012 年 253 上的备件）和老的石英垫（2003 年的 253）厚度不一致。如果要全部更换新的石英垫，一定得注意其大小和尺寸。

（范昌福）

100. Isoprime 100 型同位素质谱仪的离子源拆洗问题

　　当同位素质谱仪的灵敏度下降，且影响仪器的峰中心和同位素比值测定的准确度时，应对同位素质谱仪的离子源进行拆洗。运行峰中心结果显示 focus＜0.5 时，可能需要清洗离子源。可以通过优化离子源参数后再次测定 focus 值以及提高参比气体量进行验证。

　　离子源的拆洗过程，必须严格按照相关流程进行操作，应该注意以下两点：

　　（1）灯丝高度应在 0.75～1mm，太高影响灯丝的使用寿命；太低容易短路。正常情况下，阱电流（trap current）应在 200μA；源电流（source current）应在 0.5mA。当 trap current 为 400μA，source current 应为 1.0mA；当 trap current 为 600μA 时，source current 应为 1.5mA。

　　（2）半板（halfplate）电压需相近，若相差太大，离子束无法聚焦。如果 halfplate 电压相差太大，可能由于陶瓷垫圈太脏，需更换 halfplate 的 4 个陶瓷垫圈。

（尹希杰　张　莉）

101. Thermo MAT-253 同位素质谱仪开机时真空显示异常，且真空度达不到要求怎么办？

　　（1）出现这个问题的原因，可能是真空规接触不良，用螺丝刀的塑料把柄轻敲一下真空规的中间位置，若无任何反应，则用（2）中的方法。

　　（2）关掉机械泵及涡轮泵，在放气瞬间，真空指示数变化时迅速打开机械泵及涡轮泵。如图 3-20 所示，关闭主机面板的电源（ANALYZER PUMPS），待涡轮分子泵开始放气的瞬间（集中注意力倾听涡轮分子泵开始放气的声音），迅速开启主机面板的电源。

　　（3）在采用前两种方法都不行时，则需要关机后清洗真空系统中的真空规。真空规是用来测定真空度的部件，真空规里有阴极和阳极，通过的气体分子越少，接收到的电流信号越小，真空度越高。真空规的阳极会逐渐氧化，需使用清洗离子源的专用石英毛刷，或使用有机试剂进行清洗。清洗前，需关闭离子源，卸掉

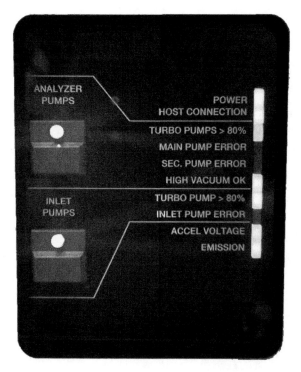

图 3-20　Thermo MAT-253 主机面板显示图

真空，拆下真空规红色部件的夹子，拔出红色部件后，再抽出白色部分的垫圈，取出阳极（一根细长的金属棒）。认真清洗后，将阳极装回卡紧，再装回夹子，夹子安装时需注意不要过度用力，以免脱丝。

（尹希杰　温　腾）

102. Isoprime 100 型同位素质谱仪离子源开关调谐界面无法控制，如何解决？

调谐（tune）界面离子源（source on）点击无反应时，首先应重启电脑，重启软件。如仍未解决问题，再按如下操作进行处置：关闭 Ionvantage 软件，重启电脑，暂不打开软件，拔掉质谱主机正面右侧黑色仪器传输线，等待 15s 后再插回黑色仪器传输线，这时再打开软件。

（张　莉）

103. SerCon 20-22 同位素质谱仪的开机步骤及其注意事项

（1）质谱仪开机步骤如下：

①先打开 He 气瓶，将控制电脑打开，先不调出质谱的操作软件。

②打开质谱仪器的 mains 电源开关，然后再打开其他 3 个开关（打开后开关会变红）：electronics（电子部件）、pump（真空泵）和 magnet（电磁铁）。

③接着打开质谱仪的操作软件，此时所有阀门显示为蓝色；在 Action 图标下选择"check pump speed"查看分子泵的速度是否显示 93K。

④抽真空同时可以对冷冻制备（CryoPrep）装置进行操作。在更换化学阱后进行检漏，如果不漏气，可以将色谱柱升温至 150℃，烘烤 4～6h；或者对 EA 进行操作：先作检漏，如果不漏气，将氧化管和还原管的温度升高到工作温度，每次升 200℃，直至升到氧化炉 1000℃、还原炉 600℃，并对 GC 色谱柱在 140℃下进行烘烤。

⑤质谱仪在真空启动后通常需要等待 1～2h，当真空度小于 $3×10^{-7}$mbar 时，在离子源窗口载入 standby 文件；将 source（离子源）开关打开（即将主机正面右侧的开关打到 on 的位置）；然后打开下边的 HT 开关，查看图中离子源参数，此时 filament（灯丝）的指示灯应显示为绿色。

⑥等待 1h 预热离子源，当离子源真空度小于 $1×10^{-6}$mbar 时，载入 CO_2 测定程序文件，并保持过夜，并在测定样品前继续使仪器处于稳定状态。

（2）质谱仪开机时的注意事项：

①质谱仪在长时间关机后，开机时对于离子源的启动必须慎重操作！由于仪器长时间关机后，在离子源的灯丝上会聚集一些气体或水，当重新启动离子源时，真空值会迅速降低，这时需要特别关注真空度的变化，以防止灯丝烧毁。

②如果质谱仪在工作时突然断电后又来电时，即发生非正常断电的系统开机时，这时电脑会自动启动，但只是显示桌面；真空泵也会自动开启，但是灯丝电源处于关闭状态；如果先前 CryoPrep 和 EA 是运行状态，那么也会重新启动。

③处于②情况时，应重新打开计算机软件；检查所有阀门是否呈蓝色。检查燃烧管的温度，如果断电前氧化管和还原管温度为 1000℃ 和 600℃，那么要注意下方设置和显示的温度，高温下仪器的电源突然开和关，很容易造成热电偶的损坏。

（戴沈艳）

104. SerCon 20-22 同位素质谱仪的关机步骤

SerCon 20-22 同位素质谱仪的关机步骤：

（1）如果 EA 处于工作状态，首先应将氧化管和还原管的温度降至室温（每次降 200℃）。

（2）在关机前，计算机软件中的所有阀门应为蓝色，离子源处于"standby"

待机状态。关机时，在质谱仪器右侧的离子源控制口先关闭 HT；后关闭 source（开关打到向下位置）；然后打开质谱仪右侧门，从上往下，先关 magnet（电磁铁），后关 pump（真空泵）。

（3）关闭 pump 时，先关闭机械泵，但分子泵仍在工作，大概需等待 10min 后，涡轮分子泵完全放空，会听到咯嚓声音然后分子泵就会放空，如不按程序操作，可能会对分子泵造成损坏。

（4）接着关闭计算机软件和电脑；关闭质谱仪下边的两个开关 electronics（电子器件）和 mains（主电源）。

（5）关闭 EA 或其他外设后部的电源开关；最后关闭所有气瓶的总阀门，至此完成可控关机过程。

如果仪器在工作中突然断电，离子源、泵和电脑都会自行关闭。但仍需将各个系统电源开关都进行关闭，并在下次开机时注意检查灯丝。

（戴沈艳）

105. 如何操作 SerCon 20-22 同位素质谱仪在突然断电后的程序？

如果突然断电，质谱仪的离子源会自动处于关闭状态；涡轮分子泵内的电机会使泵速慢慢地下降，最后再关闭泵的阀门，以保证在断电后 1min 的真空安全。这之后涡轮分子泵的泵速会迅速降低，开启排空阀后破空。如果再次通电，涡轮分子泵会自动启动，在再次打开离子源前，需要等到真空值低于 7.9×10^{-8}mbar 及以下，在载入离子源待机文件后才进行离子源的开关操作。考虑到断电很长时间后高温状态下的燃烧管可能会在温度冷却到 700℃以下后破裂，因此在开机后必须进行检漏，并设定好氧化管和还原管的温度，减小对热电偶的影响。因此，建议配备 UPS 以防突然断电后对同位素质谱仪造成损坏。

（戴沈艳）

106. 拆装 SerCon 20-22 同位素质谱仪离子源处真空计的注意事项

在更换灯丝或检查 SerCon 20-22 同位素质谱仪的离子源和分析室工作状态时，有时需要拆装离子源处的真空计。拆装的时候必须十分小心，特别在更换新的铜垫圈后将真空计装回时更应注意：铜垫圈要安装到位，缝隙不能过大；在拧紧固定螺丝时，需先对角地拧紧，如图 3-21 所示，稍微拧紧 1 号和 4 号螺丝，然后 2 号和 5 号螺丝，最后 3 号和 6 号螺丝；这样初步拧了一圈后，继续按顺时针顺序拧紧，直到听到"咯"的声音，说明螺丝已经很紧。然后再装上磁圈和弹片卡，再拧紧螺丝；安装白色外壳和拧紧黑色处的内六角螺丝，接好连接线。

图 3-21　SerCon 20-22 同位素质谱仪离子源的外壳

（戴沈艳　曹亚澄）

107. 更换 SerCon 20-22 同位素质谱仪离子源灯丝的注意事项

当向同位素质谱仪的离子源内通入参比气体后，检测不到任何信号值时，就应考虑离子源内的灯丝是否已烧断，特别在非正常断电后。检查离子源的灯丝是否已烧断的方法：打开离子源法兰上的白色盖子（图 3-22），露出离子源瓷通管（管脚）；用万用表检查离子源内各电极间连通性，首先检查法兰和各个离子源管脚间是否连通；然后是各个管脚间的连通情况，通常从左上边第一个（左上

图 3-22　SerCon 20-22 同位素质谱仪离子源电源的连接线

第一个为8号）开始逆时针数，只有管脚2和3是连通的（2和3是灯丝的两个脚），其他都是断开的，说明质谱离子源是正常的，当2和3不连通，说明灯丝已烧毁，必须进行更换。

更换质谱仪离子源的灯丝前，应准备好各种工具，包括医用无尘手套、铝薄纸、六角扳子、小螺丝刀、万用表及干净的操作台面等，然后按 filament change and check 文件中的步骤进行更换。其中有几个问题必须注意：安装灯丝时一定要固定到位；用扳手拧紧法兰上的螺丝时，不要用力太大，以免把螺丝拧至滑丝；把离子源装进去时不要硬往里顶，必须小心操作；另外，离子源装进后需用万用表测量一下灯丝的 2、3 脚是否导通（图 3-23）；灯丝和离子源重新装好后，开启真空泵的全部开关，开始抽系统的真空。通常需要经数小时真空度才能达到 3×10^{-7}mbar。请注意，有时候真空值会出现虚假的显示，例如，有时在开始抽真空时真空值就达 1×10^{-9}mbar，应严格加以区分。

图 3-23　检查 SerCon 20-22 同位素质谱仪离子源的连接状况

（戴沈艳　曹亚澄）

108. 气体同位素质谱仪应该配备哪些辅助设备？

空气压缩机；
百万分之一的自动天平；
超声波清洗机；
研磨机；
UPS 电源；
多种气体，需带防爆柜；

多种同位素标准样品。

（范昌福）

第五节　其 他 问 题

导语：在气体同位素质谱仪的日常运行中，供电电源和各种气体的气源（包括 He 载气、各种参比气体和压缩气体）的质量好坏都将直接影响质谱仪的正常使用和测定数据的精密度与准确度。下面就这些问题加以说明，告诉你应该如何选择。

109. 气体同位素质谱仪实验室是否需要安装排风装置？

气体同位素质谱仪实验室必须安装排风装置，因为连续流系统的参比气体（CO、N_2O、SO_2）都是有毒有害的气体，需要尽可能地排出室外；而且参比气体在实验室的富集会造成实验室环境的污染，会进一步影响样品测定数据的准确性。

（范昌福）

110. 要不要给气体同位素质谱仪配备不间断电源？

良好的供电环境是同位素质谱仪加速电压和磁场强度稳定的基础。因此，对外部供电电源进行稳压和净化十分必要。通常要求 230/400V 的单相电源，最大变幅为 ±10%，50/60Hz。供电电线为三相，5 线（中线和地线）。要求地线与中线间最大电压必须小于 400mV，电阻值小于 2Ω。尽可能减少外电的毛刺与脉冲。一般的质谱实验室都应配备电源稳压器，或不间断电源。不间断电源既具有稳压和延时断电功能，又备有继电器。一旦断电后，需重新开启才能供电。这点非常重要，特别在配备没有继电器的电源稳压器时，必须另装一套电源继电器，以防在外电频繁断、开时对仪器的涡轮分子泵和电路板产生损害。

一般使用 15kVA 的 UPS 已足够，并非容量越大的 UPS 越好，UPS 电池是有使用寿命的，通常 2～3 年就需进行更换，电池组太多，后期维护费用也相应增高。

（曹亚澄　范昌福）

111. 如何选择合适的天平？

对于常规的有机物碳、氮和碳酸盐碳、氧同位素分析，一般需要称取 100μg 至几毫克的样品，此时十万分之一天平已完全满足常规使用。随着仪器外部设备的改进，样品用量可降低至几微克至几十微克，此时需要使用百万分之一天平。十万分之一天平价格便宜，对环境要求相对较低，称量样品更加便捷和高效；百万分之一天平价格昂贵，需要在相对密闭的环境中操作，环境要求高，称量效率低。在国内一般选用梅特勒或赛多利斯品牌的百万分之一天平。

（范昌福）

112. 有连续流外部设备的实验室是否有必要配备气体流量计？

Thermo GasBench 和 PreCon 系统中毛细管较多，且内径不同，带有不同流速的设置，而且有些流速甚至需要每天进行检查。因此，在 Thermo GasBench 和 PreCon 系统日常维护和故障排除时用气体流量计检查气体流速可以大大提高工作效率。所以，配备了连续流外设制样设备的实验室很有必要购买一台气体流量计。流量计的测量范围为 $0\sim1000mL/min$。另需配备一把医用止血钳，方便将流量计软管夹持在各种型号的气体管路上。

（范昌福　曲冬梅）

113. 气体同位素质谱实验室应考虑配备的其他物品

（1）需要一台大功率的超声波清洗机、玻璃样品瓶和仪器零配件等。

（2）研磨机。在进行样品碳、氮同位素分析时，必须保证样品磨细并均匀，否则直接影响测定数据的重现性和准确性。高通量研磨机效率高、效果好，相关实验室可以考虑配备。

（3）同位素标准物质，根据拟开展的分析项目选购合适的标准样品。首选有证的国际或国家标准物质，但并非国际标准样品就是最好的，国内的国家一级标准物质（GBW）也是非常好用的，价格便宜且容易获取。

（范昌福）

114. 在稳定同位素比值分析中应配备哪些以及什么纯度的气体？

进行样品稳定同位素比值分析时，需要配备三类气体：

（1）工作载气，超高纯度的氦气。连续流进样的载气是氦气，消耗较快，更换频繁，一般应考虑安装能连接两个气瓶的阀门组，可以实现不停机无缝更换钢瓶。

（2）参比气体，根据所测定项目而决定，例如，有高纯的 CO_2、N_2、H_2、SO_2 和 N_2O 气体等；有机物碳、氮同位素分析（元素分析仪）时需要使用 CO_2 和 N_2；

碳酸盐碳、氧同位素分析需要使用 CO_2；裂解法氢、氧同位素分析需要 H_2 和 CO 气体（H_2 属于易爆气体、CO 属于有毒气体，建议使用 8L 的钢瓶气，且放置在通风防爆柜中）。参比气的纯度需要尽可能高，一般需要 99.995%以上纯度，且对不同的样品需要选择合适的参比气体。

（3）辅助气体，建议同位素质谱实验室应配备一瓶 99.5%纯度的氩气，用于对质谱仪器和外部设备进行氩检漏。

（4）预混气体（如果需要），采用顶空装置平衡法测定水的氢、氧同位素时，需要使用 0.3% CO_2 + 99.7% He 的预混气和 1% H_2 + 99% He 的预混气。

在新装修实验室时，气路的安装必须在装修时一并考虑。气瓶最好能放置在独立的空间，并且能够方便更换和易于随时观察。另外还需考虑平衡法测定液体氢、氧同位素需要的平衡气气路。

（曹亚澄　范昌福）

115. 高纯度优质氦气的重要性及纯化方法

现在氦气是一种稀缺资源，但在连续流的气体同位素质谱分析中又是必不可缺的气源，按规定必须使用超高纯（99.999%）的氦气。但现在市场上的氦气质量参差不齐，更有甚者以次充好，所以应高度重视氦气的质量。实验证明，有的氦气中会含有较多的非甲烷挥发性的有机物（NMHCs）。使用这样质量的氦气，经微量气体预浓缩装置浓缩后会导致 m/z 44 峰值出现异常。有人曾经遇到向质谱仪器中通入氦气后出现 m/z 44 峰值高达 4000mV，和经氧化炉后 CO_2 的 m/z 44 峰值达到 7000mV 的异常值。因此，必须选择优质、品牌的氦气，或在氦气进入质谱的入口处安装氦气纯化器（如 VICI 气体纯化器），以确保氦气的质量。

物理纯化氦气的办法，在 1/4in①不锈钢管内填入约 1m 长的 5A 分子筛，然后将填满 5A 分子筛的钢管绕成一个冷阱，该冷阱安装在钢瓶减压阀与设备之间，将填入 5A 分子筛部分尽可能地浸入液氮中冷冻，去除氦气中的杂质气体。5A 分子筛冷阱使用一段时间后需要烘烤去除吸附的杂质气体。

选用优质的氦气，如氦普北分的 BIP 气体，BIP 是一种内置了纯化氦气的气瓶装置，钢瓶体积为 50L。BIP 氦气纯度非常高。在通入该氦气后，同位素质谱仪的本底信号值一般能下降一个量级。

添加化学阱，如舒茨试剂进行氧化吸附；高氯酸镁[$Mg(ClO_4)_2$]、五氧化二碘和火碱的混合试剂去除微量的碳氧化物。

（曹亚澄　王　曦　范昌福）

① 1in = 2.54cm。

116. 如何检测气体同位素质谱仪使用氦气的质量?

气体同位素质谱分析,现在一般都采用连续流的进样方式进行,即使用高纯氦气作为载气将样品气体带入质谱仪的离子源中。氦气作为不可再生的气体资源,已越发紧缺,鱼龙混杂,质量参差不齐。因此,必须高度重视氦载气的质量对样品同位素比值测定结果准确性的影响。

通常在打开针阀,同位素质谱主机与外部设备连接以后,氦气即流进质谱仪的离子源内。此时,采用质谱仪就可检测氦气的质量,质谱仪是一种灵敏度极高的检测器。

在通有氦气流的情况下,同位素质谱仪的真空度一般会从 $1 \times 10^{-8} \sim 1 \times 10^{-9}$ mbar 上升到 $1 \times 10^{-6} \sim 1 \times 10^{-7}$ mbar;这时就可用较灵敏的接收杯(高阻值为 $1 \times 10^{10} \Omega$),以跳峰的办法观察 m/z 28、m/z 40 和 m/z 44 三个峰的信号强度,它们分别代表了 N_2、Ar 和 CO_2。如果使用的是质量较好的氦气,这些峰的本底值会显示正常;若是质量较差的氦气,本底值就出现异常。也可以采用以下两种办法加以证实:

(1)将氦气进入同位素质谱仪主机前的管路弯曲成 U 形,并浸入液氮中约 15min。在 m/z 44 处检测峰为 CO_2,拆去液氮冷阱,观察其变化。如果氦气中含有较多的 CO_2,将会检测很高的 m/z 44 峰。

(2)当微量气体预浓缩装置内设置有测定甲烷的燃烧炉时,升高燃烧炉温度。待达到高温时,如前一样将 U 形管浸入液氮中约 15min。仍在 m/z 44 处检测峰为 CO_2,拆去液氮冷阱,观察其变化。如果氦气中含有较多的有机杂质,特别是一些非甲烷挥发性有机物(NMHCs),将会检测很高的 m/z 44 峰。

(曹亚澄)

117. 气体同位素质谱仪应该选择哪种空气压缩机?

空气压缩机的作用是连续不断地为气体同位素质谱仪的气动阀提供运作的动力。气体同位素质谱实验室需要的压缩空气的压力为 6~10bar(87~145psi[①]),通过 6mm×1mm 的 PVC 管连接到质谱仪上,提供给气动阀的压力应调节在 4.5~6bar。

应选择性能优质和耐用的空气压缩机,包括连接的管线。应绝对避免出现管线破裂和脱落现象的发生,一旦发生此现象将会使质谱实验室产生严重的油气污染,十分危险。有的工程师曾建议采用压缩空气的钢瓶代替空气压缩机。在没有配备双路系统的质谱仪上,可以考虑采用钢瓶 N_2 代替空气压缩机给连续流外部设备的气缸和气动阀门提供运作动力。

---

① 1psi = 6895Pa。

空气压缩机分有油和无油两种，建议可以选配国产 15～30L 的无油静音空气压缩机替代进口有油的空气压缩机，其售价便宜，购一台进口的空气压缩机价格可以买两台国产的空气压缩机，使用一台，备用一台。而且无油空气压缩机还不会有油蒸气污染阀门系统。

空气压缩机属于常用易耗品，随着使用时间的增长，2～3 年后噪音明显增大，故障渐多，此时可以考虑更换新的空气压缩机。定期保养空气压缩机十分重要，特别南方地区的质谱实验室，长年空气湿度较高，空气压缩机内会含有较多的水分，需定期地排放出油与水的乳浊液，并添加足够的新鲜压缩机油。

（曹亚澄　范昌福）

118. 同位素质谱仪的机械泵和空气压缩机的维护与保养

对同位素质谱仪的机械泵和压缩机必须进行定期的检查：

（1）机械泵是为同位素质谱仪提供前级真空的部件，在质谱仪每次开机前，应首先检查机械泵的工作状态，主要检查泵油的液面和颜色。当油面低于最低油面标记线时，需要添加泵油，直至油面正好在略低于上端标记线的位置。注意，不要倒太多，以免溢出，最后再将密封螺丝拧上；而当仪器使用很长时间后，通常一年或一年以上，泵油变浑浊或变黑，已影响仪器的真空度及测试性能时，就需要更换新的泵油。先拧开真空泵上边加油孔的螺丝，再用内六角板子拧开泵下边的排油孔螺丝，倾斜真空泵待泵内的脏油彻底排尽后，拧紧放油孔的螺丝，接着从上边进油孔加入新油，同时观察油面。

（2）空气压缩机是专为同位素质谱仪及外设的气动阀提供一定压力气体的附属设备。它在南方空气湿度较大的实验室工作时，过一段时间后会在压缩机油内混有大量的水，变成乳白色或黄色的油水混合物。因此，必须定期地旋开软管上端的开关进行排放，并加入新鲜的压缩机油，使其正常工作。

（戴沈艳　曹亚澄）

119. 如何进行气体同位素质谱仪的漏气检测？

同位素质谱仪的真空系统通常会存在两个问题：漏气和被污染。引起真空系统漏气的主要原因有三种：

（1）仪器法兰连接处没有拧紧；

（2）系统经烘烤冷却后，由于热胀冷缩的作用致使真空部件的某些连接处出现细微的漏缝；

（3）在不当操作下，由于密封组件的损坏而产生漏气。

对真空系统漏气的检查，应首先检查同位素质谱仪主机的真空系统，即关闭针阀，与外部设备脱离；在主机真空系统良好的状态下，开启连接外部设备的针阀后，进行整个分析系统的检漏。

对气体同位素质谱仪的主机可以分两步进行漏气检测：第一步先检查前级真空部分是否漏气。通常采用激增气体的办法，在疑似漏点处注入少量的无水酒精，观察皮拉尼规管上的压力读数。如有漏气，无水酒精进入漏缝后，在压力读数上会出现短时间内压强先下降，然后很快地增高的现象。第二步再在高真空（$5 \times 10^{-7} \sim 5 \times 10^{-6}$ mbar）条件下进行检漏。通常采用 Ar 检漏的方法，向疑似微漏处喷入少量的 Ar，并在灵敏接收杯（$3 \times 10^{10} \Omega$ 高阻）上查看 m/z 40 峰的变化。在真空系统良好的情况下，一般同位素质谱仪主机 m/z 40Ar 峰的本底很低，在 20mV 以下；当打开针阀连接外部设备、通入 He 气流后，m/z 40Ar 峰值仍应该在 100mV 以下。

（曹亚澄）

120. 质谱仪真空压力显示异常是什么原因？

一种可能是真空规管被污染，需要清洗真空规；另一种可能是计算机控制显示有问题。

（张　莉）

121. 如何判断 Isoprime 同位素质谱仪真空的好坏？

通过调谐界面的读数进行粗检，高真空应在 $1 \times 10^{-6} \sim 5 \times 10^{-6}$ mbar；低真空应小于 5×10^{-3} mbar；分子涡轮泵的转速为 100%。

通过磁场进行仪器的本底扫描，先设置仪器的扫描质量范围，然后按照不同的质量数，在 minor1 上观察离子流信号强度。

（张　莉）

122. Thermo Fisher 同位素质谱仪的真空度达不到 10^{-8} mbr 时的检漏方法

通常采用 Ar 检漏的办法。首先，在关闭针阀的情况下，在 3 号接收杯（$3 \times 10^{10} \Omega$）上进行磁场慢扫描，以离子流强度为纵坐标，以磁流为横坐标，从 m/z 12 到 m/z 48 进行本底扫描。正常情况下，m/z 18 的水分子峰不应该超过 1V，m/z 16、17、18 的峰高比为 1∶2∶4；m/z 40 Ar 峰约在 20 mV，m/z 28、m/z 32 和 m/z 40 的峰高比为 4∶1∶0.7。如果检测到质谱仪的水汽峰或空气的特征峰很高，应对离子源和分析室进行长时间加热除气。当发现仪器经加热烘烤后，*m/z* 40 Ar 峰仍然很高，这时可以用微量的 Ar 气流吹检质谱仪主机的一些连接阀门和法兰处，观察是否出现 Ar 峰异常增高的现象。

（尹希杰）

123. Thermo-253plus 质谱仪主机在针阀关闭时，高真空出现异常，Set point Scr 为红灯，如何处理？

在排除仪器其他异常后仍出现该情况，主要是因为 253plus 离子源经过改进后其真空度较高，真空度超出现有真空规的测量范围，导致仪器认为真空异常。在该状态下，仪器前面板 high vacuum 灯关闭，离子源加热自动关闭，高压无法打开，均属正常现象。排除该情况仅需打开针阀，使真空降至正常工作水平（1×10^{-6}mbar），Set point Scr 重新变为绿灯，前面板 high vacuum 灯重新点亮，离子源加热和高压都可正常开启。

（王　曦）

124. Thermo-253plus 质谱仪主机在关机后再开机时，高真空显示异常，显示为 1.0×10^{-11}mbar 并锁死，Set point Scr 一直显示为红灯，如何处置？

此种情况是在仪器关机前，针阀关闭，高真空保持较高水平所出现的问题。在此种情况下关机，Isodat 3.0 将锁死真空状态，在下次开机时，无法正常显示高真空状况，待高真空达到正常工作水平（1×10^{-6}mbar）时，自动解锁，仪器真空状态恢复正常。

Thermo-253plus 前级真空显示存在 bug，需要在主机控制电路上进行跳线设置，如跳线设置不正确，可能开启双路系统的开关，出现前级真空显示异常的情况。

（王　曦）

125. Thermo 质谱仪主机在针阀关闭时，真空出现异常高值，如何处理？

Thermo Delta 系列同位素质谱仪，有时会出现真空显示突然从 1×10^{-6}mbar 或 1×10^{-7}mbar，下降至 1×10^{-10}mbar 甚至 1×10^{-11}mbar，主要原因是真空规管出现了故障，电脑系统检测不到真空泵的真实信号，可依次按以下操作解决：

（1）拔下真空规的网线，隔几分钟后再重新插上，观察真空度值是否有变化。如未变化，轻敲真空规，观察真空显示是否回升到 1×10^{-6}mbar 或 1×10^{-7}mbar。

如果没有变化，可尝试关闭真空泵的电源，在涡轮分子泵快要放气瞬间，观察真空度的信号值变化，在显示值变回 1×10^{-6}mbar 或 1×10^{-7}mbar 时，马上打开真空泵，即可恢复正常。

（2）如果按操作（1）操作仍然无法解决问题，则需清洗真空规管内的灯丝。灯丝在长时间停机后，会氧化变脏，需在同位素质谱仪破真空后，取下真空规的灯丝，用玻璃丝工具打磨光亮，方可解决问题。

（温　腾）

第四章　多种外部设备调试和应用问题

　　现行的气体同位素质谱仪器都采用连续流进样模式，也称在线联用的方式进行样品的测定。多种外部设备是气体同位素质谱仪进样系统的延伸，其功能是为质谱仪器提供纯净的分析气体。这些外部设备有双路进样系统、元素分析仪、多用途气体制备装置、微量气体预浓缩装置、碳酸盐自动制样装置，以及带燃烧炉的气相色谱仪等。这些设备状态的好坏直接关系到待分析气体的质量，进而严重影响分析结果的准确性。因此，本章重点就这些外部设备的基本工作原理、常见的故障及其产生的原因和如何排除作了归纳和简要的解答。

第一节　双路进样系统

　　导语：最初的气体同位素质谱仪器配备的只有双路进样系统，现在它已是一种选购件，但一些气体同位素质谱仪器技术指标的调试必须在具有双路进样系统的仪器上进行。通过双路进样系统导入标准气体样品和待测气体样品，在进行多次比较测量后可获得高精度的同位素比值结果。双路进样系统的关键部分是多个气动阀和可变容积储样器。另外，待测样品气体必须是经离线制备获得的纯净目标气体。由于离线制样步骤烦琐，也不易控制目标气体的质量，现已不常采用双路进样系统-同位素质谱联用仪进行样品的同位素比值测定。

126. 双路进样系统比较测量的工作原理

　　双路进样系统与同位素质谱联用仪主要用于同位素比值的精密测量。双路进样系统设置成结构完全相同的标准端和样品端，如图 4-1 所示的双路进样系统工作原理图。每个进样端由 4 个气动阀和一个可变容积储样器组成。转换阀的设置和开关状态是为了保证进入离子源的样品气体或标准气体都呈恒定的流速。通过计算机控制，经多次反复地切换实现样品气体与标准气体同位素比值的精密比较测量。

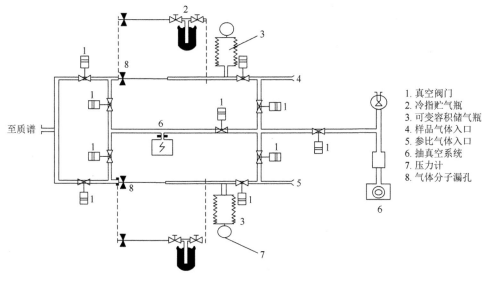

图 4-1 双路进样系统工作原理图

1. 真空阀门
2. 冷指贮气瓶
3. 可变容积储气瓶
4. 样品气体入口
5. 参比气体入口
6. 抽真空系统
7. 压力计
8. 气体分子漏孔

（曹亚澄）

127. Thermo MAT-253 双路进样系统比较测量的操作步骤

（1）在 ISODAT NT 3.0 目录下双击 INSTRUMENT ACQUISITION 图标进入样品测试界面。

（2）打开 DUAL INLET 窗口，并在其窗口下一一打开进样系统各个阀门，先用低真空泵抽至低真空表数字不再连续下降时（一般为 $3.0\times10^{-3}\sim6.0\times10^{-3}$ mbar），再抽高真空。

（3）依次打开离子源和 MS STATE 窗口，按下离子源烘烤按钮（SRC HEATER），并在测试样品的过程中一直保持开的状态。

（4）具体测试过程如下：

①在 ACQUISITION 窗口的 DUAL INLET 中选择要进行分析的气体的种类（如 CO_2、SiF_4、H_2 和 N_2 等）。

②在 FILE BROWSER 窗口下选择 SEQUENCE 标签中的方法文件（如 CO_2.seq、SiF_4. seq、H_2. seq 和 N_2. seq 等）。

③然后将相应的参比气体通入两个可变容积储样器中，参比气体的信号强度要依据相应气体各自的线性区间而定，待信号平衡 1~3min 后，关闭两端储样器的所有阀门（两侧储样气信号强度差应小于 50mV），进行零富集度测试。当测试结果达到要求时（依据相应气体零富集度测试精度要求），方可开始样品的测试。

④先用低真空抽去样品端储样器中的参比气体，当离子流强度小于 10mV 时转成抽高真空，待 1~2min 后关闭阀门。

⑤在进气端口插上待测样品管，先以低真空抽样品管至储样器间的管道，直至低真空表数字不再连续下降（一般为 $3.0×10^{-3}$~$6.0×10^{-3}$mbar），再抽高真空。缓慢地将待测样品气体通入储样器内，调整样品气体和参比气体两侧储样器的离子流强度，使两边离子流信号强度差小于 50mV。

⑥一般每个样品进行 6~8 次循环测量，当分析精度达到要求后（满足相应气体的分析精度要求）即完成该样品的测试。注：对于 SF_6 和 SiF_4 等黏滞性气体的测试，需要打开离子源上方的硫窗和 MS STATE 窗口下的全部烘烤按钮，并在测试样品的过程中一直保持开的状态。

⑦待全部样品测试完成后，将两侧储样器内的气体全部抽走，先抽低真空，达到 $3.0×10^{-3}$~$6.0×10^{-3}$mbar 后再抽高真空，然后依次关闭所有的烘烤按钮。

（范昌福　高建飞）

128. 在进行双路进样系统比较测量时，样品端的离子流下降速度较快是什么原因？

用双路进样系统进行参比样品与待测样品比较测量时，通进系统中的样品要求是纯净的目标气体。当用离线方法制备出的气体样品不纯、含有的杂质气体没有完全清除时，就会出现离子流强度与仪器真空的 mbar 数不相同、mbar 数与可变容积贮样器的体积比不同步的现象。在用精密比较测量方法测定这类含有杂质气体样品的同位素比值时，肯定不能获得满意的精密度和准确度。采用双路进样系统进行比较测量时，必须保证参比气体和样品气体都是纯净的气体样品。

（曹亚澄）

129. 如何检查双路进样系统中的阀门和可变容积储样器是否漏气？

采用双路进样系统比较测量时，必须确保两路具有相同的气体压力和流速，离子流强度也应相当。一旦发现有一路的气体压力、流速和离子流强度出现异常，即仪器真空的 mbar 数与可变容积储样器的体积比，或可变容积储样器的体积比与离子流强度的变化不同步时，就应该首先对这一路（样品端或标准端）进行阀门和可变容积储样器的漏气检查。

双路进样系统设置成结构完全相同的样品端和标准端。每个进样路由 4 个气动阀和一个可变容积储样器组成。检查是否漏气时，在一路系统抽成高真空后仅开启连通离子源的阀门，其他阀门都处于关闭状态，在较灵敏的接收杯上观察离子流的变化，然后逐一打开其余 3 个阀门。在打开连通可变容积储样器的阀门后，再手动改变储样器的容积，同时察看离子流是否有特殊的变动。将一路的阀门和可变容积储样器检查结束后，再进行另一路的漏气检测。

（曹亚澄）

第二节 元素分析-同位素质谱联用系统

导语：自 20 世纪 80 年代首台元素分析-同位素质谱联用仪器问世以来，由于操作简便、测定样品快速，所以获得迅速发展。最初仅是碳、氮同位素的分析，其基本原理为杜马氏燃烧法，后来扩展到氢、氧、硫同位素比值的测定。联机系统的工作原理、出现故障后如何分步排查、如何准确控制测量过程中的关键技术，以及如何对不同类型的固体样品进行测定等，是本节解答的主要问题。其中包括多家仪器公司推出的各种型号的联用仪器。

130. 元素分析-同位素质谱联用仪器的工作原理

现有的元素分析-同位素质谱（EA-IRMS）联用仪通常分为两种：一种是带有快速燃烧反应器的，专门用于测定固体样品中碳、氮和硫同位素比值的联用仪器；另一种是带有高温裂解反应器的，专为测定水样品的氢、氧同位素比值的联用仪。

以分析碳、氮同位素比值的元素分析-同位素质谱联用仪器为例，简述其工作原理（如图 4-2）。固体样品经准确称量后紧密包裹在锡杯中，由自动进样器依次

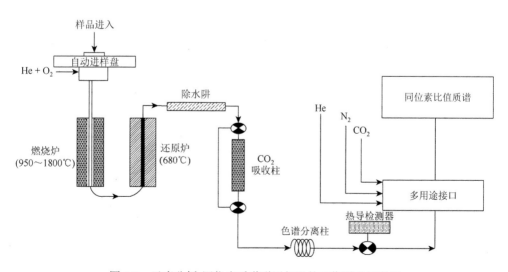

图 4-2 元素分析-同位素质谱联用仪器的工作原理示意图

送入氧化炉；在过氧环境下瞬间高温燃烧，形成碳、氮和硫多种成分的混合气体；在 He 气流的运载下流入还原炉，将含碳、氮等氧化物完全还原成 CO_2 和 N_2，同时去除过量的 O_2；气体在经除水化学阱去除水分后，再进入色谱柱作进一步分离，获得纯净的 CO_2 或 N_2；然后通过热导检测器（TCD）和多用途开口分流接口，最后进入同位素质谱仪中进行碳或氮同位素比值的测定；根据热导检测器的信号大小得到样品中碳或氮元素的百分含量。

（曹亚澄）

131. 元素分析仪（Thermo Flash 2000HT）检漏原理及步骤

（1）对 Thermo Flash 2000HT 检漏的原理

在具有一定流速的气体通过的管路中，若中间气路封闭，从气体输入端到封闭位置的流速理论上为零；如果非零，则认为该段气路有漏点。

①Flash 2000HT 检漏所对应的位置

如图 4-3 所示，氦气从 Flash 2000HT 背部面板进入元素分析仪后，分流成载

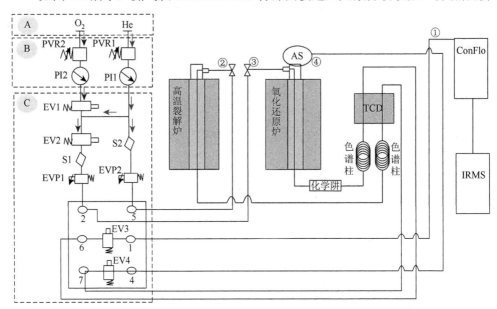

图 4-3　Flash 2000 HT 测定碳氮同位素气路图（改编自 Flash 2000 HT 操作手册）

A. 氦气和氧气进气端口（元素分析仪背部面板进入）；B. 手动流速控制模块（元素分析仪前面板）；C. 流速电子控制模块；①、②、③、④. 分别对应元素分析仪上面板四个端口；PVR1. 氦气压力调节器；PVR2. 氧气压力调节器；PI1. 氦气压力计；PI2. 氧气压力计；EV1. 两通电磁阀，控制氧气进入；EV2. 三通电磁阀，控制氦气进入，并切换氦气和氧气；EV3. 两通电磁阀，通常为打开状态，控制进入 TCD 检测器分析通道回流的氦气流，捡漏时关闭；EV4. 两通电磁阀，通常为打开状态，控制进入 TCD 检测器参考通道回流的氦气流，出去后吹扫自动进样器中空气，捡漏时关闭；S1. 载气和氧气（测样阶段）电子流量传感器，与 EVP1（比例阀）共同工作；S2. 参考气电子流量传感器，与 EVP2 共同工作；EVP1. 载气和氧气（测样阶段）电子控制器（比例阀）；EVP2. 参考气电子流量电子控制器（比例阀）；AS. 自动进样器

气路和参比气体路，一路氦气进入氧化还原炉和高温裂解炉，流经色谱柱和 TCD 等部件；另一路进入 ConFlo 和自动进样器。在利用 Flash 2000HT 软件检漏过程中，是将氦载气和参比气体经过 TCD 后的对应两通电磁阀（EV3 和 EV4）关闭的，因此实际检漏部位为 Flash 2000HT 背部面板入口到 TCD 出口后方。

②Flash 2000HT 检漏的基本步骤

（a）常规捡漏步骤

Isodata 3.0→Acqusition→Flash EA→右击→flash status→special functions→leak；载气和参比气体两路在检漏开始 120s 内均下降到 3mL/min 或以下，通常则认为系统不漏（如果是刚换过氧化还原管，第一次检漏在 3～10mL/min 范围，在等待几分钟后再次检测可能会通过）；如果没有达到该指标，可以认为检测管路有漏，则可按分段检漏的方法进行检漏。

（b）分段检漏原理及步骤

分段检漏原理与 Flash 2000HT 软件检漏原理一致，区别在于分段检漏可根据实际需求人为地将检漏管路路段中的任意位置用死堵堵死，使实际检漏管路的检测范围尽可能缩短，检漏通过后再将堵死部位顺着气路后移，直至找到漏点为止。分段检漏过程的关键点是沿气路逐步排查。Flash 2000HT 常见漏点有自动进样器（AS）、氧化还原管和化学阱 3 个人为操作较多的部位。

分段检漏的步骤，通常先从 AS 开始排查。首先将 AS 卸下，然后将面板上③口连接到仪器自带的死堵螺帽气路上，再将螺帽连接到氧化还原管位置，进行检漏。如果通过，说明 AS 有漏；如果没通过，则说明漏点在自动进样器后面的气路上。在排除 AS 有漏后，下一步则需排除氧化还原管部分，检漏方法是将氧化还原管出口位置上的管路断开，利用死堵头堵死后进行检漏。如果没有通过，说明氧化还原管有漏。其余以此类推。

（2）常见出现漏点原因及处理方法

①自动进样器：AS 与氧化还原管连接位置未连接好和活塞杆有脏，通过重新安装 AS 或清洗活塞杆即可改善。

②氧化还原管：上下两端接口隔垫中的石棉或隔垫老化，通过整理、擦拭或换新隔垫即可。

③化学阱：化学阱内部的隔垫或石棉老化，通过整理、擦拭或换新隔垫即可。

（王　静　范昌福）

132. 与 MAT-253 气体同位素比值质谱仪相连接的元素分析仪，在更换氧化管或裂解管之后如何检漏？

将质谱仪器打开后，连接 open spilt，关掉反吹，将中间的接收杯峰跳至 Ar 40，气相色谱的升温处于测定样品状态：

（1）观察基线的变化，若 Ar 40 信号值在 150mV 以下，说明不漏；反之说明可能接口处漏气。

（2）向进样口注入 5μL 纯的氩气，会出现平峰；注入 2μL 空气后，氩气的信号应大于 2000mV；若信号值过低，首先应检查气相色谱部分是否漏气，如进样隔垫和衬管部分。

（3）对毛细管连接的各个接头，均可用氩气进行吹检，若 Ar 40 信号值突然偏高，说明此处漏气。

（尹希杰）

133. 如何对元素分析仪分析系统进行检漏?

首先将质谱仪针阀关闭，或将 Thermo ConFlo Ⅳ 设为待机状态，即断开元素分析仪与 MS 的连接，防止元素分析仪检漏时有空气进入 MS 中。然后将 carrier 和 reference 的流速都设为 100mL/min，开始 leak test，在 1～3min 内，carrier 和 reference 的流速均降至≤5mL/min，说明元素分析仪不漏气；否则元素分析仪可能漏气，需要确认气路接口处是否拧紧。对于 Thermo EA IsoLink 型元素分析仪，检漏前需将 HeM 界面的 V1、V2、V3 阀门都关闭。当切换分析模式（CN/CNS/HO）、更换反应管或化学阱等以后，应对元素分析仪进行检漏。如果使用了液体进样器，当更换新的进样隔垫后也需进行检漏。等到 carrier 流速降至≤5mL/min 时，用进样针刺透进样口隔垫，如果这时 carrier 流速仍然≤5mL/min，说明气密性良好，否则应进一步拧紧进样口金属帽，直至反复刺透进样口时 carrier 流速保持不变且始终≤5mL/min。

（孟宪菁）

134. Open split 出现三通阀漏气和堵塞现象及其解决办法

ConFlo Ⅳ 的 pre-split 三通阀漏气，表现为在元素分析仪上通过了检漏，但氮气 *m/z* 28 和 *m/z* 29 的本底超过 100mV，*m/z* 40 的氩信号值超过 200mV，明显存在漏气的地方；当打开 sample dilution 时，本底会下降；检查确认过 ConFlo Ⅳ 中 open split 的毛细管位置正确；而当除去接入 ConFlo Ⅳ 的 pre-split 时，氮气本底开始下降，这时可以判断 pre-split 的三通阀有漏气。

ConFlo Ⅳ 的 pre-split 三通阀堵塞，表现为在测样过程中质谱峰的信号值逐渐变小或者不出峰；carrier 流速逐渐下降，低于 100mL/min；而检查元素分析仪反应管和化学阱却没发现断裂或者堵塞情况，本底也没有明显变化，*m/z* 40 的氩信号值也正常，没有明显的漏气情况；这时如果更换或者绕过 open split，在载气流速稳定之后，查看 carrier 流速是否能稳定在设定值；在恢复正常状态之后，测试标准样品，出峰状况也正常，即可判断为 open split 堵塞。解决问题的办法是，取下整个三通阀 open split，置于马弗炉 500℃ 高温灼烧一下，或者在酒精灯上烧一下，如有烟雾冒出则有堵塞；还可以尝试将其放置于酒精中，超声清洗后再烘干。

（范昌福）

135. 在实际样品分析前，需要测试哪些性能指标以检验 EA-IRMS 的工作状态?

在 EA-IRMS 实际样品分析前，务必要保证 EA-IRMS 联机系统的稳定性，通常会对关键性能指标进行测试，如真空度、气密性、本底值、空白测试、参比气体的零富集度测试与线性测试、质量控制（QC）标准的重复性测试等，并将每次的测试结果记录、汇总，以便及时发现异常指标并排查故障。

（孟宪菁）

136. 元素分析仪的闪燃温度是多少? 是如何达到的?

元素分析仪的闪燃是指金属在一定温度下遇氧气后快速剧烈燃烧而获取高温。元素分析仪燃烧氧化的实际温度应该在 1740℃。这个温度是于 850℃ 燃烧条件时，锡杯遇到氧气闪燃而产生的。样品从进样口到达高温区约需 2s，燃烧时间为 2~3s。因此，注入氧气的时间最长设定为 5s，太长将会消耗还原铜。为了确保达到 1740℃ 的燃烧温度，应尽可能地使用大尺寸型号的锡杯。像沉积物那样含氮量不到千分之一的样品，最好使用杯壁厚一点的锡杯，保证燃烧氧化效率。有足够多的锡才能保证燃烧的温度，也就能保证样品的氧化效率达到 100%。

（田有荣　曹亚澄）

137. 样品在元素分析仪的燃烧炉中，反应不完全的原因有哪些?

在元素分析仪的燃烧炉中，样品被燃烧的完全程度取决于反应的温度和充氧量。900~1800℃ 的最高温度处于燃烧炉长管的中部位置。固体样品必须在高温区才能完全燃烧，当样品的残余灰烬积累较多时，样品就会处于非燃烧最高温度之处，从而影响样品的完全燃烧。因此必须及时清除灰烬或使用燃烧炉套管。其次，应严格按照要求控制通入的氧量，使样品燃烧时有足够的氧气。对某些难以燃烧的样品，有专家提出可以采用多加一个锡杯的办法，足量的锡可以提高燃烧的温度。

（曹亚澄）

138. EA-IRMS 联机系统测定元素含量的工作原理

　　EA-IRMS 联机系统主要用于分析样品中总体的碳、氮、硫、氢和氧元素稳定同位素组成，同时也可以测定碳、氮元素的含量。仪器中的热导检测器是专为测定样品的总碳和总氮百分含量而配备的，也可以采用色谱-质谱峰面积的测量方法。以在赛默飞世尔科技有限公司的联机系统上测定碳元素含量为例，介绍采用色谱-质谱峰面积的方法测定样品元素含量的工作原理。峰面积（单位：Vs）除以精确称取标准物质的质量（单位：μg），再乘以标准物质准确含氮百分数的乘积，即每 1μg 氮素产生峰面积的 K 值。在仪器的同一测样条件下，设定样品的 K 值与标准物质相同，并将获得的标准物质 K 值输入计算机中。当准确称取质量（μg）的固体样品完全燃烧后，将获得的仪器峰面积乘以 K 值，再除以称取的样品质量即样品元素的百分含量。

　　首先应在百万分之一的精密天平上称取一定量的样品，并在计算机软件（Isodat）的测定序列（Sequence）窗口的样品类型（Type）界面中选择参比物质或样品，并在质谱方法 wt%/Blank 的参比物质的界面下设定样品的出峰时间范围、标准物质元素含量的真值及质量单位等参数。待样品分析完成后，在结果（Results）窗口中查看 Amt%栏相应的测定数值，即样品中元素的含量。

　　但该方法具有一定的缺陷，主要是由于样品与标准样品在性质上具有较大的差异。一般标准样品为化学试剂，元素含量和样品形态均与待测样品差异较大。目前 EA-IRMS 测定的多数样品为动物、植物、土壤和沉积物等。因此，可以利用外标法建立峰面积-绝对碳（或氮）质量曲线进行校正，将会取得较准确的结果。具体操作方法：选择与待测样品性质接近的标准样品（土壤、沉积物或植物），称取一系列不同质量的该类标准样品，通过称取质量与证书上含碳（氮）量相乘得到该系列标准品的绝对含碳（氮）量，并将此绝对含碳（氮）量与对应的峰面积联立，建立峰面积-碳（或氮）含量校正曲线，利用该曲线的回归方程计算出样品中准确的含碳（氮）量。

（曹亚澄　王　曦）

139. 利用 EA-IRMS 联机系统如何进行元素含量的测定?

　　EA-IRMS 联机系统主要用于分析总体样本中碳、氮、硫、氢和氧元素同位素的组成，同时可以进行元素含量的测定。一般采用色谱-质谱峰面积法或热导检测器（TCD）测定元素的含量。这里，以赛默飞世尔科技有限公司的 EA-IRMS 联机系统及其 Isodat 配套软件为例进行说明。

对于色谱-质谱峰面积法，首先应精准称量给定元素含量的标准物质和样品，在序列窗口"Amount"列中输入进样量，在"Type"列中选择"Reference"（标准物质）及"Sample"（样品）选项，再在相应 IRMS 方法"Evaluation"窗口中的"Reference for wt%/Blank"列表下设定标准物质及样品的起/止峰时间范围、标准物质元素含量的给定值和称取的质量单位等参数。需要注意的是，在"Type"列中可以使用一个或多个重复"Reference"选项，但仅以最后一个"Reference"为基准计算后序样品的元素含量；也可以使用"Start/Add Reference Mean"或"Start/Add Reference Regression"选项，前者以进样量相当的若干重复标准物质的平均测量值为基准进行计算，后者以某一标准物质在不同进样量梯度下的线性回归为基准进行计算。样品分析完成后，结果谱图表格中 Amt%列所对应的数值即元素含量，计算公式为

$$Amt\%_{样品} = (Area_{样品}/Area_{标准物}) \times Amount_{标准物} \times (Amt\%_{标准物}/Amount_{样品})$$

对于 TCD 方法，除了依照色谱-质谱峰面积法输入以上参数，还应在元素分析方法的"Detector"窗口中选择"TCD Filament"、极性（C、N、S：negative；O：positive）、基线归零，并设定 TCD 峰检测的相关参数。样品分析完成后，在结果谱图表格中观察"Amt% Flash TCD"列所对应的数值即元素含量。理论上，TCD 法与色谱-质谱峰面积法对元素含量的测定结果应当一致。

（孟宪菁）

140. EA-IRMS 联机系统的灵敏度与样品称量的关系

EA-IRMS 联机系统的灵敏度越高，样品的称量可越少，对于能采集到的试验样品很少的研究而言，需要灵敏度较高的仪器，但它对固体样品的细度（即均匀性）要求也较高，否则无法保证样品测定的重复性。然而，对一般的稳定同位素研究，通常仍采用增加样品称量的办法以保证测定结果的重复性。

以 Thermo 的 EA-IRMS 联机系统为例，一般推荐的样品称量如下：

（1）在测定氮元素的条件下，含有 20~80μg 氮的样品将产生 1000~4000mV 的信号强度。对含氮 0.15%的土壤样品，称样量为 10~30mg；对含氮 1%~3%的植株样品，称样量为 400~1000μg。

（2）在测定碳元素的条件下，含有 25~50μg 碳的样品将产生 1000~5000mV 的信号强度。对含 1.0%有机碳的土壤样品，称样量为 1~3mg；应特别注意某些森林土壤中的有机碳含量较高，称样时需减少称样量至 0.5~1mg。对含碳约 40%

的植株样品，只需称取 50～100μg。

（3）在对含硫样品进行同位素质谱分析时，进样量一般控制在 50μg 硫；对于碳、氮、硫含量较低的样品，最低进样量可设为 10μg 硫，这时需要进行空白校正，以确保测定精度和准确度满足实验室测试要求。

（4）对氢、氧同位素比值进行分析时，进样量为 25μg 氢或 50μg 氧；对液态水 δD、$\delta^{18}O$ 进行分析时，进样量为 0.1μL 水。

（曹亚澄　孟宪菁　戴沈艳）

141. 固体自动进样器的类型有哪些?

（1）AS200，通过马达驱动样品盘转动，待测样品掉入推杆预留圆孔中，该孔直接与大气接触，样品测试过程中，有一路氦气以 100mL/min 的流速吹扫 [图 4-4（a）]。

优点：结构简单，维护方便，可随时添加样品，进样盘可以累加。

缺点：氦气消耗较大，需要一个较大的流速一直吹扫，由于样品直接暴露在空气中，虽然有 purge 气一直在吹扫，但本底依然较高，对常规样品的影响较小，但对微量样品影响很大。

（2）Blisotec autosampler，也叫 NoBlank 自动进样器，是安装在 AS200 与反应管之间的一个装置 [图 4-4（b）]。通过马达驱动样品盘转动掉入一个开口的似胶囊的 U 形槽中，旋转式塞子转动 90°使得 U 形槽与空气隔绝，此时以氦气吹扫，吹扫完毕后旋转式塞子再转动 90°使得 U 形槽开口向下掉入反应管中。

优点：可随时添加样品，进样盘可以累加；相对节省氦气；待分析的密闭样品室空间小，易吹净。

缺点：旋转式塞子容易被样品划伤，造成漏气。

（3）Costech autosampler，也称 Zero-Blank 自动进样器，50 位样品盘内置在一个可以开盖的密闭空间内，上盖中间留有吹扫气出气口，也可以改装成抽真空的接口 [图 4-4（c）]。装上样品后，关闭 purge 气阀门和 vent 阀门，打开连接真空泵的阀门，抽真空 10～15min。关闭连接真空泵的阀门，打开 purge 气阀门开始充氦气，15min 左右关闭 purge 气阀门，打开自动进样器与反应管的阀门。在"EA method"里设置 purge 气的流速为 0，否则"EA"不能"Ready"。

还可以改造成抽真空的方式，装上样品后，关闭 purge 气阀门和 vent 阀门，打开连接真空泵的阀门，抽真空 10～15min。关闭连接真空泵的阀门，打开 purge 气阀门开始充氦气，15min 左右关闭 purge 气阀门，打开自动进样器与反应管的阀门。在"EA method"里设置 purge 气的流速为 0，否则"EA"不能"Ready"。

优点：节省氦气，本底很低，适宜微量样品。

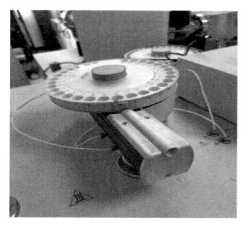 

(a) AS200进样器和进样杆

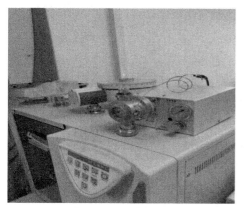 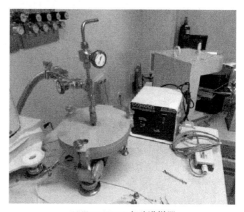

(b) NoBlank自动进样器　　　　　　　　　　(c) Zero-Blank自动进样器

(d) EUROVECTOR SRL自动进样器

图 4-4　固体自动进样器

缺点：价格高，中途不能随意添加样品。

（4）EUROVECTOR SRL 自动进样器，样品盘很紧凑，体积小，易吹净。整个样品盘置于一个密闭空间内，有机玻璃盒盖被紧紧地箍住，盖子顶部留有一直径约 1mm 的小孔排气 [图 4-4（d）]。相对于开放式的自动进样器，本底相对较低。

优点：结构简单，维护方便，可随时添加样品，一次最多可以放置 80 个样品。

（范昌福）

142. 对 Thermo Flash EA 的 AS200 型进样杆如何清洗？

Flash EA 的 AS200 型的进样杆在长时间使用后，经常会出现卡样品的现象，通常与进样杆上积累太多灰分杂质有关，应及时进行清理。

清理的具体办法是，清理前先旋松螺丝 [图 4-4（a）]，在软件上点 "Flash status"，选择 "General"，下拉选择 "step sampler tray position" 后，即可取出进样杆。用干净纸巾蘸少许无水乙醇清洗进样杆，注意清理进样杆上的两个孔位。清洗完毕后晾干，将进样杆齿轮部位朝下，尖端部位朝里，推回原位，用手顶住进样杆，再次点击 "step sampler tray position"，即可装回。应经常清理进样杆，清洗后可以将少量凡士林涂抹在进样杆的 O 形橡胶圈上，起到润滑和密封作用；但不应涂抹太多，也不能涂错位置，否则进样时进样杆移动会导致粘连或污染样品。

（温　腾）

143. 元素分析仪反应管和色谱柱温度都 "OK"，检漏也通过，但不能 "Ready"，什么原因？

反应管和色谱柱温度均达到设定温度，但元素分析仪的状态不能 "Ready"，这一问题常发生在一段时间不使用元素分析仪后再测样品时，这是因为氧气阀门未打开。打开氧气阀门，元素分析仪面板上的氧气压力表有显示时就可以 "Ready" 了。

另外，还应注意一种情况，燃烧用的氧气管道里有残余的压力，在开机检查阶段没有问题。当开始做 "Sequence" 的时候，燃烧用的氧气逐渐耗尽，造成样品燃烧不完全。参比气体也会出现同样的问题，因此需要经常认真地检查各气路的压力表和阀门。

（范昌福）

144. 如何使用灰分管以提高分析效率?

元素分析仪中的灰分管是消耗品,有条件时可以自行加工。外径 13~14mm 的石英管,用金刚石切割机规律地切割一些通气口后即可使用。为了保证样品能顺利地掉入高温燃烧区,需要在灰分管的顶部加上一截顶端烧成圆滑的石英管,而且石英管的外径恰好小于燃烧管的内径,以保证样品不会掉入两个管子之间。

更换新的灰分管可以在不降温的情况下进行,在"method"中将"Sample dilution"开到 100%,拧下固体自动进样器,用钩子将灰分管勾出来,直接更换一根新的石英灰分管。该操作有一定危险性,请操作者注意安全。新的灰分管底部填有一小团石英棉,以保证下一次的灰分和灰分管一并被掏出。

(范昌福)

145. 在进行元素分析仪-同位素质谱分析氮、碳同位素比值时,怎么判别氧化炉和还原炉失效?

首先观察氧化炉和还原炉内试剂的颜色,当炉内有一半的试剂颜色已经变化,氧化炉中的三氧化二铬和镀银氧化钴因发生卤化和硫化反应而变黑;还原炉中的还原铜也会因过度还原而变黑(如图 4-5 所示,左图为失效的 Thermo EA 的氧化管和还原管;右图为新填装的氧化管和还原管)。过度氧化和还原的试剂,它们的

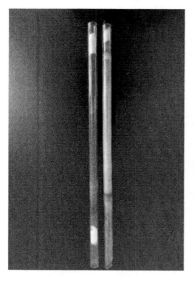
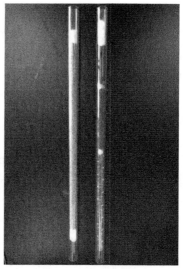

图 4-5 Thermo EA 上失效的与新填装的氧化管和还原管

氧化或还原能力就会减弱；其次根据样品测定的结果进行判断，单位质量峰面积的显著下降就说明氧化炉和还原炉的失效。一般而言，分析 480～500 个样品后应更换氧化炉和还原炉中的试剂。

（曹亚澄　戴沈艳）

146. 采用 Thermo EA-IRMS 联机系统如何进行 C、N 同位素分析？如何正确填装燃烧反应管？使用时需要注意什么？

EA-IRMS 基于快速燃烧的原理，将固态或黏稠态样品中的 C 和 N 转化为气态的 CO_2 和 N_2，对 $\delta^{13}C$ 和 $\delta^{15}N$ 进行高精度和准确的测量。具体测定过程是，待测样品经干燥并研磨成粉末状后，用锡杯紧密包裹；在高温和过氧环境下瞬间燃烧，再经铜（Cu）还原形成 CO_2 或 N_2 等气体；然后通过除卤、除硫剂（$Ag_2Co_3O_4$）和干燥剂[$Mg(ClO_4)_2$]吸附燃烧产生的卤素、SO_2 和 H_2O 等气体；纯化的 CO_2 或 N_2 气体经恒温气相色谱柱分离后进入连续流通用接口（如 ConFlo IV 等），并由高纯氦气（He）稀释和运载；将参比气体和样品气体引入 IRMS，在样品 N_2 出峰之前，以及样品 CO_2 出峰之后分别引入 N 和 C 的参比气体；IRMS 在 10^{-6}mbar 高真空条件下，采集 CO_2 气体电离后产生的 m/z 44[$^{12}C^{16}O_2$]$^+$、m/z 45 [$^{13}C^{16}O_2$]$^+$和 m/z 46[$^{12}C^{16}O^{18}O$]$^+$的分子离子束，或 N_2 气体电离后产生的 m/z 28[$^{14}N^{14}N$]$^+$、m/z 29[$^{14}N^{15}N$]$^+$和 m/z 30[$^{15}N^{15}N$]$^+$的分子离子束，经不同电阻值的放大器转化为电压信号后完成 $\delta^{13}C$ 和 $\delta^{15}N$ 的检测。

人工填装燃烧反应管时，需要注意化学试剂的填装高度和紧实程度等。对于 Thermo Flash HT 或 EA IsoLink 型元素分析仪，燃烧反应器采用燃烧和还原一体式设计，反应管由下到上依次填装 30mm 石英棉（SiO_2）、30mm 镀银氧化钴（$Ag_2Co_3O_4$）、10mm 石英棉、110mm 还原铜粒（Cu）、10mm 石英棉、50mm 氧化铬（Cr_2O_3）和 10mm 石英棉。正确的试剂填装高度才能保证燃烧（约 1000℃）和还原（约 600℃）均处于合适的温度区间，进而保证 100%的燃烧效率。填装铜粒时，应采取多次填装、尽量压实的办法，防止高温燃烧时反应管铜粒区域出现较大孔隙。

拆卸反应管时，需要事先将 ConFlo IV 设为待机状态，即断开元素分析仪与 MS 的连接，防止空气从反应管拆开处进入 MS。为了防止反应管炸裂，反应管温度超过 400℃时，必须保证管内流入一定流速的氦气。另外，在反应管升温或降温时，应采取阶梯式升、降温的办法，一般每隔 200℃，等待 20～30min。当发现一半以上的氧化铬或还原铜变色时，应及时更换新试剂，确保充分燃烧。燃烧灰分与反应管内壁在高温条件下易发生化学反应，使反应管变脆甚至变形。因此，应该及时清除灰分，或更换新反应管，以免在使用时发生炸裂。一般情况下，每分析 50~100 个土壤类样品或 300~500 个植物类样品后,就需要对管内灰分进行清理。

(孟宪菁)

147. 如何正确填装元素分析仪氧化管、还原管及化学阱中的试剂?使用时应注意哪些事项?

以带有元素分析仪的 SerCon 20-22 同位素质谱仪来作说明。

(1)氧化管。在氧化管中分别填入 5mm 石英棉、20mm 长的银棉,再在银棉上覆盖 5mm 的石英棉,然后再填上 40mm 的氧化铜、5mm 的石英棉及 110mm 的氧化铬,最后将底部装有 5mm 石英棉的石英衬管轻轻放入氧化管中。氧化管的更换时间与测定样品数量和被测定样品的类型有关,一般在测定 700~1000 个样品后需进行更换。更换氧化管时,必须将其温度以每次下降 200℃的速度直至降到室温;而当更换过新的氧化管后,也应以每次间隔 1h 左右升温 200℃的速度升至1000℃。这样升降温度是为了防止氧化管破裂或热电偶的损坏。

当观察到氧化炉内的热焰较暗时,则需要考虑更换氧化管内的衬管。以土壤样品为例,测定 50~60 个就需要更换衬管;而对植株样品及滤纸片样品可适当多一些(约 100 个)。更换衬管时应将所有阀门处于待机状态(蓝色),再将自动进样器与氧化管的连接处松开,然后移开进样器,使用小铁丝钩出衬管即可。在更换前,准备好另一根新的衬管(底部填放一节 50mm 的石英棉),然后将新的衬管放入氧化管内,重新装好进样器并拧紧连接的螺丝。应注意,不要让样品灰烬堆积多过,这样会使样品没有处在氧化炉中最高温的燃烧区域;而且样品灰烬中的碱性氧化物,在燃烧过程中会使石英氧化管的玻璃析晶,损坏氧化管。因此,需要定期地去除灰烬以避免这些问题出现,以获得准确可靠的测定结果。

(2)还原管。还原管中需填充 200g 的线状还原铜。将两端用石英棉堵住,中间倒入线状铜,在还原管上部的死角处再填充石英砂。氧化管中产生的气体进入还原管后,去除多余的氧气,并将含碳和氮的氧化物气体还原成二氧化碳和氮气。还原管更换的频率与样品类型及过量的氧气量有关,通常在测定 300~500 个样品后就需更换还原管。拧松连接头,将还原管取出检查还原铜的颜色,当还原铜有超过一半变成黑色时则需更换还原管。或在测定氮气时,也可以根据 beam 3 观察一些信息,beam 3 上检测的质量数是 30,当还原氮氧化物的能力减弱后产生的一氧化氮(质量数为 30)会导致 beam 3 的离子流(蓝色)增加。更换还原管前应预先准备好一根新的还原管,并将还原炉温度降至室温。换下的黑色氧化铜可以用氢气进行再生,如果进行此操作需要特别注意安全。还原管的寿命在每次再生铜后会减少 50%～70%。图 4-6 中的左图为失效的氧化管和还原管；右图是新更换的氧化管和还原管。

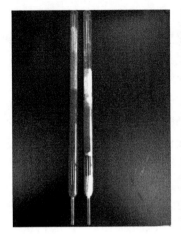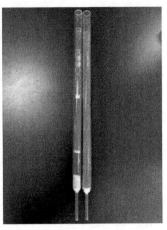

扫一扫看彩图

图 4-6　SerCon 20-22 EA 上失效的与新更换的氧化管和还原管

（3）化学阱。化学阱包括二种，填充高氯酸镁的除水化学阱和填充烧碱石棉的除二氧化碳化学阱。在除水阱中可以放入几粒硅胶作为指示剂。如果分析二氧化碳，因硅胶中含有二氧化碳，则可以放入几条干的浸过 $CoCl_2$ 的滤纸条作为指示剂。当观察到部分高氯酸镁已发生板结时，则需要及时更换高氯酸镁。去除二氧化碳的化学阱在使用时，烧碱石棉会从黑色变成白色，这时必须进行更换。如果分析的仅是二氧化碳气体样品，那么产生的气体就不需要通过除二氧化碳化学阱，此化学阱仅在分析含氮样品时使用。化学阱的更换频率与样品的性质及数量有关。对于 C/N 较低的样品可以每测定 500 个样品更换一次；而对于含 C 量较多的样品，则在测定 100 个样品后就得更换一次。

更换过氧化管、还原管或化学阱后，应对整个系统进行检漏，并将中间的 5 号阀打开，增大管路中的 He 流量进行吹扫，以排除管路中的空气和进行温度的稳定。

（戴沈艳）

148. 在 EA-IRMS 联机系统中，元素分析仪上的化学阱主要起什么作用？使用时需要注意什么？

使用 EA-IRMS 对 C、N 或 C、N、S 同位素进行同时分析时，元素分析仪（EA）

化学阱中应填充高氯酸镁干燥剂，目的是将样品燃烧产生的水汽去除掉，防止进入的大量水汽影响 GC 色谱柱以及离子源灯丝的使用寿命。对于高 C/N 比，或者低 N 浓度的样品，其 N 同位素比值应单独进行分析，这时 EA 化学阱中应填充高氯酸镁与碳吸附剂（Carbosorb 或 Ascarite）的混合物，目的是完全去除掉由燃烧产生的水汽和 CO_2。通常先去水再除 CO_2，即高氯酸镁填装在前，碳吸附剂在后。去除 CO_2 是为了防止大量 CO_2 对 N_2 在 GC 柱中的分离造成影响，以及 CO_2 在离子源中被轰击形成 $[CO]^+$ 对相同质荷比的 m/z 28 $[^{14}N^{14}N]^+$ 造成干扰。

　　所用化学阱的规格（内径和长度）发生改变时，样品出峰时间和峰形也会随之变化，这时需要调整载气流速和 GC 柱温，以获得适宜的出峰时间和峰形。当发现一半以上的高氯酸镁粉末变成结晶状态，或者一半以上的碳吸附剂颜色变化时，应及时更换新试剂，以确保分析结果的精准性。拆卸化学阱时，需要事先将 Thermo ConFlo IV 设为待机状态，即断开 EA 与 MS 的连接，防止空气从与化学阱断开的气路接口中进入质谱仪器中。

　　　　　　　　　　　　　　　　　　　　　　　　　　　　　　（孟宪菁）

149. 在采用元素分析仪-同位素质谱测定高 C/N 或低 N 含量样品的 N、C 同位素比值时，如何保证测定结果的重复性？

　　就理论而言，一般认为 EA-IRMS 联用仪一次进样就能同时测定样品中的 C、N 的百分含量和它们的同位素比值。转化成的样品气体在色谱柱内进行分离，N_2 优先流出，所以能先测定 N_2 的 m/z 28 和 m/z 29 峰；待 N_2 峰采集结束后，质谱仪器可以立即磁场跳扫（magnet jumps）到 CO_2 峰位进行 CO_2 的 m/z 44、m/z 45 和 m/z 46 峰的采集。但实际测量结果表明，双元素同时测定的测量程序对 C/N 较高的样品是不适宜的，特别对测定同位素自然丰度的样品。对于 C/N 在 50 之内或 N 含量小于 0.5% 的特殊样品，也曾有人采用如下的方法进行双元素同位素比值的同时测定，即在确保氮气的 ^{15}N 准确测量的前提下适当加大 CO_2 气体的稀释倍数，尽量使 N_2 和 CO_2 气体样品的峰高与各自的参比气体峰高一致。特别需要注意的是，应根据 EA 的实际状况，优化 EA 参数，确保仪器具有较低的本底值（m/z 28 本底值 ≤50mV）和较高的信噪比（m/z 28 信号与本底值之比 ≥10）；也包括控制闪燃温度（1020℃）、GC 柱温（55℃）、载气（50mL/min）、喷氧量（250mL/min，5s）及进样延迟（10s）等，以确保完全燃烧及色谱分离，从而可以提高 C、N 测定结果的重复性。

　　而对一些精密度和准确度要求高的样品，仍建议采用单元素测定方式为宜。

　　　　　　　　　　　　　　　　　　　　　　　（曹亚澄　孟宪菁　戴沈艳）

150. 何时需要进行磁场的跳跃校准？如何操作？

在采用 EA-IRMS 同时分析 $\delta^{15}N$ 和 $\delta^{13}C$（或 δD 和 $\delta^{18}O$）时，在样品测试过程中，无法进行从 N_2（或 H_2）至 CO_2（或 CO）的气体切换，或即使顺利进行了气体切换，切换后的 $\delta^{13}C$（或 $\delta^{18}O$）重复性很差，而切换前 $\delta^{15}N$（或 δD）的重复性良好，这时很可能需要进行磁场的跳跃校准。首先将 CO_2（或 CO）参比气体引入 MS 中，在 "Thermo-Instrument Control" 窗口，点击 "Jump" 按钮，在 $N_2 \rightarrow CO_2$（或 $H_2 \rightarrow CO$）上开始进行 "Recalibrate"，几分钟后，自动完成磁场的跳跃校准。通常半年左右进行一次校准。

（孟宪菁）

151. EA-IRMS 分析中，称取固体样品需要注意什么问题？

首先应调整好百万分之一天平的水平衡，看水泡是否在圆圈内。另外应选择尺寸大小适宜的锡杯，一般选择 5mm×8mm 规格的锡杯。太小的锡杯容易卡在进样盘里，并且燃烧氧化时温度不够，还应注意锡杯包裹的紧密性。在样品放入锡杯后，应先将锡杯置于洁净的平板上，用镊子轻轻镊紧锡杯侧壁使之闭合呈扁平状，然后用一只镊子压住其底部，以另一只镊子的扁平面适当用力刮压，叠合成小圆球状，并将其压紧。在进行此操作时，应做到每折叠一次扁平面需用镊子用力挤压折叠面，尽量将锡杯中的空气排挤干净，以免空气中的 CO_2 影响样品碳同位素比值测定的准确性。注意任何时候都不能用裸露的双手触摸样品或锡杯；若需用手操作，必须带上无尘橡胶手套。在确认包裹好的样品没有泄漏后，将样品盘中样品的标记记录在记录本上，如果只测定同位素比值时就不需要记录每个样品的质量数；若需要测定全氮或有机碳的百分含量，则需要记录样品准确的质量数。

应该严格控制样品的称量，称取的土壤和植株样品量不宜过多，样品量过大可能导致燃烧不完全，样品不完全燃烧会产生同位素分馏效应，影响测定结果的准确性。当然，适当加大氧气的注入流量可以提高样品的氧化程度，但过大的氧气量可能会缩短还原管的使用寿命。测定碳同位素比值时，被测样品的含碳量为 20～50μg；测定氮同位素比值时，被测样品的含氮量为 20～80μg。对于土壤样品，测定碳同位素比值时一般称取 2～3.5mg；测定氮同位素比值时一般称取 20～35mg；对于植株样品，测定碳同位素比值时一般称取 0.2～0.3mg；测定氮同位素比值时一般称取 2～3.5mg。应特别注意某些森林土壤中的有机碳含量较高，称样时需减少称样量至 0.5～1mg。土壤和植株样品容易吸水，因此最好在晴天，室内湿度较低的时候进行称取。

（戴沈艳）

152. 待测的同位素固体样品应该如何保存?

由于仪器状态及每日测样量的限制，待测样品不一定能及时测定，因此需要将这些样品作妥善的保存。

对于土壤和植物样品，通常土壤样品经风干后需过 100 目筛；植株样品在 60℃烘干后，经植物粉碎机粉碎后需过 60 目筛。在测定前样品精确称重后包入锡杯内，放入 96 孔板中，应置于常温干燥处保存。

对于蒸馏后得到的液体样品，需置于锥形瓶中，60℃烘干（7 天左右），将烘干后的粉末样品包入锡杯，放入 96 孔板中，置于常温干燥处保存。

对于由微扩散法制备的样品，应将扩散结束后的滤纸片置于含变色硅胶和浓硫酸的干燥器中干燥 24h 以上，在去除滤纸片中的水分后，包入锡杯内，放入 96 孔板中，同样置于常温干燥处保存。

对于样品瓶中的气体样品，放置时间不宜过长，特别是 CO_2 及 N_2 样品，放置时间最好不超过 3 个月；而对于置于气袋中的样品，则应尽速测定，防止空气进入气袋影响样品测定结果。

（戴沈艳）

153. 采用 Thermo EA-IRMS 进行分析时，如何进行空白校正?

采用 Thermo EA-IRMS 分析 N、C、S 含量较低的样品时，空的锡杯以及仪器的本底噪声引起的空白效应不可忽略，必须进行校正，以保证测量结果的精准性。一般采用差减法进行空白校正，具体做法是，在序列窗口的"Type"列上使用"Start/Add Blank Mean"选项，反复测定空的锡杯，获得平均空白峰面积（A_B）与 δ_B 值，再在相同条件下测定样品的峰面积（A_M）与 δ_M 值，通过 Isodat 软件自动计算出被测样品扣除空白后的 δ_C 值，计算公式为

$$\delta_C = (\delta_M \times A_M - \delta_B \times A_B)/(A_M - A_B)$$

（孟宪菁）

154. 如何根据 Thermo EA-IRMS 测定的峰形和信号值判断测定结果是否正确?

在导出样品测定数据前必须查看质谱的峰形，以确定测定数据是否准确可信。以图 4-7 为例，在同一批样品中，1 号样 m/z 28 的信号值为 1200mV 左右；2 号样

却无样品峰；而 3 号样 *m/z* 28 的信号值为 2500mV 左右。可以初步怀疑 2 号样品由于一些原因没有进入氧化炉燃烧，而是与 3 号样品一起落入进样盘的同一个小孔，并同时进入了氧化管中燃烧，3 号样的测定结果则是 2 号和 3 号样品混合燃烧后的结果。出现这个问题的原因如下。

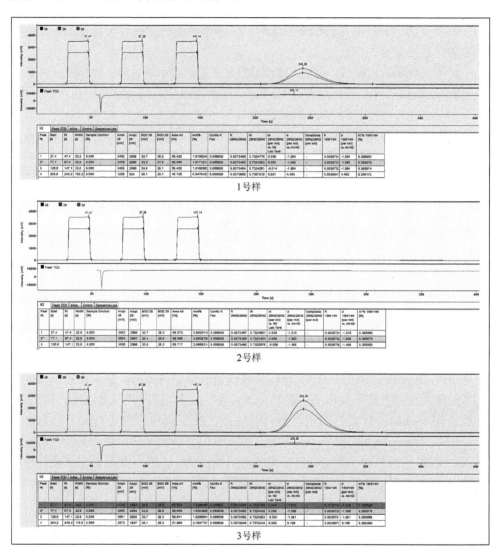

图 4-7　Thermo EA-IRMS 测定的峰形和信号值判断测定结果

（1）灰分管顶端未烧圆而不光滑，使样品停留在灰分管的顶端。

（2）灰分管与反应管的间隙较大，样品卡在灰分管与样品管之间不能到达高温区。

（3）检漏时石英棉飘起来堵在自动进样器的出口处，样品不能掉下去，所以没有检测信号。这时需要对 2 号样品和 3 号样品进行重新测定。

（戴沈艳）

155. 对于连续流进样模式，常见的本底值算法有哪些？

本底值（BGD）是检验 EA-IRMS 联机系统气密性与稳定性的重要指标之一。BGD 不是由化合物本身产生的，而是主要来自电子元件噪声、色谱柱流失、载气不纯、空气渗漏及离子源中的气体残留等。采用 EA-IRMS 分析 $\delta^{15}N$、$\delta^{13}C$ 和 $\delta^{34}S$ 时，在样品稀释设为 0 的情况下，m/z 28、m/z 44 和 m/z 64 的 BGD 信号应分别小于 50mV、5mV 和 20mV；采用 EA-IRMS 分析 δD 和 $\delta^{18}O$ 时，在样品稀释同样为 0 的情况下，m/z 2、m/z 28 和 m/z 30 的 BGD 信号应分别小于 50mV、0.3V 和 0.4V。低 BGD 信号表明 EA-IRMS 联机系统气密性和运行状态良好，受外界环境干扰小。

连续流进样模式常见的 BGD 算法有 Individual BGD、Calc Mean BGD、Median Mean BGD、Dynamic BGD、Base Fit BGD 和 Low Pass Filtered BGD 等。

Individual BGD 是指基线平稳后，取每个峰在出峰之前 5s 内最少连续 5 个数据点的移动平均值；当分离度差而导致峰叠加时，后一个峰 BGD 应参照前面邻近峰的 BGD。Individual BGD 是连续流模式的默认算法，适用于几乎所有连续流外设以及 C、N、S、H 和 O 所有气体同位素，但是当噪声较大或基线斜率忽高忽低时，该算法不合适。

Calc Mean BGD 指每个峰出峰前 5s 内所有数据点的平均值。

Median Mean BGD 指每个峰出峰前 5s 内所有数据点的中位值，该算法与 Calc Mean BGD 算法均适用于简易的气相色谱分析。对 EA-IRMS 而言，这种算法不适宜用于噪声大或基线变化大的情形。

Dynamic BGD 和 Base Fit BGD 是以连续 75 个数据点为一组区间，找到每组区间内的最小数据点，采用各自合理的筛查方法，剔除偏高数据点后，将剩下所有最小数据点通过拟合的线性方程进行点对点连接，依此计算每个峰出峰时对应的 BGD 值，这两种算法均适用于复杂的气相色谱分析，不适宜用于噪声大或基线变化大的情形。

Low Pass Filtered BGD 是根据用户定义的衰减因子（Tau<1）确定衰减程度后，在每个峰出峰前 5s 内，取基线衰减后的最小数据点，该算法主要应用在复杂气相色谱分析中，尤其适用于高噪声、低信号的样品峰。

经过大量实验数据的对比分析，在进行 EA-IRMS 测试时，推荐采用 Calc Mean BGD 计算方法。

（孟宪菁）

156. 氮同位素比值测定的灵敏度为什么低于碳同位素比值测定？

大多数样品的氮含量较低，C/N 较高，且 ^{15}N 自然丰度（0.3663atom%）比 ^{13}C（1.108atom%）低。而形成 1mol N_2 分子需要 2mol N 原子，N_2 的离子化效率低于 CO_2 的离子化效率。另外，空气中的 N_2 含量较高，即使是微小的气体泄漏，都将导致本底值偏高。因此，采用 IRMS 对氮同位素比值测定的灵敏度低于碳同位素比值测定的灵敏度。

（孟宪菁）

157. 在 EA-IRMS 分析同位素标记样品以后，需要对分析系统进行怎样处理才能进行自然丰度样品测试？

在标准配置的赛默飞同位素比值质谱仪上，通用的 3 个接收器的高阻阻值分别是 $3 \times 10^8 \Omega$、$3 \times 10^{10} \Omega$ 和 $1 \times 10^{11} \Omega$，一般分析样品的同位素丰度不得超过 20atom%。使用 EA-IRMS 分析同位素示踪样品以后，由于记忆效应的影响很严重，不能立即测定自然丰度的样品。必须对该分析系统进行一定的处理，包括更换新反应管及填料、烘烤色谱柱和 IRMS 进气针阀等操作，并使用标准物质进行测试，证实记忆效应影响消除后，才能进行自然丰度样品测试。

（孟宪菁）

158. 元素分析仪测定氮时，测定值异常且出现双峰，是什么原因？

如果氮的测定值异常，而且出现双峰，则需检查还原管中的线状还原铜是否变黑失效，必要时应及时更换。

（尹希杰）

159. 在用 EA-IRMS 联机系统测定样品中氮同位素比值时，是否需要采集 $m/z\,30$ 的峰值？

对标准配置的气体同位素质谱仪器，在接收 $m/z\,30$ 离子法拉第杯的放大器上配置的是 $1 \times 10^{11} \Omega$ 值的高阻，放大倍数较大，灵敏度较高。而当质谱的离子源内、进样管道内，或样品中含有微量 O_2 时，特别在 EA 燃烧时还需注入一定量的 O_2 时，离子源内的 O 与 N 会形成 $m/z\,30$ 的 $[^{14}N^{16}O]^+$ 离子，且不稳定。

在测定自然丰度或低丰度 ^{15}N 的含氮样品时，同位素质谱离子源中主要形成

m/z 28[^{14}N^{14}N]$^+$和 m/z 29[^{14}N^{15}N]$^+$两种离子，形成 m/z 30[^{15}N^{15}N]$^+$离子的概率很小，峰值很弱。因此，不稳定的相同质/荷比[^{14}N^{16}O]$^+$将严重干扰[^{15}N^{15}N]$^+$的准确测定。所以，不论在进行 EA-IRMS 系统 N$_2$ 参比气体的 on-off 测试，还是测定 N$_2$ 时都不需要采集 m/z 30 的峰值，可以直接将此峰处于关闭状态。

（曹亚澄）

160. 在测定氮同位素比值时，通常为什么无法准确测量氮–30 的峰？

采用气体同位素质谱测定氮同位素比值时，氮–30 峰是指在质谱仪器的离子源内由 N$_2$ 产生的 m/z 30[^{15}N^{15}N]$^+$的离子，N$_2$ 产生的其他两种单电荷的分子离子分别为 m/z 28 的[^{14}N^{14}N]$^+$离子和 m/z 29 的[^{14}N^{15}N]$^+$离子。空气氮的 ^{15}N 自然丰度是 0.3663atom%。设定 I 为离子流强度，根据氮同位素质谱分析的工作原理，空气氮的 R_{28}（I_{28}/I_{29}）约为 136；R_{29}（I_{29}/I_{28}）约为 7.36×10^{-3}；而 R_{30}（I_{30}/I_{28}）则为 1.35×10^{-5}。

但由于 N$_2$ 样品中含有 O$_2$，在质谱仪器的离子源内氧原子将与氮原子结合，产生与[^{15}N^{15}N]$^+$离子相同质/荷比的一氧化氮[^{14}N^{16}O]$^+$离子，严重干扰微弱的氮–30 峰，如表 4-1 所列出的一组数据所示。

表 4-1　R_{29} 和 R_{30} 的理论计算值与实际测量值

	m/z 28 （3×10^{8}Ω）	m/z 29 （3×10^{10}Ω）	m/z 30 （1×10^{11}Ω）	R_{29}	R_{30}
理论计算值	10000mV	7360mV	45mV	7.36×10^{-3}	7.36×10^{-3}
实际测量值	15500mV	11400mV	2200mV	7.35×10^{-3}	4.4×10^{-3}

从表 4-1 可以清楚地看出，实际测到的 R_{29} 值与理论值相吻合；而实验测量的 R_{30} 值与理论值相差甚远。因此，不考虑一氧化氮的影响，不作有效的预处理，就这样测得的氮–30 峰进行氮素研究是没有任何意义的。

（曹亚澄）

161. 测定 N$_2$ 中氮同位素离子峰的选择

测试 N$_2$ 样品，由于仪器管路和样品中存留微量 O$_2$，在质谱仪器的离子源内会与氮原子形成 m/z 30 的[NO]$^+$，严重影响 N$_2$ 产生的 m/z 30[^{15}N^{15}N]$^+$离子峰的准确测量。当样品 N$_2$ 的 ^{15}N 丰度小于 25atom%时，通常只采用 m/z 28 和 m/z 29 的峰面积计算同位素比值；当样品 N$_2$ 的 ^{15}N 丰度高于 25atom%时，m/z 30 的峰就不能忽略，需要用于同位素比值的计算。

（尹希杰）

162. EA-IRMS 测定固体样品氮同位素时，同位素值异常且出现双峰，是什么原因？

当测定固体样品的氮同位素比值时出现异常的测定值，且 m/z 28、m/z 29 和 m/z 30 的信号出现双峰，而仪器本底的信号值是正常的，出现这样问题的原因可能如下：

（1）还原管中的线状还原铜变黑失效，必要时应及时更换；

（2）自动进样器的推杆在运动的过程中存在漏气的情况，需要加大样品吹扫气的流速或者更换推杆上的密封圈。

（尹希杰）

163. SerCon 20-22 同位素质谱联用仪器上 EA 自动检漏不通过的原因主要有哪些？

在 SerCon 20-22 同位素质谱联用仪器的 EA 刚开机后，或者更换氧化管、衬管、还原管和化学阱后，都需要对 EA 系统进行检漏。检漏不通过的原因主要有：氧化管和还原管上下螺丝的接口处未拧紧；更换的反应管有裂缝，或者在升温后出现裂缝；化学阱两端的卡口未拧紧或拧太紧而导致玻璃破碎；2 号阀及 4 号阀等阀门处螺丝出现松动等。

（戴沈艳）

164. SerCon 20-22 同位素质谱联用仪器 EA 自动进样盘的日常维护

SerCon 20-22 同位素质谱联用仪器 EA 上的标配自动进样盘是一个 66 位的气动样品传输装置（图 4-8）。样品顺时针放在样品孔中，启动时，样品在轴内向前

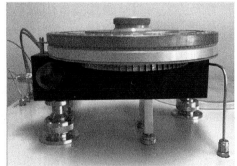

图 4-8　SerCon 20-22 同位素质谱联用仪 EA 上的标配自动进样盘

运动后掉入燃烧炉内，下一个样品则掉入中间位置，待到轴抽回时落入吹扫孔中等待下一循环，位于上部的窗口可以对正确的瞬间燃烧条件进行确认。装样前应确保进样盘内无任何粉末样品的残留，以免产生交叉污染。为提高测定样品的效率，可在进样盘上再添加一个进样盘，一次测定样品的数量可达到 130 个以上，但不宜叠加太多的进样盘，建议叠加两个即可，防止卡样及样品错位。

（戴沈艳）

165. 在使用 SerCon 20-22 同位素质谱联用仪器测定样品过程中本底过高的原因是什么？

（1）在测定固体样品时，本底过高的原因可能有：EA 系统中有漏气；He、O_2 或参比气体与质谱仪器的连接处螺丝松动漏气；新更换的 He 或 O_2 中含有较多的杂质气体，这些气体纯度未达到要求；进样盘上的塑料盖子没有盖严实，导致进样时空气进入；长时间关机后开机或更换氧化管、衬管、还原管、化学阱后系统内残留较多空气，需要用 He 吹扫一段时间。

（2）在测定气体样品时，本底过高的原因可能有：CryoPrep 系统中有漏气；He、O_2 或参比气体与仪器的连接处螺丝松动漏气；更换的 He 或 O_2 杂质较多，或更换化学阱后系统内残留较多空气，需要 He 吹扫一段时间；此外，还应检查冷阱上方的不锈钢管，因为它在样品测定过程中特别容易断裂；以及进样针是否上紧等。

（戴沈艳）

166. 在使用 SerCon 20-22 同位素质谱联用仪器测定样品时，样品峰出现各种不正常形态及其产生原因

在样品的测定过程中有时样品峰会出现漂移、拖尾、平顶或倒扣等现象，以 EA-IRMS 的测定样品为例进行说明。

测定含氮样品时出现 m/z 29 峰漂移的原因可能是，已测样品中的有机物残留在色谱柱中较多，需要及时对色谱柱进行烘烤，一般将色谱柱升温至 140℃，烘烤过夜即可；样品峰出现拖尾的原因可能是，系统出现漏气或是测定样品过多氧化管中燃烧物出现板结而影响气流的通过，或是化学阱中高氯酸镁的水分过多及碱石棉长久未更换而引起堵塞，导致 He 气流不能通过，亦或氧化管和还原管中试剂已耗尽。

样品峰出现平顶或倒扣的现象原因可能是，称取的样品量过大，超出了仪器检测限，特别是当样品的同位素丰度较高同时称取的样品量又较多时，容易引起

m/z 29 信号值满标，这时需要称取较少的样品量重新进行测定。

（戴沈艳）

167. SerCon 20-22 同位素质谱联用仪器在测定样品时，不出峰的一些原因

在样品测定过程中，不出样品峰的原因可能有：EA 或 CryoPrep 与主机连接处的隔离阀未开，产生的被测气体不能进入 IRMS；化学阱长时间未更换，高氯酸镁等试剂发生板结，导致气体无法通过化学阱进入 IRMS；样品测定过程中 EA 中的反应管突然断裂，或 CryoPrep 中冷阱上方的不锈钢管断裂；气体进样针未能插入样品瓶中或与电脑断开连接等。

（戴沈艳）

168. SerCon 20-22 同位素质谱联用仪器测定样品时，如何减小样品间的记忆效应？

不同丰度的同位素测量时，残存在分析管内、仪器的进样系统和离子源的前次样品会对后一样品测量的结果产生影响。特别是前一个丰度较高的样品会对后一个丰度较低样品的测定结果产生影响，使后一个样品的测定值高于真值，因此在知道实验设计的情况下，尽量将待测样品从低丰度到高丰度排列并测定，或者修改测定程序，适当增加样品出峰后到下一个参比气体的出峰时间。测过较高丰度的样品后再测低丰度的样品前需要测试较多的空白样品和低峰度样品，如果测定结果不理想则需要烘烤色谱柱；测定自然丰度样品时根据实际情况甚至需要更换氧化管和还原管，并多次测定自然丰度标准样品，确定测定结果是否准确。确定仪器状态适合测定自然丰度样品后再进行样品的测定。一般情况下，CryoPrep 中样品的记忆效应要小于 EA 中样品的记忆效应。

（戴沈艳）

169. Elementar 元素分析仪-同位素质谱开机之前需要做哪些检查？

首先应查看和检查氧化管、还原管已使用的次数，确认是否足够此次有效地使用；检查吹氧管是否通畅；清理或更换灰分管；检查化学阱干燥管；确认各部分的连接正确。再确认高纯氦载气和所需高纯参比气体的总阀是否开至最大，分压阀是否打开至刻度。如果进行碳、氮同位素比值测定，还需打开高纯助燃氧气阀。

（张　莉）

170. Isoprime 同位素质谱仪进行高 C/N 的样品测定时，如何同时测定元素百分含量以及同位素比值？

对于高 C/N 的样品，当碳测定时稀释气开至最大已经无法满足同时测定碳氮元素百分含量及同位素比值的要求时，通过优化离子源参数，在保证参比气体稳定性和线性合格的前提下，适当提高氮气测定 trap 值，降低二氧化碳气体测定 trap 值。进行方法学确证，方法确证通过后可用于真实样品测定。

（张　莉）

171. Isoprime 同位素质谱仪上理想的参比气体峰形是什么样的？导致参比气体峰形不好的原因有哪些？

参比气体理想的峰形应为矩形，平顶峰两侧圆滑，左右对称。因为平顶峰区域的信号比较稳定，所以在同位素质谱中参比气体为矩形峰。当真空度不好，或离子源的电参数未达到最好的调谐，或离子源的灯丝使用时间过长（大于 3 年），或离子源受到污染时都会导致峰形异常。峰形不好会严重影响同位素比值的测定结果。

（张　莉）

172. Elementar 元素分析仪-同位素质谱开机后，为何显示反应器在加热但温度不上升？

出现这种情况，应首先检查元素分析仪的参数设定是否正常，氦气流量是否正常。如果所有参数的设定和氦气的流量均正常，就有可能是前次关机时系统温度过高导致仪器启动了过温保护。解决办法是，点按元素分析仪正面上方白色过温保护按钮，然后重新打开计算机软件。

（张　莉）

173. Elementar 元素分析仪-同位素质谱测定时为何不出现参比气体峰？

在未拆卸过离子源以及未更改过离子源参数的情况下，出现通入参比气体后不出峰或峰形异常时，首先应检查参比气体钢瓶是否有气；钢瓶总阀是否开至最大；分压阀是否开至正常范围。有时开机时看到气体钢瓶表头正常，但是如果总阀未开至最大或分压阀未调节至正常位置，测定样品时参比气体峰也会出现异常。

在气体确认无误后，可以重启软件，如果问题还未解决可能是参比气体盒中的 Movpt 阀门出现了故障，或石墨垫变形，或弹形针针尖变形，或石墨垫变形后产生的碎屑堵塞了毛细管。Movpt 阀门出现故障时，一种情况是在打开和关闭参比气体阀时，minor、minor1、minor2 的信号都一样，或者关闭气阀时信号下降非常慢。另一种情况是，在测试参比气体稳定性时，峰形图凹凸不平。

（张　莉）

174. Elementar 元素分析仪-同位素质谱测定时为何没有样品峰？

如果发现样品测定时仅有参比气体峰而没有样品峰，应该进行如下的检查：检查样品在自动进样器中的位置是否放置正确；检查内有样品的锡杯是否因为包裹形状不好而卡在了进样盘上没有进入反应管中；检查自动进样器是否与电脑连接正确；检查元素分析仪是否与质谱连接正常等。

（张　莉）

175. Elementar 元素分析仪-同位素质谱测定时为何还原管消耗过快？

过多的氧气会消耗还原铜。发现还原管消耗过快时，检查是否选择了合适的加氧量，或是否有氧气泄漏。

（张　莉）

176. Elementar 元素分析仪-同位素质谱分析碳、氮同位素比值时，没打开参比气针阀的情况下，信号值达到了 $10^{-8}A$ 的原因？

虽然未打开针阀，而仪器一直有参比气体进入离子源，此时则应考虑针阀是否密封和垫圈的老化问题。而当更换新密封垫圈后，参比气体的峰形仍呈尖角，其主要原因为针阀内的毛细管未装好。在拆下毛细管进行重新安装后，峰形恢复正常，稳定性也就会正常。

（尹希杰）

177. Elementar 元素分析仪-同位素质谱分析碳、氮同位素比值，元素分析仪已通过检漏，但发现氮空白较高，什么原因？

产生氮空白较高的原因如下：
（1）氧气的纯度问题。测试空白时，在通氧情况下元素分析仪氮的 TCD 信号偏高，不通氧时 TCD 信号低，应考虑氧气的纯度问题，需更换一瓶新氧气。更换后，需进行氧气管路的排空。因为氧气使用较慢，管路内还剩大量不纯的氧气，必须调大氧气阀进行 5~10min 排空，排空完成后再测试仪器的空白。

（2）球阀漏气问题。仪器整体检漏已通过，但空白检测时氮的 TCD 信号值较高，可能是由于排空阀太紧，无法将空气全部吹扫干净；或者吹扫气太小无法将空气吹干净，可相应旋松排空阀或提高吹扫气流速。如在以上问题排查后，氮的 TCD 信号仍然偏高，则可能是由于球阀转动时漏气，可拆下球阀进行清洁后再重新安装。

（尹希杰）

178. Elementar 元素分析仪-同位素质谱分析碳、氮和硫同位素比值时，碳吸附柱和硫吸附柱不升温或升温时间不对的原因是什么？

在用 Elementar 元素分析仪-同位素质谱测试碳、氮和硫同位素比值时，会出现碳、硫吸附柱的解吸温度错误或升温时间错误的问题，导致样品气释放不完全或释放时间不对，以及无法得到准确的样品峰。吸附柱的温度和升温时间主要是由仪器背面的继电器控制的，若出现以上问题，可对 K4 继电器进行更换。

（尹希杰）

179. Elementar 元素分析仪产生 CO_2 峰拖尾的原因是什么？

出现 CO_2 峰拖尾的原因可能如下：
（1）燃烧管填充剂失效，应及时更换填料。
（2）注氧量不够，可加大注氧量；加氧管的长度偏短，使氧气进不了灰分管。
（3）吸附柱太脏或吸附效率下降，可以对吸附柱进行烘烤或者更换新的吸附柱。

（尹希杰）

180. Elementar 元素分析仪-同位素质谱同时测定碳、氮同位素比值时，在测氮后无碳信号输出，应该如何解决？

采用 Elementar 元素分析仪-同位素质谱同时测定碳、氮同位素比值时，出现测氮后不见碳同位素信号的现象，其主要原因为无法跳到测碳的磁场位置。解决的方案如下：

（1）可将测定碳的磁场强度调到和测定氮的磁场相同，然后再通过改变加速电压，调整测定碳的峰中心；

（2）重新建一个 Project，重新设置联用系统的测定方法程序。

（尹希杰）

181. 在采用 Iso TOC cube-Isoprime 100 型质谱仪测定水样品 DOC 含量及碳同位素时，虽然系统检漏通过但是××压力仍不正常，是什么原因？

主要是除水管失效，系统管路中残留大量水分，导致压力无法达到 300mbar。解决办法是，可将管路中的水通过排水管排出，拆除部分系统管路，经 70℃烘干后再重新安装。

（尹希杰）

182. 在采用 Iso TOC cube-Isoprime 100 型质谱仪测试海水中的 DOC 含量及碳同位素，由于海水中较多的卤素对管路和仪器产生较大影响时，如何解决？

解决问题的办法是，在氧化管中填充 2～3cm 的镀银氧化钴，用于吸收海水中的卤素；同时测定海水样品会导致积盐较多，样品测完后需用超纯水对所有管路进行冲洗，拆下六通阀和系统的部分管路，手动进行清洗。

（尹希杰）

183. 硫同位素分析的方法与原理

硫同位素的分析方法研究起源于 20 世纪 40～50 年代，主要为双路进样 SO_2 法和 SF_6 法，这种传统的分析方法就是硫以 SO_2 和 SF_6 的形式被送入质谱仪中，其 $\delta^{34}S$ 分析误差为±0.1‰。近年来，硫同位素分析技术正在朝着微区、微量、快速和精确的方向发展。

传统的 SO_2 法将气态的 SO_2 引入气体质谱进行硫同位素比值分析。采用半熔法将硫酸盐矿物转化成 $BaSO_4$；$BaSO_4$ 与 SiO_2 一起在真空中用火焰加热，分解成的 SO_3 再经铜还原，生成 SO_2。近来随着连续流与稳定同位素质谱连用技术的产生，可实现 SO_2 制备和纯化过程的自动化。将样品及氧化剂 V_2O_5 包裹于锡杯中，由自动进样器送入填充有氧化剂（氧化钨）和还原铜的反应管中，样品落入反应管的同时注入 O_2。此时反应管中富集纯氧，装有样品的锡杯在闪燃下迅速燃烧，

生成 SO_3，SO_3 在 Cu 的还原下生成 SO_2，之后被氦气流载入质谱仪器中进行分析。与传统方法相比，此方法的分析速度得到了提升，所取的样品量大大减少。

（范昌福）

184. EA-IRMS 联用连续流测定硫同位素

以 Thermo 的 Flash EA 元素分析仪与 MAT-253 同位素质谱仪联用（带 ConFlo Ⅳ 多用途接口）为例。测定样品的条件如下：反应炉的温度为 960℃，He 载气的流速为 120mL/min，注氧流速为 150mL/min，注氧时间为 3s；色谱柱温度为 90℃。

（1）硫化物样品。将含有不超过 100μg 硫的样品包在一个 9mm×5mm 的锡杯里，由自动进样器每次向燃烧反应器中投入一个样品，注入氧气，使样品在 960℃下充分燃烧，燃烧产生的所有气体在氦载气流下带入并通过分层充填 WO_3 和 Cu 丝的氧化还原反应管中，使所有气体充分氧化，同时将生成的少量 SO_3 通过 Cu 丝时还原为 SO_2。样品气体通过一根色谱柱（sulphur separation column for IRMS/HT；PN 26007080）将 SO_2 和其他杂质气体分开后进入质谱仪进行测试。实验中采用 IAEA-S3、GBW04414 和 GBW04415 共 3 种标准物质。标准样品的分析精度优于 0.2‰。硫含量可以根据样品的峰面积计算出来。

（2）硫酸盐样品。将含有不超过 100μg 硫的样品和 3 倍于样品的 V_2O_5，包在一个 9mm×5mm 的锡杯里，由自动进样器每次向燃烧反应器中投入一个样品，注入氧气，使样品在 960℃下充分燃烧，燃烧产生的所有气体在氦载气流下带入并通过分层充填 WO_3 和 Cu 丝的氧化还原反应管，将所有气体充分氧化，同时使生成的少量 SO_3 通过 Cu 丝时还原为 SO_2。气体通过一根色谱柱（sulphur separation column for IRMS/HT；PN 26007080）将 SO_2 和其他杂质气体分开后进入质谱仪进行测试。实验中采用 IAEA-SO-5、IAEA-SO-6 和 NBS 127 共 3 种国际标准物质。标准样品的分析精度优于 0.2‰。

反应管中的三氧化钨氧化性能在样品分析过程中会下降，但还原用的 Cu 丝消耗仍较少，分析过程中可以在降温后更换三氧化钨（约 150 个样品后）。

反应管顶部无须填石英棉，直接将灰分管底部填入石英棉后置于三氧化钨表面。每盘（32 个样品）样品测定结束后建议清灰一次，否则容易出现拖尾现象，影响数据精度；对硫化物样品测定时可适当延长清灰的时间间隔。直接打开自动进样器趁热清灰，否则降温后灰分管容易与反应管黏结，灰分管容易断裂取不出来，每次做完的时候一定要将灰分管取出后再降温。

V_2O_5 在使用前，装于瓷皿内，置于马弗炉内 450℃温度下灼烧 4h，冷却后置于干燥器中备用。

（范昌福）

185. 采用 EA-IRMS 如何进行硫同位素分析？日常分析时需要注意什么？

基于快速燃烧的原理，EA-IRMS 将样品中硫转化为气态的 SO_2，进行 $\delta^{34}S$ 的高精度和准确测量。具体的方法是，用锡杯紧密包裹经干燥并研磨成均匀粉末的样品，将其在高温和过氧环境下瞬间燃烧，在铜（Cu）还原作用下形成了 SO_2 等气体，再通过干燥剂$[Mg(ClO_4)_2]$吸附燃烧产生的水汽，纯化的 SO_2 等气体经 GC 柱分离后进入连续流通用接口（如 ConFlo IV 等），最后引入 IRMS 进行 $\delta^{34}S$ 的检测。

日常分析时需要注意以下 4 个问题：

（1）对于硫酸钡（$BaSO_4$）等不易完全燃烧的物质，应与一定量的 V_2O_5 一起混合装入锡杯，V_2O_5 的催化作用可促进样品充分燃烧。

（2）正确填装反应管，赛默飞 Flash HT 或 EA IsoLink 的燃烧反应器采用燃烧和还原一体式设计，反应管由下到上依次填装 30mm 石英棉（SiO_2）、130mm 铜粒/丝（Cu）、20mm 石英棉、60mm 氧化钨（WO_3）和 10mm 石英棉。

（3）及时清除管内灰分和更换新试剂，确保样品充分燃烧。

（4）建议使用程序升温的 GC，即按设定的程序能够在 2min 内升至指定温度（如 240℃），从而对 SO_2 样品气进行快速脱附。这不仅可以得到高灵敏度的峰高信号值和尖锐的色谱峰形，还提高了分析效率，降低了测试成本。

（孟宪菁）

186. 如何消除 EA-IRMS 联机系统测定 $\delta^{34}S$ 时硫的记忆效应？

记忆效应是影响 EA-IRMS 联机系统对实际样品测定精度和准确度的重要因素之一。主要是指同位素测定过程中前一个残留样品对后续样品的同位素丰度分析结果造成影响的现象。EA-IRMS 对 $\delta^{15}N$ 和 $\delta^{13}C$ 的分析通常不存在显著的记忆效应。但由于在恒温 GC 条件下，SO_2 脱附较慢且不完全，柱残留及色谱峰拖尾会导致 ^{34}S 具有一定的记忆效应。那么，如何消除 SO_2 燃烧分析法中 ^{34}S 记忆效应的影响呢？首先，应将 IRMS 的进气针阀和离子源切换至加热状态，通过降低 SO_2 气体的黏滞性，保证较低的本底值；其次，结合程序升温 GC，在每次样品分析时均对色谱柱进行烘烤（240℃，4min），可以保证较低的柱残留；另外，采用在不同样品间添加空锡杯测定的办法，可消除 ^{34}S 的记忆效应。

（孟宪菁）

187. 硫酸盐是否都需要转化成硫酸钡后再测定其硫同位素？

石膏作为一种常见的硫酸盐矿物，分布广泛，微溶于水，大多为沉积作用的产物（海相沉积和湖相沉积），受硫源以及沉积体系的封闭和开放程度等因素影响，同一时代、不同沉积背景下的硫同位素在组成上往往表现出较大差异。

已有的文献详细介绍了硫化物和硫酸钡样品的 EA-IRMS 在线测量方法，实现了硫化物和硫酸钡样品的直接在线测量。而对硫酸钙等其他硫酸盐样品，是否需要采用传统的 Na_2CO_3-ZnO 半熔法将硫酸盐转化成 $BaSO_4$ 后进行 EA-IRMS 在线测量？

选定了 13 件纯石膏样品进行了对比试验。对同一硫酸钙样品分别采取两种方式进行处理并进行硫同位素比值的分析：

（1）取一部分样品加入其质量 2~3 倍的 V_2O_5 直接在线分析；

（2）另取一部分样品（约 200 目，足量）放入去离子水中进行充分溶解后，加入过量的 5mol/L $BaCl_2$ 溶液，将生成的 $BaSO_4$ 沉淀采用孔径为 0.22μm 的定性滤纸滤出→去离子水清洗（3~5 次）→滤出→去离子水清洗（3~5 次）→滤出→烘干（105℃），得到纯净的 $BaSO_4$ 备用。

依据以上步骤进行试验，结果如表 4-2 所示。

表 4-2 原始样品与经处理样品的 $\delta^{34}S_{V\text{-}CDT}$（‰）实测值对比

样品编号	原始样品（$CaSO_4$）$\delta^{34}S_{V\text{-}CDT}$/‰	经处理样品（$BaSO_4$）$\delta^{34}S_{V\text{-}CDT}$/‰	差值/‰
样品 01	−20.41	−20.65	0.24
样品 02	−13.44	−13.56	0.12
样品 03	0.82	0.77	0.05
样品 04	1.91	2.02	0.11
样品 05	−10.05	−9.95	0.10
样品 06	−23.91	−24.10	0.19
样品 07	15.39	15.18	0.21
样品 08	30.77	30.60	0.17
样品 09	24.75	24.65	0.10
样品 10	32.31	32.31	0.00
样品 11	19.92	20.01	0.09
样品 12	8.13	8.16	0.03
样品 13	−3.53	−3.62	0.09

通过对两种处理方式所得试验数据进行对比（图 4-9），同一样品的两组硫同位素比值在误差范围内一致，二者的 $\delta^{34}S_{V\text{-}CDT}$ 绝对差值为 0.00‰~0.24‰，符合实验允许的 ±0.25‰ 的要求。由此可以看出，硫酸钙样品的直接在线分析是完全可行的。

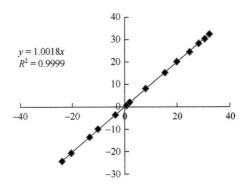

图 4-9　原始样品与经处理样品的 $\delta^{34}S_{V\text{-}CDT}$ 实测值线性图

　　试验中选择的测试样品皆为纯度较高的硫酸钙样品。其 $\delta^{34}S$ 值的范围覆盖了 $-20‰\sim+30‰$ 的区间，并呈现出良好的线性关系，表明该方法对所有的硫酸钙样品完全适用，且测定结果准确可靠。

　　　　　　　　　　　　　　　　　　　　　　　　　　　　　　（范昌福）

188. 碳酸钠-氧化锌半熔法提取全岩样品中的硫

　　全岩样品中可能会含有硫酸盐、硫化物和单质硫，应采用碳酸钠-氧化锌半熔法处理样品。具体分析步骤如下：称取 15mg 左右的粉末样品，置于预先装有 4g 混合熔剂（无水碳酸钠与氧化锌质量比为 3∶2）的 30mL 瓷坩埚中，搅匀样品和试剂，再取 1g 试剂覆盖已搅匀的坩埚内样品。若试样为重晶石，需加少许氯酸钾搅匀。将准备好的样品按顺序（一定按顺序！所有坩埚上的记号都会烧掉）放入马弗炉内，从室温升至 840℃并保持 1h。样品加热期间，准备去离子水（样品数量×150mL）加热至沸腾；碳酸钠溶液（样品数×150mL，0.2mol/L）加热保温；用中速定性滤纸做漏斗，每只漏斗下放置 300mL 烧杯；准备 200mL 烧杯，依次编号，每只烧杯中加入 150mL 煮沸的去离子水；关掉马弗炉，尽快取出样品但不能慌乱，高温样品放在石棉板上，石棉板放置在瓷托盘中，托盘放置在推车上。迅速将样品按顺序投入到已装有去离子水的烧杯中，用玻璃棒捣碎熔块，趁热过滤，用热的碳酸钠溶液（0.2mol/L）洗涤烧杯 5 次和漏斗 7 次，滤液够 300mL 即可；在 300mL 滤液中加入 2 滴甲基橙指示剂（呈黄色），搅拌，将滤液盖上表面皿在电热板上预加热（温度 160℃），加 10mL 浓盐酸（6mol/L），移至电热炉煮沸除尽二氧化碳。将煮沸的溶液移至电热板，用浓盐酸调至溶液为红色，再加 3mL 浓盐酸。趁热加入 0.5mol/L 氯化钡溶液 10～15mL，煮沸并保温 0.5h 后关电热板，待第二天过滤；开电热板（160℃）加热约 1h，用定量滤纸准备漏斗;用锥形瓶煮沸去离子水;样品溶液趁热过滤,用热去离子水清洗烧杯 5 次、漏斗内样品 15 次,共 20 次,洗涤至无氯离子为止;过滤完的样品连滤纸一同放入瓷坩埚内,在电炉上加热烘干;电炉调压至 200V,将滤纸烧尽,再将坩埚按顺序移至 800℃马弗炉中灼烧灰化 1h,取出冷却,用干净白纸包装后采用标准方法测试。

(范昌福)

189. 沉积物等低硫含量的全硫同位素测试方法

常规测定方法的样品用量约 100μg 硫。对于含硫量低的样品,需要采用化学方法进行富集纯化,费时费力。硫含量低的样品用量较大,样品燃烧后残留的灰分较多,易造成质谱测试中峰拖尾现象,因此需要频繁地清灰才能保证测试结果的精密度,而频繁地清灰又会严重影响测试效率。如何高效快捷地直接测定低硫含量的样品?

基于常规 EA-IRMS 在线连续流分析方法,通过在分流接口和元素分析仪之间增加一个可以先富集 SO_2 气体,再改变 He 气流流速和方向的富集纯化装置(图 4-10),待全部 SO_2 气体在冷阱富集后,通过六通阀切换后以 He 气流(流速 10mL/min)将冷阱中富集的 SO_2 气体经色谱柱(30cm 长,1/8in 外径)直接连接到 ConFlo 的 HF,不使用 pre-split。

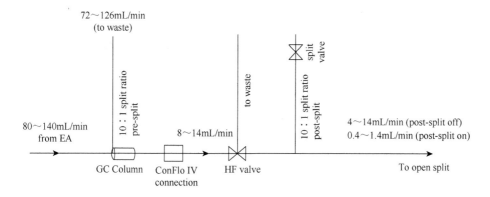

图 4-10　改变 He 气流流速和方向的富集纯化装置示意图

EA:元素分析仪;GC column:气相色谱柱;split ratio:分流比值;pre-split:预分流;to waste:废气排放;ConFlo IV connection:连接 ConFlo IV 外设;HF vlave:HF 阀门;post-split:后分流;post-split on:打开后分流;post split off:关闭后分流;split valve:分流阀门;To open split:开口分流

该方法仅需 10μg 硫,仅为常规分析方法的 1/10,大大地减小了样品的用量。

　　由于样品量的大幅度降低，反应管的寿命也将大幅度延长，灰分管的清灰频率降低，极大地提高了工作效率。

　　燃烧管后加冷阱，可以完全收集所有燃烧形成的 SO_2 气体，能消除样品不能瞬间完全燃烧造成的拖尾现象，即样品的分馏，从而保证数据结果的准确性。

　　图 4-11 为常规方法分析含 100μg 硫的硫酸盐样品获得的质谱图，可见容易造成峰的拖尾、本底值偏高，影响数据结果。

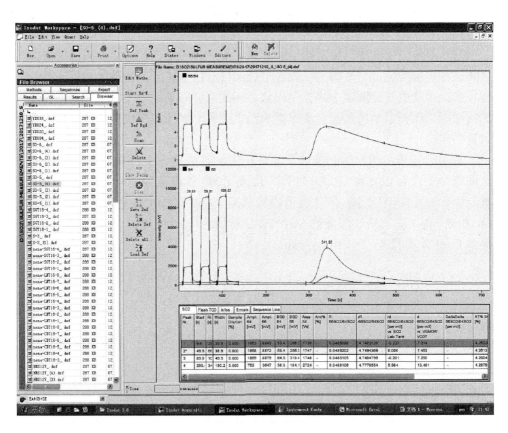

图 4-11　常规方法分析硫酸盐样品获得的质谱图

　　在采用改进的测试方法后，由于燃烧产生的 SO_2 全部被富集在冷阱中，冷阱加热后气态的 SO_2 能顺利通过色谱柱进入离子源，峰形对称，不会产生拖尾或本底值升高的现象，如图 4-12 质谱图所示。

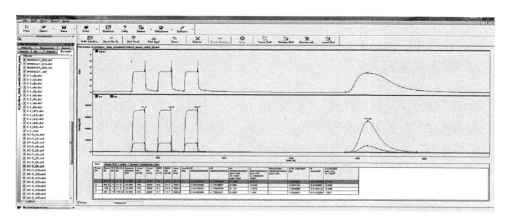

图 4-12 经加装改进的气流流速和方向的富集纯化装置后分析硫酸盐样品获得的质谱图

（范昌福）

190. Elementar 元素分析仪-同位素质谱测固体硫同位素时，打开参比气体盒，气压表显示压力增大且无法调小的原因?

二氧化硫气体具刺激性气味，易溶于水。在长期进行硫同位素测试后，排空口的二氧化硫与空气中的水分反应，生成腐蚀性酸。排空口易被腐蚀堵塞，参比气体盒内的气体无法排出，导致管路内压力增大。因此，常用的解决方法是截除一部分的排空管路，之后参比气体盒的压力表即可恢复正常。

（尹希杰）

191. 什么是 H_3 因子? 为什么要进行 H_3^+ 校正? 如何进行 H_3^+ 校正?

H_2 在离子源的电子轰击作用下产生 H_3^+，对相同 m/z 的 HD^+ 造成干扰。H_3 因子表示单位信号强度下 H_3^+ 与 H_2 浓度平方的比例，以 ppm/nA 为单位，用 K 表示，即 $K = [H_3^+]/[H_2]^2$。H_3 因子在数值上越小越好，测试结果一般都小于 8ppm/nA。由于 H_3^+ 对 HD^+ 的影响，D/H 测量值对 H_2 信号强度产生依赖性，因此必须进行 H_3^+ 校正。具体校正方法是，连续引入 6~8 次 H_2 参比气体，且 m/z 2 信号递增区间为 1~9V，进行 H_2 参比气体的线性测试，再通过计算 H_3 因子，完成 H_3^+ 校正。后序样品 D/H 同位素比值将依据最近一次计算的 H_3 因子，自动进行 H_3^+ 校正。

（孟宪菁）

192. 采用 Thermo EA-IRMS 如何分析液态水 δD 和 $\delta^{18}O$？日常分析时需要注意什么？

基于高温碳还原的原理，EA-IRMS 将液态水中 H 和 O 转化为气态的 H_2 和 CO，进行 δD 和 $\delta^{18}O$ 的高精度和准确测量。高温碳还原反应器采用"管中管"设计，即玻璃化碳管套在陶瓷管中，反应发生在玻璃化碳管内部。液态水在进样口汽化，由高纯 He 引入高温熔融的玻璃化碳管后，水汽分子被转化为 H_2 和 CO，再经等温气相色谱柱分离后进入 Thermo Delta V Advantage 质谱仪器中。在 1.6×10^{-6}mbar 高真空条件下，采用法拉第杯接收 H_2 气体电离后产生的 m/z 2 $[H_2]^+$ 和 m/z 3$[HD]^+$分子离子束，或 CO 气体电离后产生的 m/z 28 $[^{12}C^{16}O]^+$、m/z 29 $[^{13}C^{16}O]^+$和 m/z 30$[^{12}C^{18}O]^+$分子离子束，再由不同电阻值的放大器转化为电压信号，完成 δD 和 $\delta^{18}O$ 的检测。

日常分析时需要注意的事项如下。

（1）选择合适的进样隔垫，如 Restek Thermolite 隔垫，直径 11mm，货号为 27142。在进样约 300 次后，需更换 1 个新的隔垫，以确保进样口部位清洁及良好气密性，防止 H_2 和 CO 样品出峰漂移或延迟。

（2）必须对 0.5μL 进样针作维护与更换。在进样约 300 次后，取下进样针，使用乙醇或丙酮等挥发性有机溶剂进行清洗，以去除黏附于针内壁的有机残留物；在进样 1500 次后，应更换 1 根新的进样针。

（3）对反应管的维护。一套 HO 反应管通常能够进行 5000 次左右液态水 δD 和 $\delta^{18}O$ 的分析。期间，每分析 1000~2000 次需检查反应管内的玻璃碳粒，将烧成暗黑色的碳粒替换掉。如果考虑节省成本，可将已使用过的碳管和陶瓷管全部颠倒过来，还能继续使用一段时间。

（4）对色谱柱的维护。连续分析 3 个月后，需对色谱柱进行烘烤，通常 105℃ 烘烤 12h 或 145℃烘烤 3~6h，以烘除残留于柱内的挥发性杂质。

（5）消除记忆效应的问题。进样针、进样口、汽化腔、反应管、色谱柱以及管路系统内的样品残留都可能产生记忆效应。减弱或消除记忆效应的方法主要有：①及时清洗维护或更换进样针，定期超声清洗反应管中的金属插件；②进样量不宜过大，建议为 0.1μL；③进样时，针尖刺透隔垫后应在汽化腔内至少停留 5s，使样品充分汽化；④重复测定，剔除第一针或前两针数据；⑤按照先低 δ 值后高 δ 值的样品排序进行分析。

（6）有关时间漂移问题。在样品测试序列中，通常每隔 10~20 个样品（每个样品 3 次重复），应插入 1 个接近样品 δ 值的工作标样（QC），采用比例法或差减法进行实时追踪校准。需要注意的是，对于液态水 δD 分析，通常每隔 40~50 个样品，应进行 1 次 H_3^+ 校正，防止 H_2 线性逐渐变差而引起 δD 漂移。

（孟宪菁）

193. EA 高温裂解测试水中氢同位素时，对仪器信号值降低的解决方案

在进样量不变的情况下，如果质谱仪器的信号值降低，可能是反应管裂解效率降低，需要更换填料。在填充填料时，一定要注意填料在反应管内的尺寸，保证样品反应位置处在高温区。

（尹希杰）

194. EA 高温裂解管测水中氢同位素时，刚更换填料后测试数据不稳定，怎么办？

在 EA 高温裂解管更换填料后，升温至 1000℃ 以上，需稳定 24h 后再开始测定样品，这样才能稳定性较好。

（尹希杰）

195. 采用高温碳还原法分析液态水 δD 和 $\delta^{18}O$ 时，为什么会出现 H_2 和 CO 样品峰分离度差，以及 CO 样品峰漂移、延迟或拖尾等现象？

H_2 和 CO 样品峰分离度较差，很可能与色谱柱类型、柱温等有关；CO 样品峰漂移、延迟或拖尾问题可能与进样隔垫气密性、柱流速及老化程度有关。应选择货号为 26007900 Oxygen Column Flash 型的色谱柱，这样可以达到较好的分离效果；柱温越低，分离度越好，但峰宽较大，峰形较差。另外，应选择合适的进样隔垫，及时更换新隔垫，保证良好的气密性，也可以有效地防止出峰漂移或延迟。每隔 3～6 个月对色谱柱进行一次老化，通常 145℃ 烘烤 3～6h，以烘除残留于柱内的挥发性杂质，确保柱内流速正常，防止出峰延迟或拖尾现象。

（孟宪菁）

196. 采用高温碳还原法分析有机类样品 δD 和 $\delta^{18}O$ 时需要注意什么？

采用高温碳还原法分析有机类样品（如纤维素、蛋白粉、植物粉等固体，或蜂蜜、油、脂肪等黏稠液体）的 δD 和 $\delta^{18}O$ 时，需要注意以下几点：

（1）将样品研磨成均匀粉末后，称取一定质量（有机类样品一般为 100～200μg，约含 25μg H 或 50μg O）的样品，3.3mm×5mm 的小尺寸锡杯紧密包裹。

（2）应确保 EA-IRMS 进行 $\delta^{18}O$ 分析时系统的气密性。在样品稀释设为 0 的情况下，m/z 28 和 m/z 30 的本底值（BGD）均趋于稳定，且分别小于 300mV 和 400mV，说明该联机系统的气密性良好，这时才能进行样品的测试。

（3）在进样测定约 200 次后，需对反应管内石墨坩埚中累积的灰分进行清理，或更换 1 个新的石墨坩埚。

（4）应及时维护反应管，定期烘烤色谱柱。

（5）在分析含氮较高样品的 $\delta^{18}O$ 时，样品经高温裂解反应会产生 $^{14}N_2$ 和少量的 $[^{14}N^{16}O]^+$ 离子，它们会分别对 $[^{12}C^{16}O]^+$ 和 $[^{12}C^{18}O]^+$ 分子离子造成干扰。这时应降低色谱柱温度，将含氮气体的干扰峰与 CO 样品峰彻底分开，从而提高含氮较高样品 $\delta^{18}O$ 的测定精度和准确度。

（孟宪菁）

第三节　Thermo GasBench-IRMS 联用系统

导语："GasBench"全称为多用途在线气体制备系统，是赛默飞世尔科技有限公司推出的气体同位素质谱的专属外部设备，有时它也可以与微量气体预浓缩装置联机使用。该装置既可以用于气体样品中 N_2O、N_2、CO_2 的测定，也可以用于可溶性无机碳、可溶性有机氮的碳、氮同位素比值和水样品的氢、氧同位素比值的测定。该装置出现故障较多的部件是双线进样针、除水阱和八通阀。本节利用一些实例详细地介绍如何一步步地排查系统内的故障和如何彻底地解决问题。

197. Thermo GasBench-IRMS 联用仪器的工作原理

GasBench 是 Thermo 公司推出的一种与气体同位素比值质谱相连的外部设备，可以在线全自动制备顶空气体，并进行多种同位素比值的测量。例如，用酸解法测定碳酸盐的碳、氧同位素比值；水中溶解无机碳的碳同位素比值测定；用水平衡法测定水中氢、氧同位素比值；空气样品中 N_2 和 N_2O 的氮同位素比值测定等。GasBench 装置（图 4-13）的硬件组成有可编程的自动进样器、顶空气体采样瓶系统、免维护的除水系统（nafion）、配有定量环的多通阀（valco loop）系统、恒温气相色谱毛细管柱（GC PoraPlot Q）、活动开口分流接口（open split）和参比气体进样系统。

使用 GasBench 与同位素质谱联用仪，以酸解法测定碳酸盐碳氧同位素为例，用氦气对装有碳酸盐的样品管进行吹扫后，在可加热样品盘中加入无水磷酸（72℃条件下，加快反应速度，提高效率；尽可能使全部碳酸盐被完全酸解，保证数据

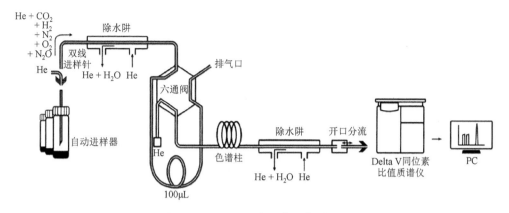

图 4-13　GasBench 装置的工作原理图

结果）进行反应，用 nafion 阱去水，用 PoraPlot Q 色谱柱分离 CO_2 与杂质气体（质量数与 CO_2 完全相同的 N_2O 气体和挥发性有机物等），使二者先后进入离子源以避免杂质干扰，实现 CO_2 气体的碳、氧同位素测定。

（曹亚澄　范昌福）

198. Thermo GasBench 检漏原理及流程

对于 GasBench 来说，样品从样品瓶到质谱经过的所有管路和接头都有可能存在漏点，而且 GasBench 在测定样品时多数情况下还需要预先给样品瓶充气，所以与充气相关的管路也可能发生泄漏问题。以图 4-13 为例，样瓶的瓶盖，除水阱的两端，八通阀的各个接头，色谱柱的两端（进气和出气口），开口分流的管子本身，这些地方都有泄漏的可能。

（1）样品瓶的检漏。GasBench 上标配的厂家生产的 Labco 样品瓶和瓶盖都不会有问题，瓶盖可以重复使用（可以扎 10 次）。现在国内也可以买到国产的配套 Labco 样品瓶的瓶盖。建议经常性地检测样品瓶的空白（检漏），采用这一步可以检查出充气步骤是否有问题。厂家给出的充气时间对应的流速是 120～150mL/min，随着测定样品的使用，由于瓶盖碎屑等原因会导致充气流速的下降，当流速低到一定程度时样品瓶的空白就会变大。

目前有很多实验室用 GasBench 加上改装的样品盘测定大体积样品，如 20mL 或者 45mL 的样品瓶。这类样品瓶大多数是铝扣盖的顶空样品瓶，带硅橡胶垫的盖子就存在气体泄漏的问题，建议经常检查样品瓶的空白。

（2）除水阱的检漏。GasBench 里面有两根 nafion 材料的除水阱，两端都是与石英毛细管相连接，阱 1 连接进样针和八通阀，阱 2 连接色谱柱出口和样品的开口分流。检漏时只需在接头处喷 Ar 检查即可。需要注意的是，应配合八通阀的

"Load"和"Injection"状态来查看 m/z 40 Ar 的信号值。但除水阱出现最多的问题是失效或者有堵塞。

（3）八通阀的检漏。八通阀有"Load"和"Injection"两个状态，喷 Ar 时需注意在这两种状态下各接头的连接情况。例如，在"Load"状态下，2、3、6 和 7 号位置是相连通的。请同时参考后面八通阀部分以定位具体问题。

（4）色谱柱的检漏。色谱柱有 6 个接头需要进行检查，色谱柱箱的里、外各有两个接头，以及色谱柱与预柱之间的 press fit 有两个接头。检漏时只需在接头处喷 Ar 检查即可。需要注意的是，柱前和柱后如果有漏点，在喷 Ar 后其出峰时间不同。

对于新安装的色谱柱，建议在第一次老化烘烤之后做一次检漏。因为有少数的 press fit 接头会在第一次烘烤后裂开而造成气体泄漏，作者已多次遇到这样的状况。

（5）开口分流管子的检漏。样品的开口分流管子是根垂直的石英玻璃管，与阱 2 的石英毛细管相连接，属于 press fit 连接方式，在多次更换除水阱及相连接的石英毛细管后，或者石英毛细管老化后都可能导致气体的泄漏。检漏时只需在接头处喷 Ar 检查即可。

（曲冬梅）

199. Thermo GasBench 的日常维护与保养

（1）以八通阀为节点，在"Load"和"Injection"状态下，往前或往后检查 He 的流速，根据流速情况诊断问题的来源。

（2）测样前使用流量计检查进样针和充气针的流速是否正常。

（3）周期地烘烤色谱柱，如经常连续测定样品，最好每月烘烤一次。

（4）周期地更换两根除水阱的 nafion 管以及与之相连接的石英毛细管。以年测样 250 天为例，每年需更换一次。

（5）周期地更换与针阀连接的两根石英毛细管（0.05mm 和 0.10mm），以年测样 250 天为例，每两年应更换一次。

（范昌福　曲冬梅）

200. 在 Thermo GasBench 装置上，有哪些流量需要经常检查？

在 GasBench 装置上，需要经常检查气体流量的地方：充气针毛细管出口流速是 120～150mL/min；色谱柱出口流速为 1.5～2.5mL/min；水阱 1 的 He 出口流速是 8～12mL/min。由于样品瓶的垫子会掉碎屑，水或酸有时会进到针尖部分甚至进样针的毛细管中，所以最好养成习惯，即每次样品测定前测量一下充气针和测样针的流速。

GasBench 装置出现故障时需要检查的地方：八通阀的 vent 口的流速，正常时应为 1.3mL/min（Load）和 3.3mL/min（Injection）；色谱柱出口的流速为 1.7mL/min；八通阀与 loop 连接的进气 He 流速应为 1.5mL/min。

（曲冬梅）

201. Thermo GasBench 可以测定哪些样品的什么同位素？

（1）气体样品：多为顶空采样，如空气样品、水中溶解氧、冰芯气泡中的氧气、氮气；厌氧氨氧化产生的 N_2 和 ^{15}N 示踪试验的 N_2 气体样品；与 PreCon 相连还可以测定例如空气中的 CH_4 和 N_2O 等温室气体样品；加装反硝化包（主要有两个冷阱）联用经富集后，测定由化学法或反硝化细菌法制备的 N_2O 气体；在进一步加装裂解炉和额外的色谱柱箱后，测定 N_2O 裂解形成的 N_2 和 O_2 中的氮、氧同位素比值。

（2）液体样品：水平衡法产生的 CO_2 和 H_2 样品中的碳、氢、氧同位素比值，以及可溶性无机碳（DIC）与磷酸产生的 CO_2 气体样品中的碳同位素比值。

（3）固体样品：例如碳酸盐的碳、氧同位素样品。

（曲冬梅）

202. GC-PAL 自动进样盘如何定制和调节？

在气体样品同位素比值的测试中，常会涉及不同体积的气体顶空瓶，目前常见的气体顶空瓶体积有 12mL、20mL、50mL 和 120mL 等，而随同质谱仪器配备的 PAL 进样盘一般都为 12mL。可以向仪器公司直接定制相应规格的进样盘，但价格较为昂贵，也可自行定制进样盘。以 20mL 规格的瓶子为例，准确测量瓶子的高度、口径和瓶子的直径后，根据原装进样盘的大小和孔位数，规划新样品盘上的孔位位置，准确加工后即可使用。初次使用新样品盘，需调节 PAL 上 x、y、z 轴的高度以校正孔位。在 PAL 菜单里点击"menu"，依次选择"set up""objects""tray holders"，即可进行调节。一般先调节 z 轴的位置，保证进样针的针托压在样品盖上，z 轴过高或过深，PAL 都会报警。调节完毕后，还需进一步确认进样盘上的每一个孔位是否都能准确识别。依次点击"menu""utilities""tray"，选择相应的孔位后，可自动检查样品盘上的左上、右上和右下三个位置。如有偏差，可再次重复上述步骤，调节 x、y、z 轴，直到进样针能准确进入盘上的所有孔位。

（温　腾）

203. GC-PAL 自动进样装置更换自动进样盘时，如何安装不同的进样盘?

在 PAL 菜单里选择"menu"，滑到"set up"，点击"F3"，选择"OK"，转到"objects"，选择"tray types"，新建一个新盘型的方法。量出 x 和 y 轴的距离（第一个孔至最后一个孔的中心距离），在新建方法的菜单中输入所需要的 $a \times b$ 的盘型。

（尹希杰）

204. GC-PAL 自动进样装置的自动进样针位置怎么调整?

对自动进样针位置的调整办法如下:
（1）先将自动进样针的深度调为零，在 PAL 菜单里，选择"menu"，转到"utilities"，点击"OK"，再选择"tray"和相应的方法后，点击"OK"，找到"needle penter"，将之调为零。
（2）在第（1）步之后选择"menu"，滑到"set up"，点击"F3"，选择"OK"，转到"objects"，再选择"trays"，调节位置即可。

（尹希杰）

205. GC-PAL 自动进样器报警"object tray collision before toleration"的解决办法

自动进样器出现这类报错，通常是进样器的 z 轴位置不对。常见的原因有两种，一是进样盘的孔位盘不平，造成部分孔位上 z 轴识别出错。一般自行加工的进样盘容易出现这类问题，调整孔位盘螺丝，保证孔位盘呈水平状，还可进一步微调 z 轴高度;二是进样针架的皮筋长期使用失去弹性，PAL 自动进样器上有前后两根皮筋，将皮筋的下端打结即可解决（Thermo GasBench 上配备的进样器的前壁不易拆下，可关闭电源，待进样针架自然落下，可看到后壁皮筋的最下端），如果仍然继续报错，请更换新的皮筋，建议选用 PAL 的原装皮筋。

（温　腾）

206. 双线进样针的结构与堵针现象，以及解决方案

双线进样针的内部结构见图 4-14。

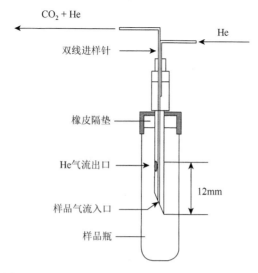

CO₂ + He

He

双线进样针

橡皮隔垫

He气流出口

样品气流入口

12mm

样品瓶

图 4-14 Thermo GasBench 双线进样针内部结构图

双线进样针由 3 部分组成：侧壁开孔的不锈钢针头、石英毛细管（外径 0.32mm）和 1/32in 不锈钢管。其中易损件是针头和石英毛细管。自动进样器走位偏差或操作失误会造成针头弯曲或折断，这时石英毛细管也会损坏。

根据双线进样针的内部结构和工作原理可以看出,双线进样针堵塞指的是石英毛细管被 Labco 样品瓶垫的残渣或者瓶垫上的磷酸酸液堵住。因此，为了避免针被堵需要注意以下几个方面：一是避免被 Labco 样品瓶垫残渣堵塞；二是在测试的过程中不让进样针扎到加酸的位置，避免残留在 Labco 样品瓶垫内侧的磷酸酸液被氦气流携带进入石英毛细管；三是测液体样品时，避免液体在瓶垫内侧凝结。

（1）关于 Labco 样品瓶问题，12mL 的 Labco 样品瓶垫，一次测样过程中先后被 flush 针、加酸针和测试针扎 3 次，一般在测定碳酸盐样品时可以重复使用两次。如果多次重复使用，一是会造成双线进样针的堵塞，二是容易导致漏气，得不偿失。

（2）在样品加磷酸酸化反应结束后，便开始准备测试。此时一定要根据加酸孔的位置调整样品瓶的摆放方向。加酸的孔（丁基橡胶塞表面有少量酸的残留痕迹）尽可能避开样品分析时的进样针的位置。样品瓶放置后，务必逐一检查转动样品瓶的方向，确保样品分析时双线进样针的针孔位置避开加酸针孔位置。

（3）测量液体样品时，务必关闭可加热样品盘的加热，保证样品盘的温度与室温相同，避免水汽在瓶垫内侧凝结。

注意了以上 3 点后，就能极大地降低双线进样针的堵针频率，提高双线进样针的使用寿命，并提高测试效率。但双线进样针属于易损件，平时还需维护。通常情况下，每次做下一个 sequence 前或前一个 sequence 结束后，都应将石英毛细管接到 GasBench 面板的 flush 口，打开 flush 反吹 10min，让酸液和丁基橡胶碎渣从石英毛细管吹出，避免严重堵塞。

当双线进样针的石英毛细管被完全堵塞或石英毛细管老化后，还可以通过更换石英毛细管的方式修复双线进样针。图 4-15 为 GasBench 双线进样针正常时获得的同位素质谱图。

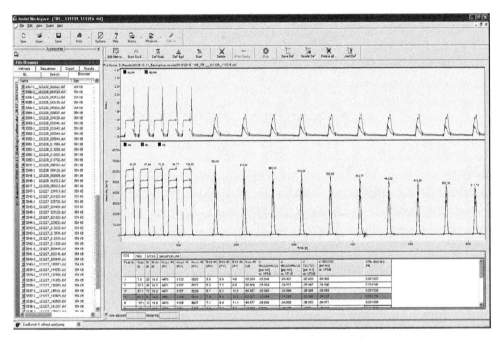

图 4-15　Thermo GasBench 双线进样针正常时获得的同位素质谱图

在样品测定过程中，当磷酸或丁基橡胶碎屑进入双线进样针时就会出现图 4-16 的信号谱图，此时将石英毛细管接到 flush 端口进行反吹就可解决问题。

若双线进样针处于半堵塞状态时，就会出现图 4-17 和 4-18 的样品测定谱图。这时需要及时清除针口的碎屑，再将石英毛细管接到 flush 端口处进行反吹；或当发现双线进样针被灰垫残渣堵住而出现了问题时（图 4-19），则需要用细针头清除入口处的残渣，然后再把石英毛细管接到 flush 端口处进行反吹，方可恢复正常。

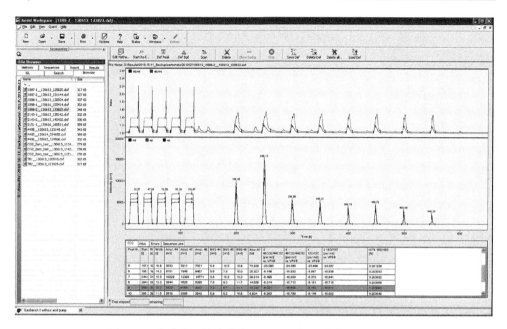

图 4-16　磷酸或丁基橡胶碎屑进入双线进样针的信号谱图

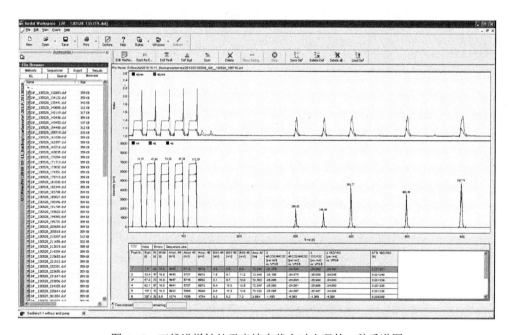

图 4-17　双线进样针处于半堵塞状态时出现的一种质谱图

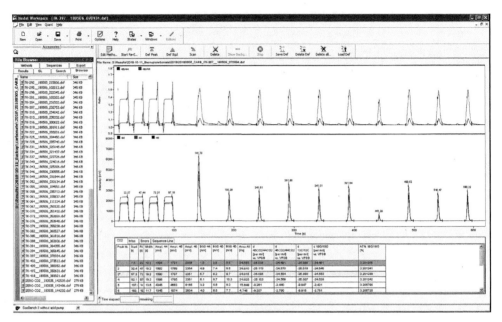

图 4-18　双线进样针处于半堵塞状态时出现的另一种质谱图

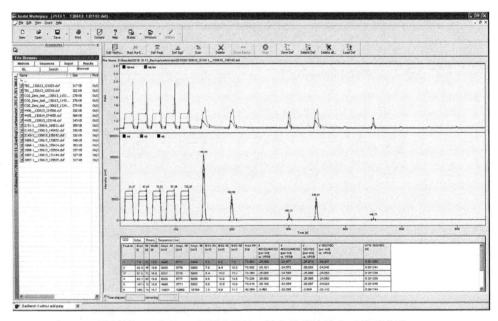

图 4-19　GasBench 双线进样针口被灰垫残渣堵住后的质谱图

　　若发现质谱信号强度逐渐增高（图 4-20），说明双线进样针的石英毛细管仍处于半堵塞状态或石英毛细管与针头脱胶，需要及时排除或修复，最终才能得到如图 4-21 所示的标准的同位素质谱图。

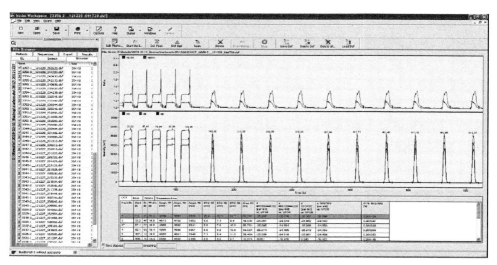

图 4-20 信号强度逐渐增高，但双线进样针的石英毛细管处于半堵塞状态的质谱图

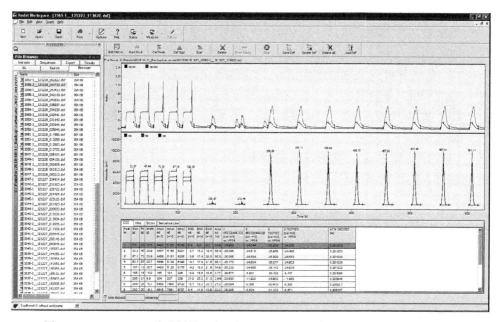

图 4-21 GasBench 双线进样针口在用细针头清除入口处的残渣后，并进行反吹后
恢复正常状态的质谱图

（范昌福）

207. Thermo GasBench 双线进样针常见问题及使用时的注意事项

GasBench 的进样针上有两根进样针：一支用于充气，叫"充气针"；一支用

于样品的测定，叫"测样针"。最常出现的问题是"堵针"。瓶盖上的碎屑、水（水平衡法测定时）或者酸（碳酸盐测定时）会从针的侧孔进入而堵住气路。如果充气针堵塞了，那么在同样的时间就会充气不够（没有完全堵住）或者 He 完全充不进去，这样可能会造成同位素质谱仪器的本底值升高。这时可用测定一个充气的空瓶来检查（即充气的 Blank）。测样针堵塞，样品的质谱图会出现异常，如不出峰或者峰高变小。而测样针被堵住，包括针尖部分和毛细管部分，例如水平衡测样有时会见到石英毛细管里有断续的水滴，同时谱图也会异常。因此需经常使用流量计检查进样针上两根针的流速，以判断是否正常。对于进行大量样品测定的实验室，建议在进样针上加装一个三通阀，每次进样后可对测样针管路进行反吹。

（曲冬梅）

208. 如何清理半堵塞状态的 Thermo GasBench 双线进样针?

自动进样器针堵塞以后，应该如何打通呢？建议做以下的操作：

（1）准备一个干净的 Labco 瓶，装入适量甲醇溶液。

（2）将进样针的毛细管连接 He，针头插入甲醇溶液中，根据气泡的大小来判断堵塞的程度。进样针的另一端也可用同样的方法来判断是否堵塞。

（3）另取一个干净的 Labco 瓶，加入适量超纯水，用中空盖和橡胶垫密封。将针插入密封的 Labco 瓶中。将进样针未堵塞的一端连接 He 钢瓶。

（4）打开 He 气瓶，将分压阀旋转至 0.2MPa。由于压力的作用，管路中杂质就会由进入的超纯水带出，与超纯水一同从采样针口呈喷射状射出，注意时间不宜过久。

（5）同样利用装有甲醇的 Labco 瓶，用上述方法再次冲洗一下进样针的管路（甲醇易挥发）。

（6）经过上述步骤冲洗管路后，可能会有少量超纯水或者甲醇残留，此时将针插入一个干净密封的 Labco 瓶，再用 He 将整个管路进行吹干即可。

（尹希杰）

209. 充气不彻底，加酸或加热反应平衡过程中的漏气现象

当充气不彻底，或加酸过程中针头选择不正确，或由于瓶垫老化在加热过程中有微弱的漏入空气时，在谱图上就会出现小的 N_2O 峰，N_2O 峰比 CO_2 出峰时间早（图 4-22）。两个峰的出峰时间由色谱柱的长度、气流和温度决定，一般来讲，色谱柱越长分离效果越好。

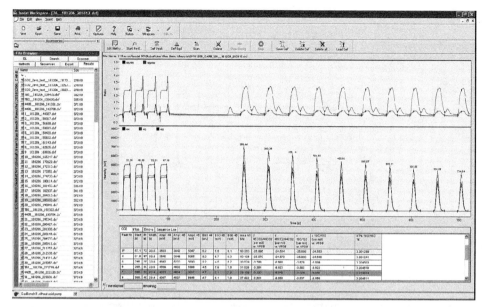

图4-22　碳酸盐样品充气不彻底，或加酸过程、热反应平衡过程中有微量的空气漏入

在图4-23中出现了第二组的 N_2O 与第一组 CO_2 峰的叠加。此时应适当降低色谱柱温度或降低载气流速，或者在方法的"time events"里延长"transfer time"（一般设定为30s，可延长至35s），延缓第二个 N_2O 峰的出峰时间，就可达到较好的效果，如图4-24和图4-25所示。

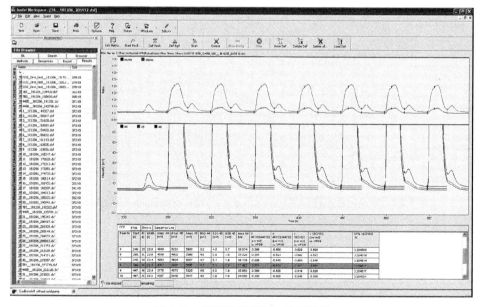

图4-23　两组质谱峰叠加的质谱图

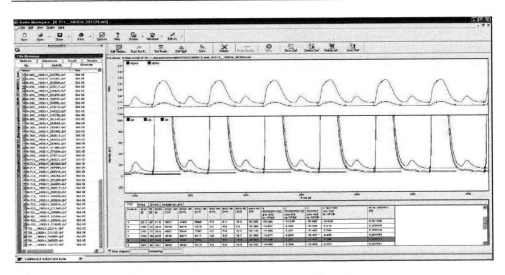

图 4-24　经调整色谱柱温度和载气流速后，两组质谱峰已分开的图谱

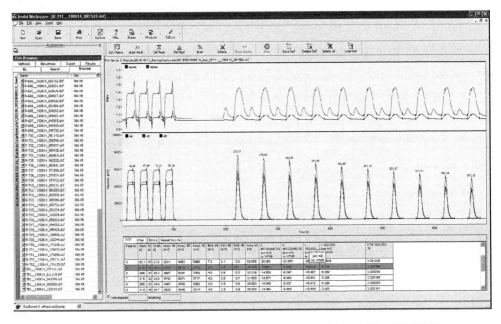

图 4-25　经调整色谱柱温度和载气流速，且延长出峰时间后的正常质谱图

（范昌福）

210. 如何选择适合进行手动加酸的注射器针头？

充气后的 Labco 样品瓶，可以采用酸泵和自动进样器进行自动加酸，也可以采用注射器手动进行加酸。手动加酸的效率高、速度快，但加酸时需要选择合适的注射器针头（图 4-26）。细针头对 Labco 样品瓶灰色橡胶垫的创口小，不容易漏气。由于 100%无水磷酸非常黏稠，不能顺畅通过细针头，注射器的阻力很大，加酸非常困难。磷酸能顺畅通过粗针头，但粗针头对 Labco 样品瓶灰色橡胶垫的创口较大，容易造成漏气（图 4-27）。根据实践经验，4.5#（直径 0.45mm）针头是较合适的，加酸时不容易造成 Labco 样品瓶漏气，同时加酸也相对容易（图 4-28）。

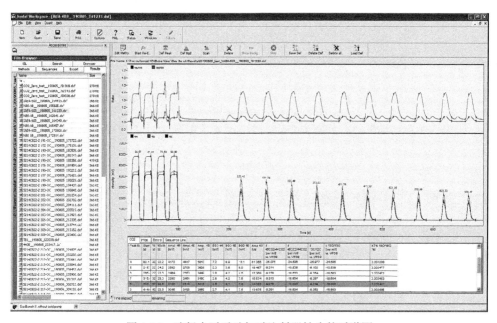

图 4-26　选择合适手动加酸注射器针头的质谱图

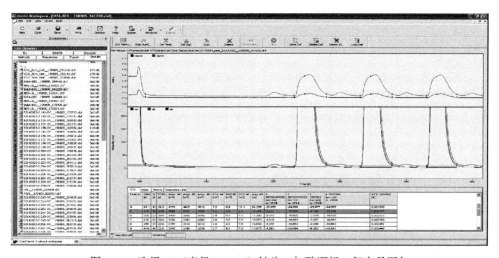

图 4-27　选择 6#（直径 0.6mm）针头，加酸顺畅，但容易漏气

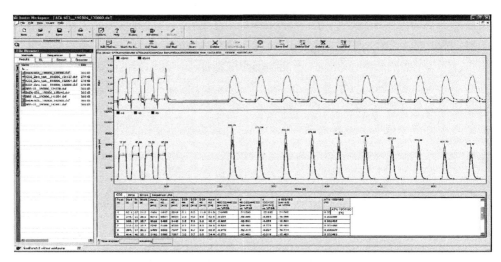

图 4-28　选择 4.5#（直径 0.45mm）针头，加酸不难，且加酸过程中不漏气

（范昌福）

211. 安装 GasBench 双线进样针毛细管的注意事项

在安装 GasBench 双线进样针毛细管时，应特别注意进样针的毛细管与GasBench 的连接。此处采用石墨垫与毛细管相连接，气体流速在 0.5mL/min 左右。连接时，其松紧程度应适宜，可先采用手旋，紧固后采用扳手再旋 1/4 圈，即 90°，轻拔毛细管无法拔出即可。如过松，可能导致漏气；如过紧，则会导致流速过低、样品出峰时间延迟、样品信号变小等现象发生。

（王　曦）

212. 没有完全打开针阀时的质谱谱图

图 4-29 为没有完全打开针阀时参比气体的 on/off 谱图。在刚打开针阀时，由于真空较差，针阀仅拧开一点，需要停留一段时间等真空恢复后再完全打开针阀。如果忘记完全打开针阀便打开离子源开始测样时，就会出现上述问题。

（范昌福）

213. GasBench 除水阱什么时候应该更换，如何判断？如何更换？

Thermo GasBench 的 CO_2 本底值应该仅有几毫伏。当除水阱被污染后，本底会显著升高（图 4-30）。在经烘烤色谱柱或 GasBench 待机吹扫后略有改善，但很快又会显著异常，此时需要考虑更换除水阱。

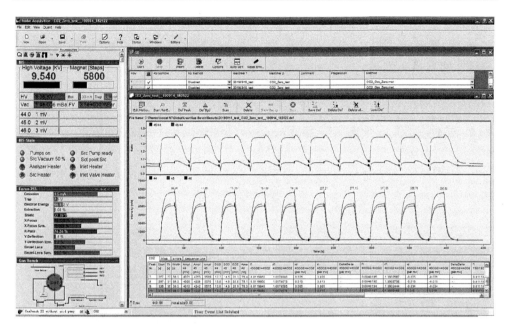

图 4-29　没有完全打开针阀时参比气体的 on/off 谱图

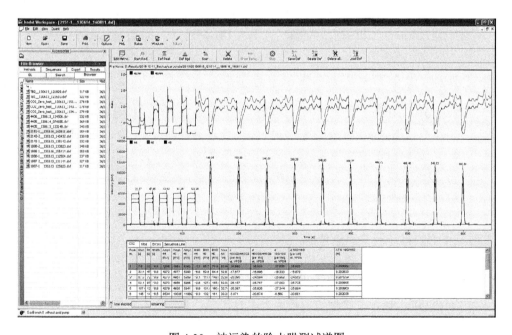

图 4-30　被污染的除水阱测试谱图

用 1mL 注射器及针头吸取甲醇试剂，推出一小滴在针头，用 nafion 管蘸取后迅速将 0.32mm 的石英毛细管插入。千万不能用 nafion 管直接在存放甲醇的容器中蘸取，否则会蘸上过多的甲醇。由于需要用手轻捏住 nafion 管与石英毛细管相连接，如果蘸上过多的甲醇会使甲醇的 nafion 管粘连在一起，导致气体无法通过，使除水阱更换失败。

（范昌福）

214. 如何拆卸、清洗和安装 Thermo GasBench 上的八通阀？

图 4-31 为 Thermo GasBench 上八通阀的结构图，八通阀顶部的组成如图 4-32 所示。

图 4-31　Thermo GasBench 上八通阀　　　图 4-32　Thermo GasBench 上八通阀
　　　　　的结构图　　　　　　　　　　　　　　　的顶部组成

引自 Thermo GasBenchII operationg manual

Thermo GasBench 装置上的八通阀出现故障后就会导致样品峰降低甚至不出峰。八通阀是气体样品进入的关键部分，每一个样品峰对应着"Load"和"Injection"各一次。八通阀出现的故障包括阀芯或者阀体有脏，或者是阀芯被划伤有漏。造成故障的原因主要是气体或顶空气体样品较脏或者有酸的结晶。

（1）对八通阀的检查

①什么时候需要检查阀芯？主要是在考虑阀芯是否被划伤或者有脏的时候。这时是不需要拆卸阀头和阀体的。

②如何取出和检查阀芯？用手直接拧开八通阀阀头最上面的大螺帽，就能观看到阀芯，这时仅需要一个小磁铁就可将阀头吸出来；如果吸不动，就让阀头"Load/Injection"转换一下即可。当阀芯上有明显的划痕时，说明阀芯有漏，只能更换新的；如果阀芯仅是有脏，可以用超声清洗后再重新装回。

特别需要注意的是，在八通阀的大螺帽上有个内六角形的螺钉。很多人在第一次拆卸八通阀时，在不清楚的情况下认为要松开这里，记住千万不要拧这里。新的八通阀在这个内六角螺钉的边上会有个黄色的标记，这个内六角螺钉实际上是用来调整对其下面阀芯的压力大小的，在 GasBench 的使用中完全不需要调整这个，所以千万不要动它。另外，切忌在装回大螺帽时拧得过紧。

③什么时候需要拆卸八通阀？当需要清洗阀头时，或阀孔中的石墨垫取不出来时。

（2）拆卸八通阀阀头的方法

①八通阀阀头上共有 8 个管路接头，每个接头下面都有编号刻在八通阀侧面。用扳手逐个将螺丝和气路管拆下，此时一定要记住每根气路管在八通阀上的接口位置和对应的编号（最好对应说明书进行确认）；八通阀有两根不锈钢毛细管，其作用为气路排空，需保证其通畅。由于两根不锈钢毛细管暴露在外，在使用时应小心其不要被弯折或被杂质堵塞。可通过将毛细管出口端浸入装有无水乙醇的 2mL 样品瓶，观察出气情况或用流量计来检查毛细管的通畅情况。

②取出阀芯。无论是要清洗阀头还是取出石墨垫，都需要先取出阀芯之后再卸下阀头。八通阀阀头一般是通过两个内六角螺丝固定在阀体上的，拧松这两个内六角螺丝就可以将阀头取下。

③去掉阀芯的阀头里面是很光滑的"镜面"金属，可以先观察、查找一下是否有脏的东西，然后进行清洗或疏通。

（3）清洗和疏通八通阀阀头的方法

①将拆下来的阀头对着光线观察一下，看每个孔是否通畅。如果有粉末等东西可以用合适的细钢丝疏通。

②可以将八通阀阀头用超纯水超声清洗，然后再用甲醇超声清洗，用气枪吹干。有时即使看着挺光亮的阀头，在超声清洗之后也会得到一定的改善。

（4）重新安装八通阀的方法

①将清洗干净后的阀头放回阀体上，必须注意八通阀的方向应与原来的一致，然后将那两个内六角的螺钉装回拧紧。与拆卸时方法一样，但步骤则相反。

②然后将阀芯装回，再将固定阀芯的大螺帽装回拧紧。

③逐一连通 8 个接头，需按照说明书中的"Load"或"Injection"状态依次、分别地检查确定各接头是通气的且流速是对的。应注意的是，连接石英毛细管和不锈钢管的石墨垫规格和孔径都不相同，必须选择合适的石墨垫圈密封，避免漏气。特别需要说明的是，8 号位置是一根很细的石英毛细管，它是可以穿过阀头上的孔直达阀芯的，安装时要准确定位伸出石墨垫的长度，否则会把阀芯划伤而造成泄漏。

④八通阀安装好后一定要进行检漏，并检测各出口处的流速。一切都正常后方可使用。

（曲冬梅　王　曦　尹希杰）

215. 如何判断 Thermo GasBench 装置上色谱柱的故障？如何维护和更换色谱柱？

　　在 Thermo GasBench 装置上，通常使用的色谱柱有两种：一是 ParaPlot Q 柱，是多孔层涂覆的色谱柱。因为填料颗粒是多层涂覆的，如果流量突然增大会吹走填料颗粒，因此在柱后用 Press-fit 接头接了一小段空的毛细管作为后置色谱柱（Post Column）。二是 5A Molsieve 柱，这个填料颗粒之间不是很紧密，因此也需要 Post Column。如果购买的柱子不带预柱，建议用户自己接一段空毛细管作为 Post Column。

　　如果经常进行样品的测定，应主动并周期地对色谱柱进行加热烘烤，烘烤的间隔周期长短视样品情况而定。对于 ParaPlot Q 柱，在 140℃时过夜烘烤即可。对于 5A Molsieve 柱建议在 200℃持续烘烤 1～2 个整天。如果仪器处于刚开机状态，则应在通入 He 1h 后方可进行烘烤。需要注意的是，在给 GasBench 通入 He 时，流量的调节需要缓慢进行，以保护色谱柱填料。

　　色谱柱的常见故障包括漏气（柱子入口处或者 Press-fit 接头的两端）和柱失效。尤其是新的色谱柱可能会由于运输导致 Press-fit 接头不紧实而出现漏气。在可能的漏点处喷 Ar，即可检查是否有漏气。如果确定没有漏气，且经多次烘烤后样品测定的结果仍是不理想，则需要更换一下色谱柱以便确认故障原因（可能是色谱柱失效）。

　　需要注意的是，在对接 Press-fit 接头时，要注意力度。虽然对接成功且检查无漏气，但经过烘烤后偶尔会出现接头碎裂情况。因此建议更换色谱柱后，或在烘烤色谱柱后都要进行检漏。

（曲冬梅）

216. 毛细管色谱柱的烘烤、更换和维护

　　色谱柱有一定的使用寿命，长时间使用后，柱效下降，即使多次烘烤，其分离效率也不佳，这时就需要更换新的色谱柱。首先，需要拆除旧色谱柱，去除外部面板后，即可看到位于柱箱内的色谱柱，用扳手卸除色谱柱出口和入口端的螺丝。取出新的色谱柱，将其两端用陶瓷刀片切平，小心调整两端毛细管的长度，注意不要用力拉扯，使之全部进入柱箱内，注意区分色谱柱的入口和出口，用扳手上紧，松紧程度应适宜，否则可能造成样品信号延迟，信号值变小或不出峰。一般以手旋紧后，扳手再旋 90°后，轻拔毛细管无法拔出即可。

　　更换完毕后需要用高纯 Ar 检漏，重点检查出口和入口部位，对于带有预柱的

色谱柱，中间通常用 Press-fit 快接头连接，容易漏气，也需重点检查。如果出口端漏气，其信号出峰时间一般为 20s，如果是进口端或中间 Press-fit 段漏气，出峰时间一般为 2～3min。对于中间 Press-fit 段漏气，可将毛细管拔出，重新插入，具体操作见"232. 石英毛细管断裂如何快速解决"。

（温　腾）

217. Thermo GasBench 样品瓶的空白信号值越来越大的原因是什么？

在使用 GasBench 系统测定水平衡样品、碳酸盐样品或是厌氧氨氧化样品时，样品测定前需要对密封的样品瓶充入高纯 He，以将样品上部的空气（装样时带入的）吹走。水平衡法是在给样品瓶装好水样后充入 $0.3\%CO_2$，平衡 12～18h 后测定；碳酸盐样品是在装入样品、充入高纯 He 再滴加磷酸反应后测定；厌氧氨氧化样品是在装入样品前，先对密封的样品瓶充入高纯 He 后再将培养好的液体样品从瓶盖的橡胶垫处注入，然后测定顶空气中的 N_2。

对于所有的充气步骤均应该先检查充气后样品瓶的空白值，即测定充气后瓶中的目标气体（即"样品"气）的信号值（以 mV 计），空白的结果应该低于一定值且长期稳定。水平衡法中的样品瓶空白值是指充入 $0.3\%CO_2$ 的空瓶中的 CO_2 的信号（应低于 20mV）；碳酸盐样品测定中的样品瓶空白值是指充入高纯 He 后的空瓶中的 CO_2 的信号（应低于 20mV）；厌氧氨氧化样品测定中的样品瓶空白值是指充入高纯 He 后的空瓶中的 N_2 的信号（应低于 150mV）。样品瓶空白信号的大小与充入气体的纯度和充气时间、充气流量有关，因此不是一个固定值，此处只是列出作者测出的信号值。另外在建立方法时对空白值的控制也需要考虑样品的信号大小，即如果样品的信号值大于空白值 100 倍以上，空白值可以稍高一些。例如，对于 N_2 样品的测定，由于空气中 N_2 含量非常之高，因此样品瓶的空白值很难达到很低的状态，作者在给样品瓶充气 15min 后测得的 N_2 空白值是 100～150mV。

作者在测定厌氧氨氧化样品时曾遇到样品瓶的空白值达到 50V 以上的问题。当样品瓶的空白值变高时，首先应该检查的是充气针是否有堵住，用流量计测得充气针出口流速，流速过低则说明有堵。如果充气针的流速是正常的（120～150mL/min），很有可能是控制充气阀开关的电磁阀或气动阀（图 4-33）出了故障。

图 4-33　易出故障的 SMC 气动阀

（曲冬梅）

218. Thermo GasBench 加冷阱预浓缩装置测微量气体 N_2O 时，He 吹扫流速多少合适？吹扫时间多久合适？

在采用 Thermo GasBench 加冷阱预浓缩装置测定 N_2O 时，一般吹扫气流速设置为 25～35mL/min，吹扫时间根据样品瓶体积的大小而确定，例如，12mL 的 Labco 样品瓶，吹扫 5min，捕集效率 90%以上。在 Injection 模式下，吹扫样品流速为 2～3mL/min。

（尹希杰）

219. 有关 ^{17}O 的测量问题

氧元素有 ^{16}O、^{17}O 和 ^{18}O 3 个同位素。在 ^{17}O 的测量时，需要将 O_2 分子导入质谱后测量 m/z 32、m/z 33 和 m/z 34 方可得到准确的 ^{17}O 值，也就是说首先需要把测量的样品转化为 O_2 后才能得到 ^{17}O 的准确丰度。对不同的样品所采用的转化方法是不一样的。

（1）对 H_2O 和碳酸盐样品。H_2O 样品中可以加入 CoF_3 反应生成 O_2，O_2 纯化富集后用双路进样系统进行长时间高精度的测量，需注入的水样量约 2μL，测量总时间大约 30min，测量的内精度可以优于 0.006‰，这个方法的缺点是记忆效应严重。另外一种可行的质谱测量方法为平衡交换法，先是 H_2O 和微量的 CO_2 气体在室温下进行平衡，然后提取纯化 CO_2 气体，最后 CO_2 和 O_2（CO_2：O_2 在 600 以上）在 350℃下经 Pt 催化平衡后收集纯化的 CO_2 和 O_2 后，用双路进样系统进行准确测量。平衡法同样适用于碳酸盐中 ^{17}O 的高精度测量。

（2）气溶胶中的硝酸根或硫酸盐里的 ^{17}O 的测定。一般用催化裂解在线纯化连续流方法进行测量。由于大气 O_3 的作用，^{17}O 具有比较大的非质量分馏，测试精度在 0.2‰就可以满足要求。对硝酸盐的样品需要用反硝化细菌法转化为 N_2O，纯化后的 N_2O 在 800℃下经 Pt 催化分解得到 N_2 和 O_2，然后经过 5A 分子筛的毛细管柱后进入质谱，分别测量 ^{15}N、^{17}O 和 ^{18}O。对含硫酸根的样品，首先需要用离子色谱进行纯化，转化成硫酸盐，干燥后，在 1000℃左右用银催化裂解，其产物有一部分是 O_2，O_2 纯化后经 5A 分子筛的色谱柱分离后进行质谱测量，由于 O_2 不是唯一裂解产物，因此需要裂解温度保持恒定。

（田有荣）

220. 如何用 CO_2 平衡法准确测量高碱性水中氧同位素组分？

水平衡法是常用于测量水中氧同位素的质谱方法，其原理是在一定的温度下，水中的氧和 CO_2 中的氧在经过一定时间的交换后达到平衡，由于水的量是 CO_2 量的数百倍，因此平衡后 CO_2 中的氧同位素就代表了水中的氧同位素组分。在日常氧同位素测试中往往会遇到碱性的水溶液，由于大量的 CO_2 会与氢氧根反应而被消耗。因此为了避免这个问题的发生，一般用少许磷酸将溶液酸化到 pH 稍低于 13，这时候就可以进行正常测试了。

（田有荣）

221. 在用平衡法测水中氢同位素时，如何避免铂黑催化剂中毒失效？

一些含盐量较高的水样品，由于含有 H_2S，因此在用铂黑催化平衡法测氢同位素时，发现虽然充入了氢气，但是同位素质谱仪器仍测量不到氢的离子流。为了避免这个问题的出现，可以在准备好的待测样品中加入少许醋酸锌，去除所含的 H_2S。

（田有荣）

222. 含硝酸盐的碳酸盐碳、氧同位素准确测定

在采用 GasBench 连续流稳定同位素质谱联用技术分析蒸发环境沉积物和洞穴石笋碳酸盐的碳、氧同位素时，排除所有的仪器设备和技术原因后，仍无法准确测定碳、氧同位素比值。那么干扰这些碳酸盐碳、氧同位素比值测定的是什么物质？如何才能使用 GasBench 连续流法准确测定此类样品的碳、氧同位素？

将这些碳酸盐样品装入样品管后用氦气吹扫，加入无水磷酸分别在 25℃ 和 72℃ 条件下恒温反应 24h。对不同温度条件下产生的气体进行拉曼光谱的测定，拉曼光谱显示 72℃ 酸化反应的样品管中含有 NO_2 气体，而 25℃ 酸化反应的样品管中无明显的 NO_2 峰（图 4-34）。这是由于样品中的硝酸根离子在大量氢离子（无水饱和磷酸）存在且加热（72℃ 恒温）的情况下易于形成硝酸，硝酸在加热的条件下形成 NO_2 等气体，其反应式如下：

$$NO_3^- + H^+ \longrightarrow HNO_3 \uparrow \text{（加热）}$$

$$4HNO_3 \longrightarrow 4NO_2 \uparrow + O_2 \uparrow + 2H_2O \text{（加热）}$$

其中 m/z 为 $46[^{14}N^{16}O^{16}O]^+$ 的 NO_2 气体严重干扰了同样 m/z 为 $46[^{12}C^{16}O^{18}O]^+$ 的 CO_2 气体的 $\delta^{18}O$ 的测量。

由于硝酸盐与无水磷酸反应生成 NO_2 的条件包括了酸性和加热这两个必要条件；无水磷酸也是磷酸法分析碳酸盐碳、氧同位素用于反应的必要条件，而加热（72℃ 恒温）却不是磷酸法分析碳酸盐碳、氧同位素的必要条件。因此，为了尽可能减少或避免 NO_2 的产生和干扰，可以将反应温度降低至室温（25℃）。采用低

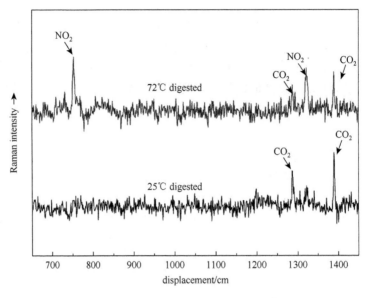

图 4-34　酸化反应产生气体的拉曼光谱图

温酸解的方式，无水磷酸可以酸解碳酸盐，而不会与硝酸盐反应生成 HNO_3 后进一步生成 NO_2。

　　为了消除 NO_2 对 CO_2 测试结果的影响，应选择降低样品与磷酸反应的温度，将可加热样品反应盘电源关闭，反应温度即实验室室温（25℃）。采用低温（25℃）酸解反应的方法处理含硝酸盐的碳酸盐样品，不会产生或仅含有极少量的 NO_2，再经 50℃ 的色谱柱后即可实现高精度的碳、氧同位素的测定。

（胡　斌　高建飞　范昌福）

223. DIC 样品的加样加酸技巧及顺序

　　先往 Labco 瓶中加入 5 滴磷酸，迅速（否则无水磷酸容易吸水）拧上盖子后尽快用高纯氦气进行吹扫，吹扫完毕后再抽查是否吹扫干净？当确认 Labco 瓶中的空气被完全吹扫干净后，用注射器加入标准样品或待测样品，室温下反应平衡 4h 后进行 CO_2 气体的测定。

（范昌福）

224. 超盐度水的氧同位素分析对仪器本底的影响及解决办法

　　超卤和含盐水被氦气携带进入污染系统后，导致质谱图出现异常，如图 4-35 所示。清洗污染系统后的质谱图如图 4-36 所示。

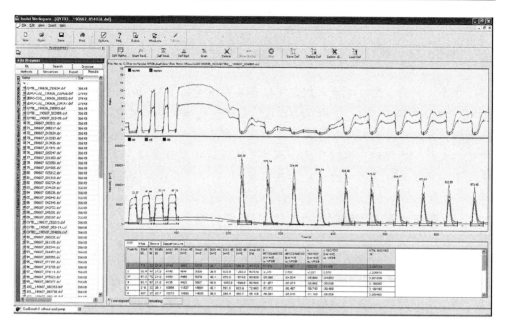

图 4-35　超卤和含盐水进入导致系统污染后的质谱图

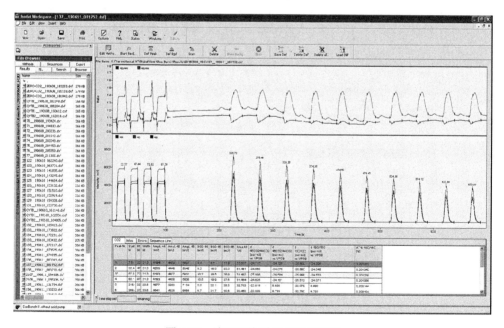

图 4-36　清洗污染系统后的质谱图

（范昌福）

第四节　微量气体预浓缩装置与同位素质谱联用系统

导语：利用深度冷冻技术测定气体样品中微量的 CH_4 和 N_2O，以及 CO_2 和 N_2 气体样品中的碳、氮、氧同位素比值，是微量气体预浓缩装置-同位素质谱联用仪器的特点。样品测定过程包括冷冻捕获浓缩、解冻、吹扫和色谱柱分离，整个过程都由氦气流带动。控制气流和调整气路是该技术的关键。本节从检查气体流速入手解答了测样过程中出现的诸多问题，并列举了多种排除故障的步骤和方法。

225. 微量气体预浓缩装置的工作原理是什么？

在微量气体预浓缩装置上，通常设置 $2\sim3$ 根 U 形冷阱，利用深度冷冻（$-196℃$ 的液氮冷阱）技术捕获目标气体，再经解冻、吹扫和浓缩，并由氦气流带入色谱柱作进一步分离后，最终分析的样品气体才被送进质谱仪器的离子源中。

只有经如图 4-37 所示装置的浓缩后，天然浓度的微量气体，特别是只有 10^{-9}（体积比）级的 N_2O 和 CH_4 才能得以进行同位素比值的质谱测定。据此，各质谱公司制造厂家相继推出了原理相同而称谓不同的微量气体预浓缩装置。赛默飞世尔科技有限公司称"PreCon"，含义为预浓缩装置；德国艾力蒙塔（Elementar）

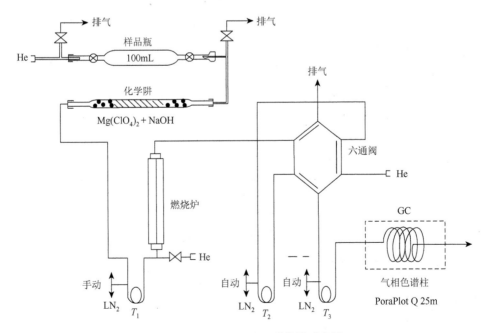

图 4-37　Thermo PreCon 系统的示意图

公司称"Trace Gas"，含义是微量气体测定装置；英国赛康（SerCon）称"Cryo prep"，含义为低温制备装置。

配备微量气体预浓缩装置的气体同位素质谱联用系统，可以测定100mL空气样品中的 N_2O 的氮、氧同位素比值和 CH_4 中的碳同位素比值；以及5mL空气样品中 CO_2 的碳、氧同位素比值和3mL空气样品中 N_2 的氮同位素比值。

（曹亚澄）

226. Thermo PreCon 的日常维护保养

微量气体预浓缩装置的日常维护保养，主要包括以下几方面：

（1）进样针。标准的石英毛细管进样针易堵易被腐蚀，因为微量气体预浓缩装置对捕集吹扫气体的流速要求不严格，可以用双不锈钢管套针替换，简单好用，使用寿命长。

（2）连接样品管/进样针两端的吹扫阀门，需要经常观察阀门底部的金属杆能否顺利伸出和缩回以此判断它们是否正常工作。如不能正常开启，则达不到吹扫的目的；如不能正常关闭，则样品被吹走，导致没有信号。

（3）化学阱。化学阱中填装了除水的高氯酸镁和吸附 CO_2 的氢氧化钠试剂，两端的高氯酸镁吸水后极易结块堵塞，使气体不能正常通过，导致没有信号，需要经常观察化学阱的状态，及时更换。

（4）六通阀。六通阀的转子需要经常清洗维护，有时阀头和转子都需要清洗。转子属于耗材，判断有漏时需要及时更换。

（5）自动冷阱。自动冷阱 T_2 全部由不锈钢管连接，一般不易发生断裂；自动冷阱 T_3 由穿过不锈钢管的石英毛细管组成，排查问题的时候需要注意检查 T_3 冷阱的石英毛细管。

（6）样品没有信号时，如不能直接排查出原因，则以六通阀为节点，分段查Load和Injection状态下各接口的He流速、进入色谱柱的流速和色谱柱出口的流速，根据流速诊断问题。

（范昌福）

227. Thermo PreCon 系统的漏气排查

排查Thermo PreCon系统的漏气需要分为两部分进行，样品捕集部分和气相色谱部分。样品捕集部分包括进样口、化学阱、Trap 1、转化炉及Trap 2；气相色谱部分包括Trap 3、PoraPlot Q色谱柱和Split。

在进行漏气检查时，将PreCon的六通阀设置为Injection模式。去掉双套针，进样口用玻璃的空化学阱连接，V1、V2 和 purge 阀门关闭。首先进行气相色谱部分气路的排查。打开质谱针阀和灯丝，将接收器的窄杯调节至 m/z 40 进行 Time Scan。待信号稳定后，m/z 40 的信号应低于 70mV。如高于 70mV，则气相色谱部分有漏点存在。采用氩气对这部分气路的各个接口进行吹扫，观测信号响应，如出现显著升高，则考虑该接口存在漏气。进一步区分是否 Trap 2 漏气，可将 V1、V2、V3 全部关闭，在 Load 模式下，用流量计测定 vent 口的流速，正常应为 18～22mL/min；再将模式切换为 Injection，再次测量 vent 口流速，此时 Trap 2 被隔离，正常应为 18mL/min 以上。打开 V3，关闭 V2 或 V1，用装有酒精的小瓶分别检查各 vent 口是否有气泡，如果没有，则该 vent 口漏气，如有气泡，可进一步测量流量，正常应为 20～25mL/min。

其次进行样品捕集部分气路的排查。利用毛细管将 vent 连入针阀，并吹扫足够时间后，打开质谱仪器的灯丝和针阀，扫描 m/z 40 的信号。如高于 70mV，则样品捕集部分气路有漏点存在。采用氩气对这部分气路的各个接口进行吹扫，观测信号响应，如出现显著升高，则考虑该接口存在漏气。

（王　曦　温　腾）

228. Thermo PreCon 更换化学阱时的注意事项

首先，应根据测定气体的种类，填装化学阱中不同的填料。测定 CO_2 时仅填装高氯酸镁；测定 N_2O 时，在化学阱两端填装高氯酸镁，中间填装涂布了氢氧化钾的活性炭；测定 CH_4 时，如样品中含有其他妨碍测定的含碳气体（小分子不饱和脂肪烃等），可在化学阱中部填装舒茨试剂，在舒茨试剂两端添加吸附有氢氧化钾的活性炭，在活性炭外部再添加高氯酸镁，形成 $A+B+C+B+A$ 的结构，如气体中没有其他含碳气体，可参照测定 N_2O 时的填装方式。

更换化学阱前，需将 vent 1 和 vent 2 关闭，并将 purge 打开，然后旋开化学阱两端的接头进行更换。注意！在旋开化学阱靠六通阀一端的接头时，应保证不锈钢气路不会与仪器后部数据接口及其他带电接口相接触，以免发生短路。必要时，可利用绝缘材料覆盖相关接口和不锈钢气路以杜绝短路风险。更换完毕后，打开 vent 1 和 vent 2，吹扫 2h 左右，即可继续开展分析。

（王　曦）

229. 化学阱中除水剂五氧化二磷与高氯酸镁的比较

在测定 N_2、N_2O、CO_2 和 CH_4 等气体样品时，样品中的 H_2O 往往会干扰测定结果，需要在化学阱中装填除水剂，以去除目标气体中的 H_2O。微量气体预浓缩装置上常用的除水剂有高氯酸镁[Mg(ClO₄)₂]和五氧化二磷（sicapent）。Mg(ClO₄)₂是一种白色多孔颗粒，具有强烈的吸水性，且吸水后不易结块，但无水 Mg(ClO₄)₂在开封后，受组分空气中的水汽影响，易生成 Mg(ClO₄)₂·2H₂O，吸水能力明显下降。五氧化二磷也是一种常用的除水剂，它具有极低的蒸汽压（$2×10^{-5}$mmHg 或 $3×10^{-6}$kPa），吸水能力明显优于无水 Mg(ClO₄)₂（$5×10^{-4}$mmHg 或 $7×10^{-5}$kPa）和 Mg(ClO₄)₂·2H₂O（$2×10^{-3}$mmHg 或 $3×10^{-4}$kPa），但五氧化二磷吸水后表层易形成聚偏磷酸，产生薄膜状的黄色结块，反而影响了其吸水效率，而且内部未吸水的五氧化二磷一旦遇水会剧烈反应生成磷酸，更不易清理。因此，一般都使用 sicapent，它将五氧化二磷与惰性支持物相结合，吸水效率高于五氧化二磷，且不会形成结块，流动性佳，易于清理。五氧化二磷里还添加了指示剂，可以清楚判断吸水能力是否饱和。有国外实验室的数据显示，同样的气体样品，在同一台 IRMS 和同一根化学阱上，五氧化二磷能维持数千个样品，而高氯酸镁只能维持数百个样品。现在已有不少实验室开始使用五氧化二磷作为除水剂，还可将五氧化二磷和高氯酸镁组合使用，在化学阱中沿着气流方向，依次装填高氯酸镁和五氧化二磷，既能提高吸水效率，在高氯酸镁饱和后五氧化二磷仍能继续吸水，又能有效防止结块现象，便于清理。

（温　腾）

230. 如何解决自动进样器进样针的堵塞问题？

有很多用户对 Thermo PreCon 进行了改装，采用自动进样器连接进样针的方式进样，进样针堵塞的原因可参考有关问题。要强调的是，很多用户在用反硝化细菌法测定 NO_3^- 的氮、氧同位素比值时经常出现的堵针问题，往往是由于样品前处理过程中加入了高浓度 NaOH，造成顶空气体中含有高浓度碱性气体，在毛细管中形成白色结晶堵塞进样针，一般可在毛细管出口端看到白色结晶。这种情况下，建议使用双金属管的进样针。

（曲冬梅）

231. 如何减少双线进样针前端空气对 N₂O 测定的影响？

双线进样针经常被用在气体样品同位素比值的测定中，但是进样针长期暴露在空气中，其前端的空气能直接影响测定结果，可通过下列途径避免这类问题：

（1）延长进样针在样品瓶中的时间。在 PAL 上依次选择"object""trays""menu""utilities""syringe"后，出现"fill strokes"，表示进样针在样品瓶中的停留时间，一个"stroke"为 60s，一般 12mL 的 Labco 管，建议选择 2 个 stroke，而

120mL 的顶空瓶，建议选择 29 个 stroke，也可根据实际程序进一步延长 stroke 的数量，尽量减少进样针暴露在空气中。

（2）在每天开始测定前，将进样针插入充满 He 的样品瓶中，可使用已经测定完毕的样品瓶，运行一个空样，即可有效避免针尖前端空气的影响；同时，每天测样结束后，保持进样针在充满 He 的样品瓶中，第二天即可直接开始测样。

（3）在每天测定完成后，可手动打开 PreCon 的 purge 阀或在样品序列"sequence"最后运行一个特殊设置的进样程序，自动打开 purge 阀，使进入样品的气路开始反吹。这样双线进样针中的两个气路均有高纯 He 吹扫流出，可有效减少空气对 N₂O 测定的影响。

（温　腾）

232. 石英毛细管断裂如何快速解决？

在微量气体预浓缩装置的外设上，配有不同规格的石英毛细管，日常运行或检修时应小心操作，避免大力拉扯毛细管。毛细管一旦断裂，常表现为流速增大，样品不出峰，可使用 press fit 快接头迅速解决这一问题。具体操作如下：用陶瓷刀片将断裂的毛细管两端截平，注意切口尽量平整，用酒精将毛细管两端湿润后，迅速插入 press fit 快接头中，压紧后可看到有一圈平整的压痕，最后用高纯 Ar 检漏，保证气密性。此外，也可直接更换断裂的毛细管，但需要注意毛细管的具体规格。

（温　腾）

233. 如何判断 Thermo PreCon T_3 冷阱的断裂？检查 T_3 冷阱时的注意事项？

T_3 冷阱是石英毛细管穿过金属不锈钢管的结构，因此无法肉眼直接判断毛细管是否断裂。正常情况下，PreCon 富集样品后仅会出现一个对称的样品峰。测样中出现一些难以判断的故障时，就需检查 T_3 阱是否断裂。换句话说，在排除一些常见故障（如六通阀 vent 处流量异常，化学阱堵塞，进样针堵塞等）后，仍有异常故障，就需检查 T_3 阱。T_3 阱断裂的故障表现多样，有时是样品峰面积明显变小（仅为原样品峰的 1/2 或 1/3），有时是测量的同位素值异常，有时是峰形有严重拖尾。这些不同的现象可能与毛细管断裂位置和断裂程度有关。

检查 T_3 冷阱时，需先拧松固定 T_3 冷阱上面的两个螺母以及 T_3 冷阱毛细管一端与六通阀相连的接头，再从一端将 T_3 冷阱的毛细管彻底拉出来，仔细检查是否已经断开。由于 T_3 冷阱的毛细管长达 4m，仅抽拉出一段或者推一推，是无法确认它是否完全断裂的。

T_3 冷阱的石英毛细管两端是用石墨垫固定的，这两处务必要固定好，固定不好会频繁造成 T_3 冷阱断裂。T_3 冷阱与支架固定的穿墙接头两端上下各有两个螺母，上面用来固定石英毛细管，下面用于固定不锈钢管。

（曲冬梅）

234. Thermo PreCon 六通阀常出现的故障有哪些？如何维护？

Thermo PreCon 中的六通阀经常出现的故障，主要是阀芯或阀头有脏，或阀芯有微漏。请参考有关问题进行解决。

（曲冬梅）

235. 如何确定 Thermo PreCon 冷阱在液氮中的冷冻时间？

微量气体预浓缩装置冷阱就是利用深度（$-196℃$的液氮）冷冻技术捕获目标气体，再经解冻和吹扫，达到浓缩和纯化目标气体的作用。浓缩的程度又取决于冷冻的时间，其目的是能将目标气体完全冷冻捕获，若不完全就会产生同位素分馏，影响测定结果的准确性。Thermo PreCon 设置了两个自动冷阱 T_2 和 T_3。T_2 是六通阀的采样环（两端均连接在六通阀上），通常冷冻时间为720s；由于 CO_2 样品气体易于被液氮冷冻，所以测定 CO_2 气体时，可将冷冻时间调至 40s 或 70s；但在测定大体积的气体样品时应将冷冻时间调节到 3500s 左右。T_3 称为分离柱头冷阱（一端连接在六通阀上，另一端与色谱柱相连），当 T_3 冷阱移出液氮开始解冻时，样品气体就流进色谱柱进行分离，操作程序一般将 T_3 的冷冻时间设置为 350s。

（曹亚澄）

236. 采用 Thermo PreCon 装置浓缩和转化气体样品中的 CH_4 时，应注意哪些问题？

大气中 CH_4 的含量为 1.7ppm，在测定它的碳同位素比值时必须将其完全转化成 CO_2 气体。PreCon 装置浓缩和转化气体样品中 CH_4 的原理和过程：样品气体随 He 气流先经液氮冷阱 T_1，在去除易被低温凝结的杂质气体后，进入填充有高氯酸镁和烧碱石棉的化学阱，吸收和去除样品气体中 99.99% 的 CO_2 和水分，最后使只含 CH_4 而不含 CO_2 的样品气体进入燃烧反应器中，将 CH_4 转化成纯净的 CO_2 气体。

燃烧反应器是专为分析 CH_4 的碳同位素比值而设置的，由一个可升到 1000℃ 高温的燃烧炉和一根管内填充有三根 0.13mm 镍丝、内径 0.8mm 的铝土管组成，它能将气体样品中的 CH_4 氧化成 CO_2 和水，反应式如下：

$$4NiO + CH_4 \longrightarrow CO_2 + 2H_2O + 4Ni$$

因此，在采用 Thermo PreCon 装置浓缩和转化气体样品中的 CH_4 时，应注意以下三点：

（1）PreCon 装置上的 T_1 冷阱是手动式的，不受计算机程序控制。测定样品前，应预先将其置于液氮冷阱中冷冻，测定样品时也是自始至终浸埋在液氮中。但在测定 20 多个样品后，它去除杂质的作用逐渐减弱，影响 CH_4 碳同位素比值的结果，此时必须将它提升起来，离开液氮冷阱进行解冻吹扫。经 20～30min 处理后，再将它置于液氮冷阱中，继续测定样品。

（2）氧化镍的作用是将 CH_4 完全转化成 CO_2，必须经常保持氧化镍的氧化能力。因此，应定期地在高温下缓缓地向燃烧炉内通入高纯 O_2，活化氧化镍。这一点很重要，如果 CH_4 氧化不完全就会产生同位素的分馏，严重影响测定结果的准确性。

（3）仪器装置使用说明书规定，氧化炉温应设置为 1000℃，但高温容易烧坏镍丝和铝土管，所以可以对设置温度稍作改变。实验证明，将炉温设在 950℃，对 CH_4 的碳同位素的测定结果没有任何影响。降低设置的温度，可以延长燃烧炉的使用寿命。

（曹亚澄）

237. 测定 CH_4 中碳同位素比值时，如何消除载气中的杂质气体？

消除 He 载气中的杂质气体可采用的办法如下：
（1）购买 VICI 气体净化器，对 He 进行纯化；
（2）在载气进入 Thermo PreCon 前增加一个液氮冷阱；
（3）在载气进入 Thermo PreCon 前增加一个液氮冷阱以后，再在浸埋冷阱的气路上增加一根长约 1m 且填充有 5A 分子筛的填充柱或硅胶色谱柱；
（4）在化学阱中加入舒茨试剂进行氧化吸附。

（王　曦）

238. Thermo PreCon 的冷阱不动作，该检查什么？

冷阱不能动作仅是出现在 Thermo 公司的 PreCon 装置上的特殊现象。在这种微量气体预浓缩装置上，制造厂家将控制冷阱上下的气动线路板安装在预浓缩装置的底板上，见图 4-38。由于南方的天气潮湿，液氮冷阱杜瓦瓶壁会积聚很多冷凝水，这些冷凝水将沿着底板流到气动线路板下，经日积月累的腐蚀，致使线路板上的线路短路不能正常工作，液氮冷阱也就无法动作。南方地区使用这种微量气体预浓缩的用户，应采取必要的措施防止冷凝水流入预浓缩装置的底板上。

图 4-38　Thermo PreCon 装置中控制冷阱的气动阀电路板

（曹亚澄）

239. 用 Thermo PreCon-IRMS 测定气体样品的同位素比值时，参比气体峰正常，却出现 CO_2 峰满标现象，什么原因？

这也是在用微量气体预浓缩装置测定气体样品的同位素比值时遇到的一种特殊的情况，但必须避免。使用 100mL 的玻璃样品瓶测定气体样品时，当用针头堵塞的针管注入气体样品时，由于瓶内没有注入无色无臭的气体样品，仍然是真空状态。将这种样品瓶装到微量气体预浓缩装置上，当进行测定时打开两头阀门就会出现气体的返流现象，即大气中的 CO_2 从 vent 口被倒吸进入液氮冷阱，后经解冻和吹扫进入同位素质谱的离子源中，致使 CO_2 峰值满标。

（曹亚澄）

240. 用 Thermo PreCon-IRMS 测定气体样品的同位素比值时，不出峰，该如何检查和排除？

当出现这种情况时，首先应向气体同位素质谱中通入参比气体，观察参比气体的出峰情况是否正常。如通入参比气体也不出峰，说明质谱部分存在问题，应对气体同位素质谱仪器进行调整；倘若参比气体的出峰情况正常，说明同位素质谱部分工作状态良好，不出峰的问题可能存在于微量气体预浓缩装置部分。第一步应按照仪器说明书确认多种状态下的 He 流量，流速一般都在 15～25mL/min。某种状态下流速不正常，就说明那段气路存在问题。待第一步问题排除后，再检查六通阀的工作是否正常，主要观察阀头是否被磨损，是否存在漏气现象。

（曹亚澄）

241. 用 Thermo PreCon-IRMS 系统进行测定时, 不出样品峰的原因是什么?

在采用 Thermo PreCon-IRMS 联机系统测定样品时, 不出现样品峰意味着样品气流路中有堵塞或者有微漏。气流路被堵住的情况通常是进样针(参考有关问题)或者化学阱(参考有关问题)被堵塞了。气流路有微漏的情况通常是由于六通阀有微漏, 或者 T_3 冷阱中毛细管断裂。

(曲冬梅)

242. 用 Thermo PreCon-IRMS 系统进行测定时, 如何以 $m/z\,28$ 离子流强度测定气体样品中 N_2 浓度?

N_2 是土壤氮素反硝化过程的最终产物, 探究 N_2 的排放量与产生途径是土壤氮素循环研究的一个重要方向。但是, 大气 N_2 的浓度很高, 以致很难准确定量地测定反硝化作用过程中产生的微量 N_2 浓度。

质谱仪是一种灵敏度很高的分析仪器, 因此在采用 PreCon-IRMS 联用系统测定气体样品中 N_2 的 ^{15}N 丰度的同时, 可以准确地测定气体样品中 N_2 的浓度。N_2 进入同位素质谱的离子源后, 经轰击电离后将产生 $m/z\,28[^{14}N^{14}N]^+$、$m/z\,29[^{14}N^{15}N]^+$ 和 $m/z\,30[^{15}N^{15}N]^+$ 3 种离子束, 尽管 $m/z\,28$ 和 $m/z\,29$ 的离子流强度均与 N_2 的进样量呈良好的线性相关, 但 $m/z\,29$ 的离子流强度远小于 $m/z\,28$ 的强度, 而且它还受 N_2 的 ^{15}N 丰度影响。因此, 选择 $m/z\,28$ 的离子流强度, 并根据已知 N_2 浓度样品的不同进样体积与对应的 $m/z\,28$ 的离子流强度进行线性回归, 即可得到 N_2 浓度的工作曲线; 然后根据气体样品的进样体积和 $m/z\,28$ 的离子流强度, 通过工作标准曲线方程即可计算出被测气体样品中 N_2 的浓度。

N_2 浓度的工作标准曲线用下列公式表示:

$$A_S = a \times V_N + b$$

式中, A_S 为测得的气体样品的 $m/z\,28$ 的离子流强度(mV); a 为工作标准曲线的斜率; V_N 为气体样品中 N_2 的体积(mL); b 为工作标准曲线的截距。

气体样品中 N_2 浓度的计算公式:

$$C_s = (A_s - b) / a \times V_s$$

式中, C_s 为气体样品中的 N_2 浓度(mL/mL); V_s 为气体样品的进样体积(mL)。

采用该方法测定气体样品中 N_2 浓度时, 必须注意的是, 质谱仪器离子源工作参数的微小差异, 将导致 $m/z\,28$ 离子流强度发生变化, 工作标准曲线的斜率相应发生变化，这种现象在仪器开关机前后尤其明显（图4-39）。因此，要求在每次测定这种气体样品前需重新制作工作标准曲线。

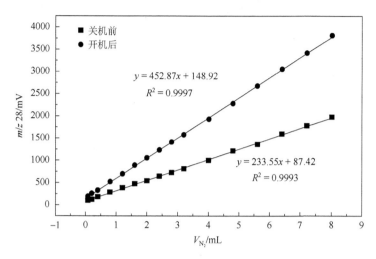

图 4-39　不同仪器状态下 N_2 的工作标准曲线

（曹亚澄　杨　帆）

243. 在使用 SerCon 20-22 同位素质谱联用仪器测定气体样品时应注意哪些问题？

在 CryoPrep 上测定气体样品时需要注意以下几点：

（1）样品测定前应根据所测样品的种类更换合适的化学阱；

（2）注意，色谱柱经烘烤后柱子上的螺丝可能会出现松动，应进行检查并适当拧紧；

（3）将进样盘取出，调试进样针的位置，防止 z 轴过深导致进样针扎断；

（4）气体进样针不在工作状态时需插入充满 He 的小气瓶中，减少测样时进入的空气量。

（戴沈艳）

244. 在用微量气体预浓缩装置交替测定 N_2O 和 CO_2 气体样品的同位素比值时，应注意什么？

由于 N_2O 和 CO_2 气体分子进入同位素质谱的离子源内，经电子轰击后产生相同 m/z 的离子束。N_2O 气体会产生出 m/z 44$[^{14}N^{14}N^{16}O]^+$、m/z 45$[^{14}N^{15}N^{16}O]^+$ 与

$[^{15}N^{14}N^{16}O]^+$、m/z 46$[^{14}N^{14}N^{18}O]^+$ 3 种质/荷比的离子；而 CO_2 气体则产生出 m/z 44$[^{12}C^{16}O^{16}O]^+$、m/z 45$[^{13}C^{16}O^{16}O]^+$和 m/z 46$[^{12}C^{16}O^{18}O]^+$ 3 种质/荷比相同的离子。在标准配置的同位素质谱仪器上，当通入同位素自然丰度的气体样品时，N_2O 气体在 m/z 44、m/z 45 和 m/z 46 三种离子流强度上呈现倒三角形状，即 m/z 44 峰高＞m/z 45 峰高＞m/z 46 峰高；而在 CO_2 气体的情况下 m/z 44、m/z 45 和 m/z 46 三种离子流强度却呈正三角形状，它是 CO_2 气体在同位素质谱分析上标志性的分布，例如，是 3V、4V、5V，或是 5V、6V、7V。在两种气体交替测定时，残留在同位素质谱仪器金属管道和离子源内的前一种气体就会严重干扰后一种气体样品同位素比值的准确性。解决这个问题最有效的办法是在更换被测气体后，用较长的时间向同位素质谱仪器中通入被分析的气体。

（曹亚澄）

245. Thermo PreCon 测定 N_2O 时，如果测样过程中谱图突然异常，还伴随同位素结果的异常，这是什么原因造成的？

在以 Thermo PreCon 测定 N_2O 时，正常的 N_2O 质谱图会有两个峰，第一个是 CO_2 峰（经过化学阱的作用，这个峰值应该很低，数十毫伏），第二个峰则是 N_2O 峰。

当质谱图出现异常时需进行以下检查：

（1）检查六通阀 Load 时的流速，正常状态应该是 18～23mL/min。如果流速低于这个范围则意味着 PreCon 系统有堵塞，而最容易检查和排除的就是化学阱是否有堵塞。

（2）观察一下化学阱是否失效；白色的高氯酸镁试剂是否有融化结块的现象；黑色的氢氧化钠试剂是否变成灰色。

（曲冬梅）

246. 如何判断化学阱失效？测定 N_2O 时质谱图中的 CO_2 峰突然变大是什么原因？

当测样谱图中的 CO_2 峰大于正常状态（图 4-40）的峰高（如 20mV）时，就需考虑化学阱是否失效。一旦化学阱严重失效，在质谱图中就会突然出现 1～2V 的 CO_2 峰，并且 N_2O 质谱峰也会出现异常（图 4-41）。在 Thermo PreCon 的使用过程中需经常检查化学阱的状态，以免浪费样品。主要检查化学阱中白色的 $Mg(ClO_4)_2$ 是否有融化和结块现象，因其结块后会堵塞管路，造成样品不出峰。黑色的 NaOH 填料是否发生颜色变化，其一旦失效后颜色会变浅（图 4-42）。

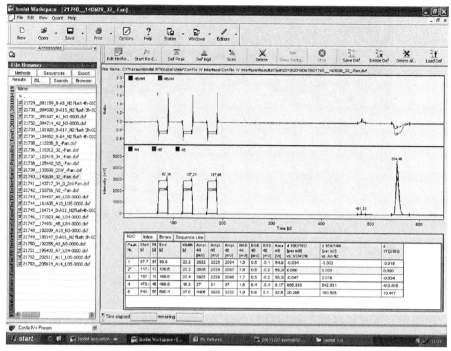

图 4-40　测定 N₂O 的正常质谱图

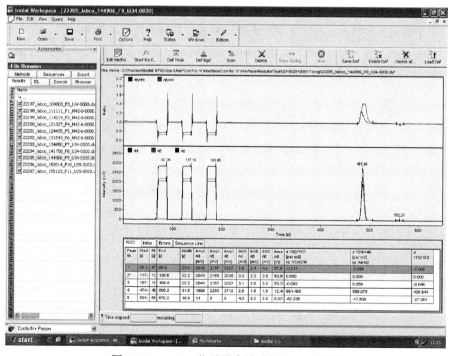

图 4-41　PreCon 化学阱失效时的 N₂O 质谱图

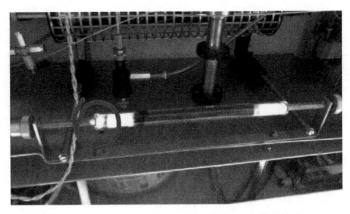

图 4-42　Thermo PreCon 装置中失效化学阱的状态

（曲冬梅）

247. 如何解决气体样品 N₂O 测定过程中 m/z 46 漂移的现象？

　　在测定气体中 N₂O 的 ¹⁵N 丰度时，有时会出现 m/z 46 漂移的现象［图 4-43（a）］。一般可以通过 140℃高温烘烤色谱柱解决这一问题，但有时在测定 20 多个样品，甚至仅测定 10 个样品后，就会发生 m/z 46 漂移，不得不频繁烘烤色谱柱，严重影响了样品测定效率，浪费时间和人力。造成 m/z 46 漂移的主要原因是气体样品中的有机物在色谱柱中不断残留和累积，在化学阱前连接一根去除易挥发性有机物的柱子（VOC trap）（图 4-44），对减少 m/z 46 的本底增高和漂移效果十分显著［图 4-43（b）］。在测定约 200 个气体样品后，只要用加热带（图 4-44）180℃烘烤柱子 4h 即可恢复正常。

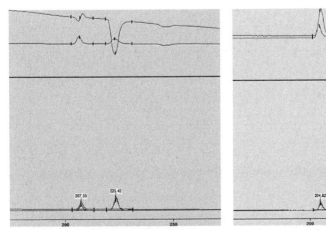
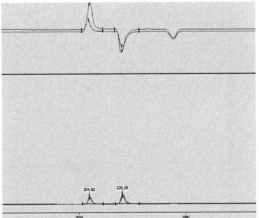

(a) 受易挥发性有机物干扰的谱图　　　　　(b) 加装柱子后正常的测定谱图

图 4-43　加装 VOC trap 柱子对质谱测定的影响

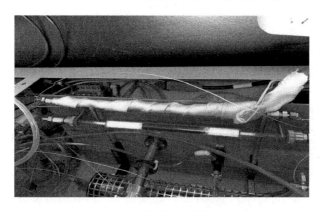

图 4-44　去除易挥发性有机物的色谱柱

（范昌福）

248. 在分析微量氮的氮同位素比值时，为什么现在都将 N₂O 作为目标气体？

以往在采用离线制样方法制备含氮样品测定氮同位素比值时，最终的目标气体都是 N_2。但由于空气中含有 78% 的 N_2，被测定的 N_2 样品很容易受空气氮的污染和稀释，而且样品制备系统和样品瓶的密闭性至关重要，以致 N_2 样品测定结果的准确性很难把握。

由于已知的原因：①空气中 N_2O 含量较低，仅为 320ppb[①]，即使在样品制备过程中有少量空气漏入，对测定结果也不会造成严重的影响；②现有的微量气体预浓缩装置-同位素质谱联用系统技术已很成熟，已能准确地测定 100mL 空气样品中 N_2O 的氮、氧同位素比值。因此，近年来研发出一系列以 N_2O 为测定目标气体的氮同位素分析方法，例如，以反硝化细菌法测定水样品中微量硝酸盐的氮、氧同位素比值；以化学转化法测定土壤三种无机态氮 ^{15}N 丰度的方法；用叠氮试剂二步转化法测定环境水样中硝酸盐的氮、氧同位素比值等。

（曹亚澄）

249. 在稀释 N₂O 气体样品时应注意哪些问题？

在实际测定中，N_2O 气体样品浓度差异较大。对于高浓度样品，往往需要经稀释后才能进行质谱仪的测定，因此需要使用高纯度（＞99.995%）的惰性

---

① 1ppb = 10^{-9}。

气体对其进行稀释。高纯 He 和 N_2 均可用于 N_2O 气体的稀释，但高纯度 He 价格昂贵，而高纯度 N_2 价格低廉，二者对气体样品的测定结果无差异，但 He 稀释后的气体样品信号略低于 N_2 稀释，因此可以推荐使用价格低廉的高纯度 N_2 进行稀释。

稀释过程涉及气体的转移，对于小体积（<1mL）气体的转移可使用带锁扣的气密针，避免死体积的影响。由于空气中的 N_2O 浓度仅约 320ppb，因此对于较大体积的 N_2O 气体样品可直接使用不同规格的注射器，与带旋阀的鲁尔三通阀相连，即可完成气体转移。由于气体具可压缩性，要精确稀释气体样品，需使用气压计。对于极高浓度的 N_2O 气体样品，建议使用气压计进行稀释，如使用气密针或注射器，需逐级稀释，尽量减少气体抽取过程的误差。

稀释过程需要使用事先抽真空的顶空瓶。对于 N_2O 气体，真空度达到 98% 以上即可。抽真空后先注入较大体积的气体，减少负压作用下大气对样品的影响，气体稀释完毕，需静置 5min，让气体充分混合均匀。

（温　腾）

250. 在 N_2O 气体样品同位素比值的测定中，如何减少杂质气体的影响？

N_2O 气体样品在 IRMS 上测定时，经常会受到一些杂质气体（如 CO_2、CO、小分子有机物等）的干扰，这些杂质气体的信号甚至与目标气体的信号峰重叠。

如图 4-45 中 250s 的 N_2O 峰尾的杂质峰，它的存在直接影响了测定结果的准确性。具体解决办法如下。

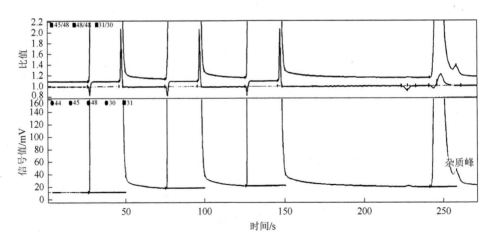

图 4-45　杂质气体峰对目标气体峰干扰的谱图

（1）微生物培养试验、土壤培养试验采集的气体样品中，一般有较高的 CO_2 浓度，虽然化学阱能去除一部分 CO_2，但对于高浓度 CO_2，其吸收能力有限。对于这类样品，可在气体顶空瓶中加入固体 NaOH，再抽真空采集样品，即可吸收大部分 CO_2，也可以加入 NaOH 溶液，但其产生的碱蒸汽可能会腐蚀进样系统。

（2）在测定 N_2O 同位素异位体时，经常会遇到 m/z 31 或 m/z 30 的杂质气体，这类气体可能是 CO，也可能是来自 H_2O 和其他杂质气体的随机组合。对于 CO，可在化学阱中添加少量 I_2O_5，将其氧化为 CO_2，消除其对 ^{15}N 测定的影响；对于因 H_2O 随机组合产生的杂质，可使用吸水能力较强的五氧化二磷等带指示的除水剂，或将除水和除 CO_2 的化学阱分开串联，有助于及时更换除水剂，保证除水效率。

（3）对于和目标信号峰相重叠的杂质，通过降低色谱柱温度、延长色谱柱长度，或者加配反吹装置，可以有效地分离和去除杂质峰。此外，根据样品特点，可以加大烘烤色谱柱的频率，烘烤时打开 vent 阀，减少杂质在色谱柱和仪器中的停留。

（温　腾）

251. 在测定 N_2O 气体样品的同位素比值时，出现某一个或几个样品没有信号，下一个样品信号加倍，如何解决？

出现这类问题，首先应观察信号峰的样品上是否有 CO_2 峰？如果 CO_2 峰也没有，且下一个样品的 CO_2 信号加倍，一般是由于前一个样品的气体没有进入离子源。在确保系统不漏气的情况下，通常有两个原因：

（1）空压机的压力不稳，无法推动阀门的正常工作，造成冷阱无法正常地上升和下降。这时需检查空压机的电源和机油，确保其正常工作。

（2）在连续测定多个样品后，装液氮的容器内部会逐渐结霜，冷阱下降后，霜冻产生的阻力造成冷阱无法正常上升。在这种情况下只需去除霜冻，即可恢复正常动作，应尽量避免使用同一液氮容器长时间工作。

（温　腾）

252. 在进行气体样品测定时，使用注射器直接注射入进样杆的方式，其信号响应明显低于利用双套针吹扫的方式，其原因是什么？

利用 Thermo PreCon 手动进样时，其程序如下：跳出窗口，更换样品瓶，然后吹扫连接头 120s（V1、V2、purge 均打开）；跳出窗口，点击"OK"，此时 V1、V2 关闭，purge 仍然打开，打开样品瓶压缩的气体样品，20s 后 purge 关闭，开始传输样品（"Transfer Time" 20～60s），Trap 2 浸入液氮开始捕集样品。

当使用注射器进样时，由于气路中压力大于 1 个大气压，为了将样品注入气路，需要快速推送注射器活杆。这种操作会使样品管路中气压迅速升高，此时 purge 打开，提供的压力不足以压缩气体样品，会有部分样品进入未冷冻的 Trap 2 并随载气流失。而使用双套针吹扫模式进样则不存在此类情况。

（王　曦）

253. Thermo GasBench-PreCon 联用测定气体样品时的注意事项

采用此种连接方式测定气体样品时，需将 PreCon 的 Trap 3 与 GasBench 的恒温色谱柱串联，即将 GasBench 色谱柱的入口端（不带预柱端）与 Trap 3 的出气端连接，同时在 Isodat 3.0 软件中进行仪器配置相应的设置，即可进行气体样品的自动进样、预浓缩和纯化。

采用自动进样器进样时，因无手动进样时气路吹扫及压缩的操作，所以需设置较长的 "Transfer Time" 以排除气路中的杂质气体和残留样品气体，一般以 60s 为宜，可根据气路长短进行适当调节。同时，自动进样器进样程序的运行时间应略低于质谱测定程序的运行时间。进样器程序的运行时间主要由 "Fill strokes" 时间 A 和次数 B 控制，其总持续时间为 $A \times (B + 1)$，应控制该时长比质谱测定程序早结束 30s，以保证测定的持续进行。

采用 PreCon 的 Trap 2 捕集样品时，载气流经气体样品瓶，带出样品并在 Trap 2 中冻结，Trap 2 中填充有镍丝以辅助冻结样品。而载气的流速及冷阱中的液氮液面会对气样冻结效果产生影响。因此，为了保持分析结果的精度，载气流速应控制在 20～25mL/min，冷阱中的液氮应完全浸没 Trap 2 的镍丝部分。

测定气体中的 N_2O 时，在 N_2O 出峰前，常会出现一个小峰，峰高一般低于 50mV。这是因为系统中存在微量的 CO_2，为正常现象。如 CO_2 峰高大于 50mV，则需考虑化学阱失效或系统存在漏气，并加以排除。CO_2 的保留时间应与 N_2O 相差大于 40s；若小于 20s，则需要考虑 CO_2 信号对 N_2O 结果产生的影响，可通过降低 He 流速或降低 Plot Q 色谱柱的柱温进行分离。

测定反硝化试验产生的 N_2O 时，培养样品中常常加入 C_2H_2 作为反硝化抑制剂，在测定前需除去 C_2H_2，以免影响 N_2O。可在气体样品中加入高锰酸钾溶液振荡以氧化除去大部分 C_2H_2，同时在化学阱中加入舒茨试剂可除去气体样品中存在的痕量 C_2H_2 残余。

测定气体样品中的 CH_4 时，空白的峰高一般应低于 100mV。如空白峰高大于 100mV，则需排查原因，包括系统漏气、化学阱失效、PreCon 的 Trap 1 失效及载气不纯等。

（王　曦）

254. Thermo GasBench-PreCon 联用测量微量气体 N_2O 时，He 吹扫流速和吹扫时间怎样设置？

在采用 Thermo GasBench-PreCon 装置测定 N_2O 时，一般吹扫气流速设置为 $25 \sim 35mL/min$，吹扫时间根据样品瓶体积的大小而确定，例如，12mL 的 Labco 样品瓶，吹扫 5min，捕集效率为 90% 以上。在 Injection 模式下，吹扫样品流速为 $2 \sim 3mL/min$。

（尹希杰）

255. Thermo PreCon 的 V1 和 V2 阀门不工作导致无信号的判断和解决案例

当测定 N_2O 时发现 N_2O 质谱峰出现异常（图 4-46），信号值明显降低或者不出峰，应该怎样逐步排查？

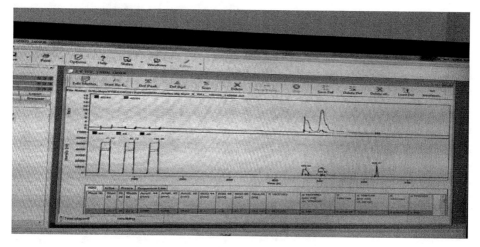

图 4-46　出现不正常的 N_2O 质谱峰的图谱

（1）首先应检查化学阱是否正常。经初步观察化学阱仍属正常，见图 4-47。
（2）然后查找的第一步先检查 vent 的流量，分别测量 Load 和 Injection 不同方式下 vent 的流量。如果发现 vent 出口的流量为 0，可判断为气体流路不通，而最有可能的是化学阱完全堵塞，于是可将原有的化学阱换成空的化学阱进行测试。若发现最后出口处仍没有流量，接着可以由六通阀处开始检查，最后检查出是由于连接色谱的 Injection 毛细管断裂（图 4-48）。

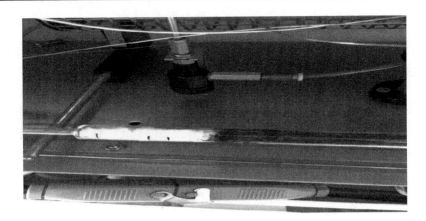

图 4-47　化学阱检查

（3）这种情况下应首先将 PreCon 里面六通阀 Injection 的毛细管重新接上。接好六通阀 Injection 接口后（图 4-49），更换化学阱，进行重新测试。

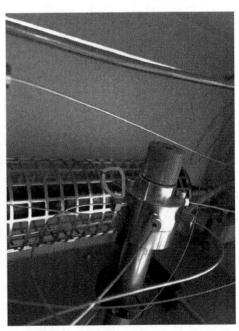

图 4-48　检查连接色谱的 Injection 的毛细管　　　图 4-49　六通阀上的 Injection 接口

（4）但在重新测试一个样品后，如果发现仍然没有 N_2O 质谱峰的出现（如图 4-50），这时应在 Load 方式下测试 vent 的流量，应该大于 10mL/min。

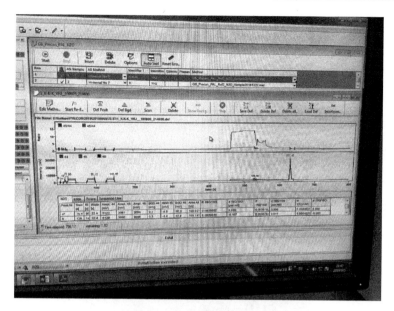

图 4-50　N_2O 质谱峰异常的谱图

（5）如果最后出口流量实测仍为 0，且质谱图上没有出现任何质谱峰（图 4-51），这时应该考虑并检查进样针是否堵塞。检查办法是，直接用 100mL 进样瓶替代进样针的部分，以便于排除是否存在其他部位的故障。也可以用一根毛细管将这两段连接起来，如图 4-52 所示不连接其他任何进样系统，再进行试验。

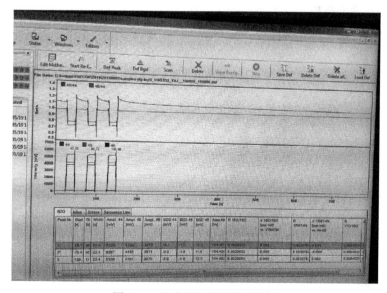

图 4-51　没有任何质谱峰的谱图

图 4-52　用一根毛细管直接连接两端

（6）重新开机测定样品，当发现仍然没有质谱信号时，继续寻找问题的原因。如图 4-53 所示，先查看一下 vent 1 和 vent 2 的气动阀能否正常开与关。在电脑软件的屏幕上手动点击 vent 1 的开关；在 PreCon 装置上，观察银色轴的收缩状况，图 4-54 为正常的露出状态，当 vent 1 关闭时，出口流量应为 0。

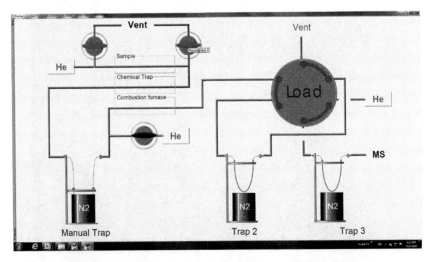

图 4-53　检测 PreCon 上 vent 1 和 vent 2 的气动阀的工作状况

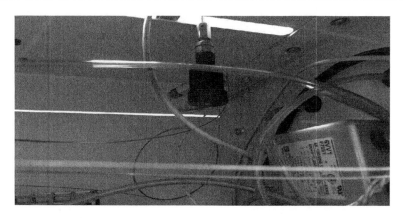

图 4-54　PreCon 上 vent 1 关闭时银色轴正常状态

（7）在检查 vent 1 同时，发现 vent 2 的开关一直处于开启状态，即下面的银色部分一直露在外面，而且在电脑软件屏幕上手动开关 vent 2 没有任何反应，如图 4-55 标注的地方，开和关时阀门的银色部分都在外面露着。

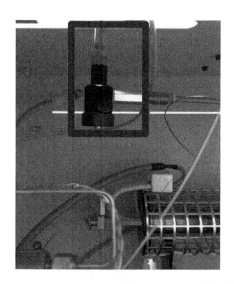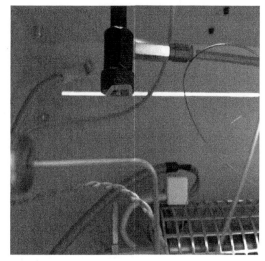

图 4-55　vent 2 开关的不正常状态（银色轴无反应）

（8）这时可以判断为由于 vent 2 一直处于开启状态，气体样品都被漏掉没有进入质谱，所以不出现样品的质谱峰。

维修的方法如图 4-56 所示，先将此阀门拆下，手动帮助弹簧复位，并检查蓝色气管是否有压缩空气传输过来。然后将弹簧手动恢复后重新装上，在电脑软件屏幕上重新手动开关 vent 2，观察该阀门是否已恢复工作。

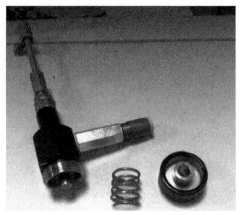

图 4-56　vent 阀门修理方法

（9）Vent 1 的最后出口流量大于 10mL/min 才属正常。如果证明系统仍有漏气，应该怀疑此阀顶部垫圈老化。重新拆下弹簧装置，取出备件盒（图 4-57）中备件更换顶针和垫圈，将其密闭性恢复。

图 4-57　vent 阀的备件盒

（10）另一种检查方法是，可以先顺着气路向前检查至进样部分，有时会发现进样针由于反复测试，针头处堵塞了瓶子橡胶塞，如图 4-58 所示。可用 1mL 注射器针头小心挑出胶塞后，再测试 vent 1 出口的气体流量，如果已恢复至 10ml/min 以上，且 vent 2 流量也很小，说明问题已经解决，这时测定气体样品，质谱仪器就能正常出峰（图 4-59）。

图 4-58　用注射器针头小心挑出胶塞

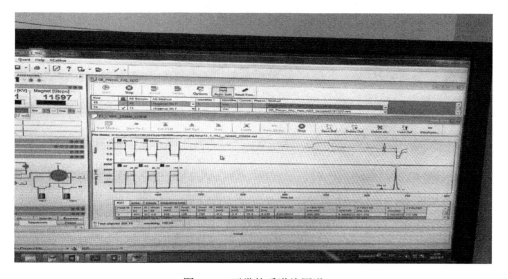

图 4-59　正常的质谱峰图谱

总结 Thermo PreCon 装置出现故障的原因，可以归纳为如下 4 个：

（1）流通阀连接进入色谱柱的毛细管断裂；

（2）化学阱失效并堵塞；

（3）Vent 2 的气动开关损坏，阀内的弹簧无法自如伸缩；

（4）进样针口被胶塞堵塞。

（叶慧君　范昌福）

256. Thermo GasBench-PreCon 联用本底异常的解决案例

质谱图不正常，具体表现为本底值超高，如下所示：

（1）首先进行 on-off 测试，确认质谱仪是否正常稳定。图 4-60 为正常的 on-off 测试图谱。

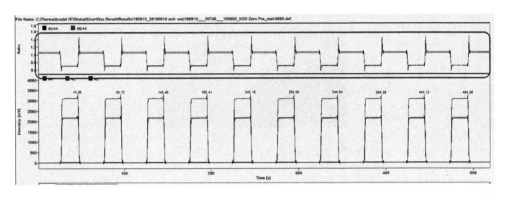

图 4-60　正常的 on/off 测试图谱

（2）如果本底太高，可能是色谱柱或者 GasBench 水阱有脏，需要更换新的备件。当烘烤色谱后测样时，虽然本底没有之前那么高，但是仍然不正常（图 4-61）。

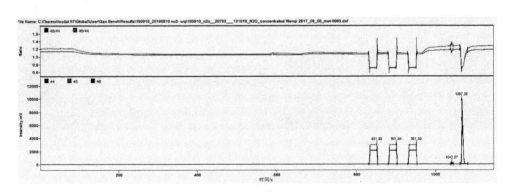

图 4-61　GasBench 水阱有脏后的不正常质谱图

（3）更换新的色谱柱并烘烤后，继续进行 on-off 测试，开始时结果比较正常，本底较低，但在连续做 on-off 测试后，本底越来越高，如图 4-62 和图 4-63 所示。

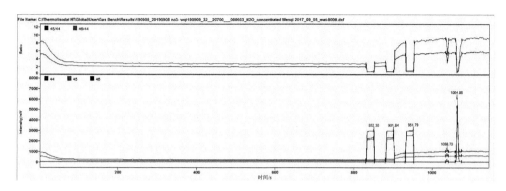

图 4-62　本底越来越高的质谱图

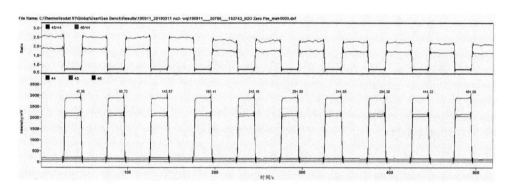

图 4-63　本底高时的 on-off 测试质谱图

（4）至此，可以初步判定是水阱的问题，需要更换新的水阱。

（5）排除问题的另一个思路是，直接绕过可能有问题的水阱，将连接针阀的样品毛细管直接插入与色谱柱出口端相连的粗毛细管中，让气体直接进入质谱仪。如果质谱的本底恢复正常，则说明被绕开的水阱有问题，需要更换。

（6）注意观察水阱的连接方式，仔细拆卸水阱，更换新的 nafion 管。nafion管与石英毛细管的连接操作方式如下，使用 1mL 注射器轻轻推出一滴甲醇吸附在针头处，用 nafion 管蘸取这一小滴甲醇后，迅速将石英毛细管插进nafion 管，并轻轻推动一下使其紧密相连，随后可以自然风干或者使用吹风机将甲醇吹干。

（7）然后将水阱组装后装回原来位置。接好后经数个小时的系统吹扫后本底恢复正常（图 4-64）。

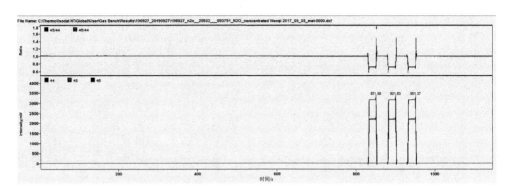

图 4-64　更换水阱后本底正常时的质谱谱图

（张雯淇　赵祝钰　范昌福）

第五节　Thermo Kiel Ⅳ全自动碳酸盐岩制备装置

导语：测试碳酸盐岩样品的稳定碳、氧同位素比值，其反应产生 CO_2 气体的纯化系统主要分为两种：一种是制备大样品量的碳酸盐外部离线制样装置，样品经离线制样获得纯净的 CO_2 气体后再用双路进样系统-同位素质谱联用仪精密测量样品的碳、氧同位素比值；另一种是全自动制备和在线检测装置。Kiel Ⅳ 碳酸盐制备装置是赛默飞世尔科技有限公司推出的一种专属与气体同位素质谱联用的、全自动的微量碳酸盐在线制样装置。

本节编著者在长期进行普通碳酸盐岩样品、复杂混合岩性样品和特殊类型生物颗粒样品等测试基础上，利用 Kiel Ⅳ制备装置和同位素质谱联用系统，从细化碳酸盐样品的类型、磷酸浓度的调配以及酸反应温度和速度的选择等方面，进一步完善和优化了微量碳酸盐样品中碳、氧同位素比值的实验技术流程，经完善和优化的流程尤其适用于微量碳酸盐样品的高精度分析测试，如有孔虫类、双壳类、腕足类等，从而获得了国内公认的高精度的测试数据。精细化的实验流程和分析技术，值得推荐。

257. Thermo Kiel Ⅳ全自动碳酸盐岩制备装置的工作原理

Thermo Kiel Ⅳ碳酸盐制备装置（图 4-65）是测定碳酸盐岩稳定碳、氧同位素的前处理装置，全自动化操作，具有极高的分析精度，每年可以分析一万个以上的样品，尤其适合微量碳酸盐样品的同位素质谱分析，如有孔虫类、双壳类、腕足类等的高分辨率测试。102%的磷酸存储、转移和化学反应都是在温度控制的（70℃）条件下进行的。磷酸酸化过程中，在无隔膜的反应瓶中产生 CO_2，产生的水和非冷凝气体由第一捕集阱从 CO_2 气体相中被去除。在将 CO_2 气体转移到微体积箱之前，CO_2 的气压强可测；如果需要，可以通过扩散稀释以调整 CO_2 气体的样品量。微体积箱中纯净干燥的 CO_2，由气体同位素质谱主机（Thermo MAT-253 或者 Delta V）进行双路比较精密测量。

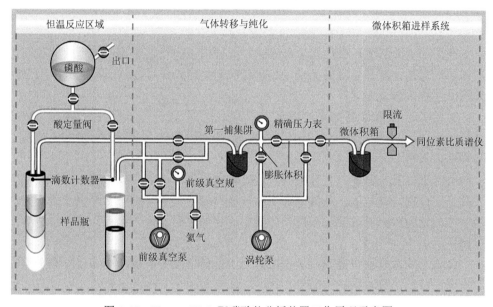

图 4-65　Thermo Kiel Ⅳ碳酸盐分析装置工作原理示意图

（刘　静　陈小明　范昌福）

258. 采用 Thermo Kiel Ⅳ全自动碳酸盐岩制备装置测定微量碳酸盐样品碳、氧同位素比值时需要注意哪些问题？

根据各个实验室针对科学研究的需求，从实验方法学的角度，调整测定微量碳酸盐样品中的碳、氧稳定同位素的实验技术流程，摸索出一套采用 Kiel Ⅳ全自动碳酸盐岩装置测试此类微量样品的测试条件与数据变化之间的对应规律是非常必要的。通过规律性的探索和方法的细化、量化，形成标准流程。该测试流程能为其他同类样品的研究分析提供有价值的参考和标准。反应瓶装入 Kiel Ⅳ全自动碳酸盐岩制备装置中，反应温度为 70℃；反应过程中加入 3 滴 102%以上的正磷酸；反应时间为 350~400s。根据样品反应产生的 CO_2 气体量（参照仪器采集参数）调整仪器各项测试参数。例如，当气体样品量较少时，可以用减少充气压力和充气间隔数来满足两端平衡问题，以保证测试精度的要求。实验结果表明，

Thermo MAT-253 同位素质谱仪具有很好的线性和稳定性，在线性模式下灵敏度为 750 CO_2 分子/m/z 44 离子。只要称取大于最低取样量的样品，调整合适的参比气体的压力和样品间隔数量，就有助于获得高精度的测试数据。

（刘 静 陈小明）

259. Thermo Kiel Ⅳ 全自动碳酸盐岩制备容易出哪些小问题？

在采用磷酸法测定碳酸盐岩稳定碳、氧同位素时，要想得到高精度的数据特别需要注意真空度和温度的问题，尽量让碳酸盐岩样品和磷酸反应，减少因分流效应引起的数据偏差。

如果 Kiel Ⅳ 碳酸盐装置的漏率（leak rate）值偏高，就有可能是密封垫圈出了问题。可以试着取下垫圈上下颠倒再使用（垫圈的弹性形变需要一定的恢复期），如果效果仍然不好就必须更换新的垫圈。

有时也可能是转盘位置有偏差，这时需要微调中心点，或微调样品反应瓶下方螺杆的位置。有时候出现漏率高而酸前压不高的情况，这可能是由于酸阀内的酸室腔体里面有少量的磷酸残留，可以用弯管的注射器注入无水乙醇进行清洗加以解决。

装置上的橡胶酸管经反复挤压可能会因为弹性形变恢复较慢造成酸滴下落速度太慢而停机，这时需拔出酸管，将酸管底部剪掉 1～2mm 重新装入即可。

Bellow 气体储样器也是容易出问题的地方。平时分析样品时需多加观察，如果发现参比气体压缩体积有变化时，首先可以通过选择校准储样器（calibrate bellows）的任务栏进行硬件和软件（hardware/signal）的调整重新校准；如果仍不能解决问题，就需要更换新的电位器。在更换前，需用欧姆表测试一下新电位器的状态，确认是好的后再作更换。

在整个仪器系统使用过程中难免会出现这样或那样的问题，这就需要随时注意观察参数的变化和仪器的状态，越早发现问题并及时解决，就越不容易引起更大的问题。

（刘 静 陈小明）

260. 如何控制 Kiel Ⅳ 全自动碳酸盐岩制备装置的反应条件？

混合岩性的样品需增加反应时间，尽量让样品充分反应以减少偏差，同时注意取样量和测试方法中的充气压力要相对应。

（刘 静 陈小明）

261. 碳酸盐矿物或岩石中碳、氧同位素组成都采用磷酸法测定，为什么磷酸能"担当此任"？

1950 年 McCrea 在进行碳酸盐中氧同位素的分析时，研究了各种适合于同位素分析的 CO_2 气体的制备方法，并做了热分解和不同无机酸分解法的对比实验，发现磷酸法具有以下优点：

（1）磷酸的蒸气压低，在真空中易于处理，系统可达到较高的真空度。

（2）磷酸虽然是含氧酸，但磷酸根离子与 CO_2 之间在实验过程中没有明显的氧同位素交换反应。McCrea 曾用含有 1.5% ^{18}O 的重氧水滴加在五氧化二磷粉末上，制备出 ^{18}O 含量为 0.7%的磷酸。分析的结果表明，富 ^{18}O 的磷酸与碳酸盐的同位素交换程度不超过 0.25%。但在用硫酸分解碳酸盐的实验中，实验数据明显地表现出硫酸根离子与 CO_2 之间具有氧同位素交换作用。

（3）磷酸法分解析出的 CO_2 气体比较纯净，没有发现由磷酸带来杂质气体，而如果用硝酸或甲酸等分解碳酸盐时，这些酸类本身分解的气体（NO_2、CO_2 等）将会严重干扰质谱测定。

（刘　静　陈小明）

262. 磷酸的浓度会影响碳酸盐岩中的稳定碳、氧同位素比值吗？

磷酸的浓度与氧同位素测定结果有一定的相关性。在离线制样测试时，文献上一般都注明所用磷酸应为 100%的正磷酸。如果使用 Thermo Kiel Ⅳ 全自动碳酸盐装置，仪器上标注的适用磷酸浓度是 102%以上。高仁祥（1987）认为，在处理碳酸盐样品制备 CO_2 过程中，CO_2 可能与水中的氧发生同位素交换，导致氧同位素测定结果失真。为研究这种交换作用对测定结果的影响程度，他们在实验中采用密度（d）表示磷酸的浓度，同时选用几种密度的磷酸作了对比实验。实验结果表明，$\delta^{13}C$ ‰值都保持不变，而 $\delta^{18}O$ ‰值则随磷酸浓度降低而减小，测定值之差可达 0.5‰，说明磷酸浓度对氧的交换作用有一定的影响。考虑到抽真空和分离时脱水较为困难，通常建议应采用 $d = 1.87$（即 100%）的磷酸为宜。

中国科学院南京地质古生物研究所同位素实验室专门从事碳酸盐的碳、氧同位素的测定已有 30 多年，对于不同磷酸的浓度对实验过程的影响有以下几点经验。

（1）磷酸浓度的差异对离线的外部制样实验过程的影响

①低浓度磷酸（浓度低于 98%，d 小于 1.84）

第一，化学反应快速，达到完全反应所需的时间：灰岩样品（25℃）小于

10h；方解石、文石等样品（25℃）小于 6h；白云岩样品（50℃）小于 20h。

第二，在真空系统上由于水蒸气压偏大，尽管耗费了大量时间，也难以获得较高真空度；氧同位素产生分馏，其分馏效应随磷酸浓度降低而增大，$\delta^{18}O_{PDB}‰$ 数值偏负将超过 0.20。

②高浓度磷酸（浓度超过 100%，d 大于 1.87）

第一，在真空系统上水蒸气压偏小，短时间内能获得较高真空度；氧同位素产生分馏微弱，其分馏效应可忽略不计。

第二，化学反应缓慢，达到完全反应所需要的时间：灰岩样品（25℃）大于 15h；方解石、文石等样品（25℃）大于 10h；白云岩样品（50℃）大于 30h，而对于纯净白云岩甚至超过 36h。

（2）磷酸浓度的差异对在线的碳酸盐装置实验过程的影响

①低浓度磷酸（浓度约 100%，d 约 1.87）

第一，化学反应快速，在预设定的反应时间（约 150s）、反应温度（约 72℃）下，方解石、文石等样品都能达到完全反应；灰岩样品完成反应超过 90%；白云岩及混合碳酸盐样品完成反应程度较高，测定值偏差程度小；酸路比较通畅，酸管及酸针不易堵塞。

第二，由于水蒸气压偏大，参数中漏率高；酸黏度低，酸阀很难在关闭状态时完全阻止酸的微渗漏。产生的影响：在 1 号位或 2 号位试酸后如形成挂酸，很有可能造成酸滴的喷溅或在待测样品检漏时酸提前下落。酸阀腔体的密封圈一旦被酸喷溅，如不及时处理，在随后测定的样品中，也许测定精度很好，但是前处理的主要控制参数，如参数 LR、PN、PG 可能全部不符合测试要求。

②超高浓度磷酸（浓度大于 105%，d 超过 1.92）

第一，水蒸气压微弱，具有较低的漏率，有可能低于 100μbar，酸阀关闭状态无明显挂酸，如滴酸速度在设定范围内正常控制，分析过程安全性高，基本上无密封圈被腐蚀或酸提前毁坏样品情况出现，临时中断测定程序的次数减少。

第二，碳酸盐样品除了方解石、文石外，在实验室分析的地质样品中，碳酸盐组成绝大多数属于混合型。岩性可描述为灰岩、含白云质灰岩、白云质灰岩、含钙质白云岩、钙质白云岩、白云岩（如 GBW-04405）。在确定的真空度和反应温度等条件下，混合碳酸盐中的不同组分的磷酸能够完全反应的时间不同，造成反应产物 CO_2 的同位素 δ 测定值与预设定的反应时间长短相关。白云岩及混合碳酸盐完成反应程度较低，混合碳酸盐测定值偏差程度较大，而且难以预测和控制。

（刘　静　陈小明）

263. 如何配制高浓度的磷酸?

（1）所需要的试剂

①五氧化二磷（无定形粉末），AR级，具有强烈的化学腐蚀性和吸水性，与水的化合反应程度剧烈并释放出大量的热。

②普通市售的磷酸，AR级，浓度＞85%（质量分数），具有较强的化学腐蚀性和吸水性，比重约1.69；或者进口结晶状固体磷酸，AR级，浓度＞99%（质量分数）。

（2）所需要的容器等

容积250mL的磨口三角烧瓶、塑料勺（勺应小于烧瓶口径）、具有螺旋口的灯座及红外灯泡（功率150W）。

（3）高浓度磷酸的配制

①在容积250mL磨口三角烧瓶中，放入约150mL浓度＞85%的磷酸，或200mL浓度＞99%的加热溶解后的液体进口磷酸。

②用塑料勺取五氧化二磷粉末放入三角烧瓶，并迅速将粉末与磷酸摇匀，粉末加入量应逐次增加，多次重复直至瓶体灼热（约60～70℃），温度过高易形成焦磷酸，配制过程中经常要用流动的自来水将三角烧瓶冷却至室温。重复上述过程。在加入五氧化二磷粉末的过程中应遵循少量多次的原则，避免温度过高或出现其他意外。

③伴随磷酸浓度的增加，磷酸的混浊度加大，逐渐成为液体、胶状体、粉末包裹体的混合物。在静置、冷却数小时后，如液体仍混浊，应采用红外线灯间断缓慢加热，避免出现温度剧升。静置、冷却，直至液体透明。

④再次加入五氧化二磷粉末至三角烧瓶中，加大每次的粉末加入量，将粉末与磷酸充分摇匀。重复上述过程直至瓶体灼热（此阶段瓶体温度上升速率明显缓慢），用流动的自来水将三角烧瓶冷却至室温。重复上述过程至瓶体无灼热感（仅仅产生微弱的化合反应）。冷却后的混合体呈现出完全混浊、黏度极大的胶状体，静置。

⑤采用红外线灯对瓶体快速加热至60℃，中断加热，静置。重复上述过程，温度逐步提升至80℃。混合体从均匀体转化，出现部分的透明体和悬浮、漂浮物的混合体。长时间冷却、静置，再处理，透明体比例逐渐增加，整个三角烧瓶最终可明显划分出三个区域：上层为漂浮物，主要由未反应完全的五氧化二磷粉末与磷酸形成不规则的颗粒状包裹体组成；中间段为透明体，由磷酸和呈悬浮状细微包裹体组成；三角烧瓶底部形成沉淀层，这些沉淀物主要由无定形磷酸晶体、胶状颗粒、少量杂质等组成。

⑥将第⑤步得到的磷酸透明液体部分进行转移（液体中可能含有极少量悬浮状细微包裹体或胶状磷酸细微颗粒），液体缓慢倒入备用三角烧瓶中，尽量避免或减少漂浮物及瓶底沉淀物进入。静置，采用红外线灯对瓶体快速加热至 80℃，并保持约 20min，中断加热。多次重复上述过程，直至磷酸呈完全透明液体状，Thermo Kiel Ⅳ全自动碳酸盐装置用酸不得含有漂浮物或悬浮物，所以必要时要对制好的高浓度磷酸进行二次转移。

浓度为 102%～105% 的磷酸的典型物理特征为：室温高于 20℃，长时间放置时无磷酸晶体析出；黏稠度极高，比重大于 1.90。在长期保存期间，温度低时会出现晶体析出现象，经红外灯烘烤会重新溶解，不影响正常使用。

（刘　静　陈小明）

264. 如何判定离线和在线测定稳定碳氧同位素的磷酸浓度是否合适？

（1）离线制样时，应对磷酸浓度作如下的判断与适当程度的调整：

①真空状态下，反应温度为 25℃ 时，20mg GBW-04405 标准样品达到完全反应的耗时为 15～18h；反应温度为 50℃ 时，20mg GBW-04405 标准样品达到完全反应的耗时为 10～12h，20mg 白云岩样品达到完全反应的耗时为 24～30h。

②对偏浓的磷酸可以适量加入浓度 >85% 磷酸进行稀释，加入量约 2%（体积分数）倍数进行调整；浓度偏低可采用问题 263 中方法进行处理，要求不高也可以参照标准测定值，对测定结果进行系统校正。磷酸浓度的正负偏差，对 C、O 同位素测定结果的影响是单一取向的，导致结果呈现负偏差。

（2）在线测定时，应对磷酸浓度作如下的判断与适当程度的调整：

①在碳酸盐装置各项工作参数正常时，观察酸的流速，酸滴之间的时间间隔应该小于 10s；漏率参数为 300～1000μbar。经常性观察碳酸盐装置的酸滴流速变化，预测酸滴流速超时，并提前进行必要的处理。

②不需刻意去获取超高浓度的磷酸，除了能得到较低的漏率参数（200μbar 以下）外，会产生较多的负面影响，如化学反应的不完全（对地质样品特别重要）、酸流速的降低、分析周期延长等。偏浓的磷酸可采用上述方式对磷酸进行稀释。由于每次加注的酸使用周期很长，浓的磷酸具有强吸水性，稀释量应适当减少。

（刘　静　陈小明）

265. 碳酸盐样品测试前如何进行岩性和纯度的预判？做出判断后，如何控制取样量？

磷酸与碳酸盐岩反应速度的快慢与样品粒径大小有显著的相关性。由于样品粒径大小对反应时间影响很大，即"粒径效应"与反应速度有关。在磷酸法中，为了得到可靠的分析结果应尽可能保持实验条件的一致性，并尽量使反应进行完全。所以，一般要求盐岩样品在研磨后成为 200 目左右的粉末样品。测试前，取适量样品放入取样瓶中，加入体积比为 1∶3 的盐酸 2～3 滴；及时观察样品反应起泡的情况，含有白云岩的样品需要酒精灯加热至反应完全；最后根据反应剧烈程度、是否需要加热和反应后的沉淀做出样品岩性和纯度的判断，并在样品袋上做好标记。

按碳酸盐岩成分比例及含量的差异，取样的范围如下。

（1）对离线制样的真空处理装置

纯碳酸盐岩样品需称取的量为 20～30mg。

其他类样品需称取的量为 30～350mg。

（2）对在线碳酸盐岩制样装置

纯碳酸盐岩样品需称取的量为 80～120μg；

其他类碳酸盐岩样品需称取的量依据对样品的预先判别，可以按十几个级别，分别以 10%～50%增量取样，直至称到数十毫克。

（刘　　静　陈小明）

266. 为什么要对混合岩性碳酸盐岩样品进行碳、氧同位素分组分分析？

沉积环境分析目前已有多种方法，利用岩石中氧、碳稳定同位素变化的规律恢复古地理环境及古气候已日益成为行之有效的手段，成为开展生物与环境协同演化的必要技术手段。但是，从实验技术的角度，碳酸盐岩的稳定碳、氧同位素测试数据却往往因样品的特殊属性，以及样品前处理方法的差异，其同一个样品在不同实验室间比对分析时，重现性较差，产生测定结果上的差异，以至于数据可信度下降甚至科研成果受质疑。

例如，目前对于分析混合岩性的样品，大多数实验室无论采用 Thermo Kiel IV 碳酸盐自动进样系统，还是通过离线制样方式分析样品，多采取"一刀切"的处理方式，即直接测定混合岩性样品整体的碳、氧同位素值。这样的处理方式将会掩盖混合岩性中灰岩和白云岩的碳、氧同位素值的差别。

（刘　　静　陈小明）

267. 如何对混合岩性地质样品进行分成分的稳定碳、氧同位素分析？

首先，要确认待测样品的岩性和样品中必须含有可分的成分及它们各自的含量范围，包括碳酸盐在样品中的纯净度；如果样品中有适宜的分成分同位素测定的可能，方解石/白云岩的含量比越小就越有利于此项测定的效果和测定精度。

先用外部离线制样方式制备 CO_2 气体，并利用同位素质谱仪双路进样系统完成碳、氧同位素测定。这套实验流程，磷酸浓度控制在 100%，分析测试时要特别注意控制反应温度（氧同位素比值与反应温度相关性很大）和真空条件的满足。对混合岩性样品进行成分分析，设计的试验操作流程可分为三个阶段。

（1）收集灰岩成分产生的 CO_2。虽然白云岩和方解石在 25℃ 时与 100% 磷酸都有反应，但两者的反应速度差异十分明显。利用这个特点，将样品反应器在 25℃ 水浴锅中反应 10min 后迅速放入冰水混合物中终止反应，再将反应器置于冷液中通过真空转移系统收集 CO_2。特别需要提醒的是，反应器拿出水浴锅必须立即放置在冰水混合物中或者冷液中，否则反应器中的样品还会继续反应，给测定结果带来误差。这样，第一步收集到的气体的同位素测试数据就可以用于研究灰岩部分的碳、氧同位素值。

（2）收集残留灰岩和部分白云岩产生的 CO_2。反应器置于 25℃ 水浴锅中反应 120min，迅速放入冰水混合物中终止反应，再将反应器放于冷液中收集 CO_2。这部分收集的 CO_2 气体是灰岩-白云岩反应生成的混合气体，根据研究者的需要可以转移或者抽掉舍弃均可。

（3）收集白云岩成分产生的 CO_2：待反应器在 50℃ 水浴锅中反应完全后，再收集最终产生的 CO_2。这一步收集的气体测试数据就可以用于研究白云岩部分的碳、氧同位素值。

（刘　　静　陈小明）

268. 为什么要进行有孔虫稳定碳、氧同位素测试前处理方法的研究？

Shackleton 提出了适用于有孔虫微量碳酸钙样品的测试方法。在样品前处理中先将沉积物样品放在锥形瓶中，加入一定量的水，在振荡器上振荡数小时以分散样品。过筛（60～80 目）除去细泥，然后在双目镜下挑选有孔虫。当收集到足够的样品后，放在小烧杯中用超声波清洗几秒钟，目的是除去样品内的颗石藻和细泥等沉积物。然后将样品转移到过滤筛网上用甲醇淋洗多次。将烘干后的在小筛网上的样品放到石英小皿中用玻璃棒压碎。最后样品在（400±25）℃ 下进行真空焙烧约 30min，以除去可能存在的有机物。

但是，目前针对有孔虫壳体样品的碳、氧同位素分析测试，各个实验室平台缺少一个标准的前处理程序，因而各个实验室的测试结果很不一致，进而造成对古海洋环境重建和对比研究分析结果不一致的困惑。通过对浮游有孔虫样品前处理的对比，可以发现其预处理步骤的不同点主要表现在：是否对有孔虫壳径范围作了选择；对浮游有孔虫壳体内部包裹体是否清洗，因为有孔虫壳室内的残留小球石或细粒沉积物和有机物等是影响有孔虫壳同位素比值的主要污染物；上机测试前是否对壳体作碾碎；是否选择合适的测试反应时间等。所以，形成一套规范的测试流程就显得十分必要。

（刘　静　陈小明）

269. 如何测定有孔虫样品的稳定碳、氧同位素？

以浮游有孔虫 *Globigerinoides ruber* 为例加以说明。

预处理的第 1 步是，为了消除有孔虫的生物效应对测试结果的影响，应选择壳径范围在 250~350μm 的壳体为测试对象。

前处理的第 2 步是，应将浮游有孔虫的壳体充分打开，并将其浸没在 0.5mL 的无水乙醇中，通过超声振荡分离上部浊液，去除杂质。这是因为浮游有孔虫壳壁表面以及壳体内会附着其他海洋沉积物，这些沉积物中的碳酸盐碎屑可能会对壳体的同位素测试结果产生影响。

预处理的第 3 步是，将第 2 步得到的有孔虫壳体碎片转移至 Thermo Kiel IV 全自动碳酸盐岩制备装置的反应瓶中。因为有孔虫壳体的种属差异造成壳体质量不同，所以测试前需要对单个壳体的质量进行称量估算。保证反应瓶中有孔虫壳体碎片的质量在 110~130μg，再在反应瓶中加入 0.5mL 无水乙醇，并用玻璃棒将壳体充分碾碎。之后，将得到的样品转移到烘箱中，120℃烘烤 2h，待样品内无水乙醇完全烘干为止。

预处理的第 4 步是，将烘干的样品反应瓶装入 Thermo Kiel IV 全自动碳酸盐岩装置中，反应温度为 70℃，反应过程中加 3 滴正磷酸，反应时间为 350~400s，根据反应产生的 CO_2 量调整合适的充气时间和间隔，有助于测定时两端平衡。测量精度标准参照国家碳酸岩标准样品（GBW-04405），本实验平台碳、氧同位素测试的标准偏差分别为 0.04‰和 0.08‰。

（刘　静　陈小明）

第六节　气相色谱-燃烧炉-同位素质谱联用系统

导语：气相色谱-燃烧炉-同位素质谱联用系统，是专门用于分析特定化合物中同位素比值的仪器。先分离，后燃烧，再进行同位素质谱分析。样品的完全分离是该技术的关键。这一分析技术目前尚未广泛应用。

编者对溶剂和衍生剂的选择和燃烧炉炉温的控制，以及系统测定时出现的诸如基线和拖尾等问题都给出了具体的要求和明确的解答，并介绍了利用该系统实现对土壤中磷脂脂肪酸和某中药材中特定组成分的同位素比值的测定技术。

270. 气相色谱-燃烧炉-同位素质谱联用系统是什么工作原理？

采用 EA-IRMS 联机系统测定样品时，样品必须先经高温燃烧，使碳化物或氮化物全部转化为 CO_2 或 N_2，然后再经色谱柱进一步分离后才进入同位素质谱进行测定。先燃烧，后分离，因此测得的是样品中总有机碳的碳同位素比值，或总氮的氮同位素比值，参见图 4-66 的工作原理示意图。

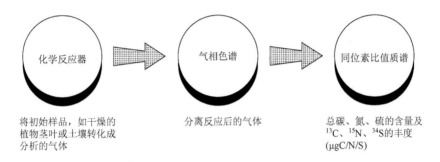

化学反应器　　　　　气相色谱　　　　　同位素比值质谱

将初始样品，如干燥的　　　分离反应后的气体　　　总碳、氮、硫的含量及
植物茎叶或土壤转化成　　　　　　　　　　　　^{13}C、^{15}N、^{34}S 的丰度
分析的气体　　　　　　　　　　　　　　　　　（μgC/N/S）

图 4-66　EA-IRMS 联机系统的工作原理示意图

而 GC-C-IRMS 联机系统的工作原理（图 4-67），则与 EA-IRMS 工作原理相反，是多组分的混合样品需先经色谱柱分离，分离出的不同单组分才随 He 气流依次进入高温的燃烧炉和还原炉，转化成 CO_2 或 N_2 后再依次进入同位素质谱进行测定，即先分离后燃烧转化，所以测得的结果代表的是每个单组分（也称特定化合物）的同位素比值的结果。也可能还有新的测试技术用于测定单个化合物分子结构中某个原子的同位素比值。

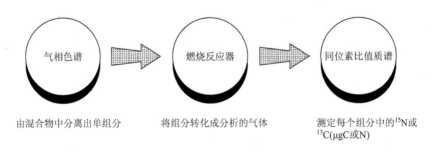

气相色谱　　　　　燃烧反应器　　　　　同位素比值质谱

由混合物中分离出单组分　　　将组分转化成分析的气体　　　测定每个组分中的 ^{15}N 或
　　　　　　　　　　　　　　　　　　　　　　　　　　　　^{13}C（μgC 或 N）

图 4-67　GC-C-IRMS 联机系统的工作原理示意图

（曹亚澄）

271. GC-C-IRMS 与 EA-IRMS 联机系统分析目标的差异

GC-C-IRMS 单体同位素分析（compound-specific isotope analysis，CSIA），即对样品中单个化合物的同位素比值进行分析，是通过气相色谱预先对混合样品进行分离，经过分离后的单个化合物先后通过燃烧管，转化成低分子量的气体（CO_2 或 N_2 等），进入同位素质谱分析，如图 4-68 所示；而 EA-IRMS 全样品同位素分析（bulk stable isotope ratio analysis，BSIA）是对样品中所有化合物的同位素进行分析。通过元素分析对混合样品中所有组分同时燃烧，转化成低分子量的气体，进入同位素质谱分析。与 EA-IRMS 相比，GC-C-IRMS 在一次数据采集运行周期内，完成了对混合样品中单个化合物的分别检测，获得了更精细的单个化合物的同位素比值信息。当然对于特定化合物也可通过离线分离和提纯后通过 EA-IRMS 实现单体同位素分析，但需要的样品量将大大增加。

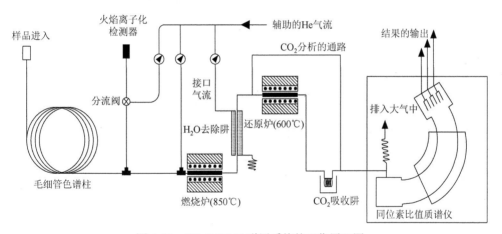

图 4-68　GC-C-IRMS 联用系统的工作原理图

（张　晗）

272. GC-C-IRMS 与 EA-IRMS 联机系统对样品量的要求

对于 GC-C-IRMS 与 EA-IRMS 一次进样，同样产生 1000mV 的峰高信号（峰面积不同），EA-IRMS 约需要 20μg 碳，而 GC-C-IRMS 仅需要 5～10ng 碳。由于 GC 一般采用石英毛细管柱，基于柱容量的限制，进样量应小于等于 2μL（通常进样 1μL）。对于每个化合物而言，要求的碳含量应不低于 10ng（氮同位素测试，氮含量应不低于 50ng）。即每次进样，每个化合物碳浓度应在 10ng/μL，即 10ppm。相同浓度下，含碳个数较多的化合物，信号强度相对较高，如相同摩尔浓度的正构烷烃，理论上 $C_{12}H_{24}$ 的质谱信号强度应是 C_6H_{14} 的两倍。但此处仅比较两套联用系统每次进样量，对于 GC-C-IRMS 分析，实际制备样品时，溶剂提取后一般将样品浓缩至 20～1000μL 以便于自动进样时取 1μL。所以抽取样品时，应保证每份样品中目标化合物的含碳量在 200ng～10μg。

（张　晗）

273. 为什么 GC-C-IRMS 与 EA-IRMS 联机系统样品需求量有差异？

连续流进样方式使同位素质谱与各类制备系统和分离技术联用成为可能。作为在线技术，GC-C-IRMS 与 EA-IRMS 均通过惰性氦气载气将样品气体引入 IRMS 离子源中。为了保证离子源的真空度，确保仪器的线性和稳定性，必须对进入离子源含有样品的载气流量作一定的限制。由于 GC 毛细柱的载气流速为 1～2mL/min；而 EA 流速一般为 80～140mL/min。所以，GC-C-IRMS 采用的分流比一般为 2：1 到 10：1 或不分流，而 EA 的分流比则在 100：1 以上（EA 先通过尾部的三通作 10：1 分流，使载气降至 8～14mL，后通过 ConFlo 中的毛细柱分流，将载气降至 0.5～0.9mL/min 后才进入 IRMS）。由此可见，在同位素质谱测试精度相同的条件下，GC 和 EA 样品量的需求差异主要源自载气分流的差异，GC 中大部分样品可直接进入 IRMS，而 EA 中 99% 以上的样品因平衡流速而被分流，实际上仅不到 1% 的样品用于 IRMS 分析。

（张　晗）

274. 为什么测定氮元素单体同位素需要的样品量远大于碳元素？

产生相同强度的同位素质谱信号时，氮单体同位素测试样品的需要量是分析碳单体同位素的 5～10 倍。其原因如下：

（1）每产生 1 个 N_2 分子，需要两个氮原子，而每产生一个 CO_2 仅需要一个碳原子；

（2）有机化合物分子中 N 含量远较 C 含量低；

（3）^{15}N 的自然丰度为 0.366atom%，低于 ^{13}C 的自然丰度 1.108atom%；

（4）N_2 的离子化率远低于 CO_2 的离子化率；

（5）空气中含有 78% 的 N_2，细微的系统泄漏将导致较高的背景信号。

（张　晗）

275. 不同浓度单体同位素测试信号多少合适？

理想的同位素质谱峰，其每个化合物的质谱峰信号强度均应在 3000mV，可接受的最低信号为 500mV，最高信号约为 10000mV。对于大多自然的复杂样品，每个组分浓度各异，要获得高精度的数据，建议每个样品准备两个浓度，一份将高浓度组分色谱峰控制在理想信号强度范围，一份将低浓度组分控制在理想信号强度范围。

（张　晗）

276. 什么类型样品适用于 GC-C-IRMS 单体同位素分析？

从理论而言，可以采用气相色谱进行分离分析的化合物大多都可用于 GC-C-IRMS 单体同位素分析，即混合气体、挥发性或半挥发性的有机化合物。对于常温下处于液态或固态的化合物，由于相对稳定不发生热降解反应，需在高温下转化成气态，然后随氦载气通过气相色谱柱和高温燃烧管。而对于热不稳定的，或高温无法转化为气态的化合物可通过衍生化反应转化为适合 GC 分析的形态。但应特别注意的是，并非所有 GC 或 GC-MS 适用的衍生化反应均可应用于 GC-C-IRMS 分析，主要限制因素来自对高温燃烧管的反应效率和寿命的影响。

（张　晗）

277. GC-C-IRMS 高温燃烧管的工作原理

与 EA-IRMS 高温炉类似，GC-C-IRMS 高温燃烧管的作用是将单体化合物转化为供同位素质谱分析的低分子量的 CO_2 或 N_2 气体。为了保持气相色谱柱对化合物的分离效果，GC 和 IRMS 之间的高温燃烧管采用了与色谱柱相似的内径。热电公司的 GC Isolink 接口采用的是无孔 Al_2O_3 管，内部套装有内径 0.5mm NiO 管，管内填充 Ni 丝和 Cu 丝。与 EA 不同的是，为了避免 IRMS 灯丝受损或寿命下降，GC-C-IRMS 不能在高温反应管（载气中）充入氧气，而由金属氧化物提供样品转化 CO_2 过程中所需的氧，反应管预先氧化后，在高温条件下产生氧气的化学式如下：

$$4\,CuO = 2Cu_2O + O_2$$

$$2\,NiO = 2\,Ni + O_2$$

在 1000℃左右高温下，铜镍氧化物释放氧气，通过燃烧管的有机物在氧气存在下高温燃烧，反应生成的 CO_2 进入同位素质谱进行测试。

（张　晗）

278. 应该如何维护 GC-C-IRMS 高温燃烧管？

由于金属氧化物的含氧量非常有限，倘若操作不当，如忘记打开反吹阀，一针溶剂足以消耗燃烧管内所有的氧，导致无法进行样品的测定。所以，燃烧管必须经常氧化再生。根据经验，对于复杂的环境样品，在测定 8～10 个样品后就必须开启注氧将其活化 1～2h。为了获得高精密度和高准确度的数据，建议在每个样品测试前对燃烧管进行注氧活化。倘若燃烧炉持续维持高温状态，即使不测试样品，也应每 3 天重新氧化一次，以保持燃烧管的反应活性，并建议在待机时降低炉温。

（张　晗）

279. 更换 GC-C-IRMS 的燃烧管后应做哪些检查？

（1）进行系统的检漏。更换燃烧管后首先应进行检漏，将中间杯接收的质量数跳至 *m/z* 40，关闭反吹，等待 3～5min 后，观测质谱信号，*m/z* 40 值应低于 70mV，否则视为有微漏。用气袋装有的氩气吹扫燃烧管前后接口，观测信号变化，若超过数十毫伏即认为有漏气点，拧紧加固，直至观测到信号值低于 70mV。

（2）防止系统的堵塞。检查燃烧管的传输效率。将中间杯接收的质量数跳至 *m/z* 40，关闭反吹，在信号值低于 70mV 时，用进样针向仪器中注入 2μL 空气，氩的信号值在 1000mV 以上，则说明系统没有堵塞。

（张　晗）

280. GC-C-IRMS 高温燃烧管为什么会堵？

GC-C-IRMS 高温燃烧管出现堵塞的原因如下：

（1）若燃烧管未能定期做充氧维护，或者一次性经过燃烧管的有机物过多，管内铜丝将反应生成"铜锈"附着在陶瓷管壁，样品成分将无法完全氧化（表现为在更换燃烧管时，肉眼可见白色陶瓷管内壁发绿），并造成同位素分馏现象；

（2）若金属氧化物中氧已消耗完毕，仍持续进样，有机物将在无氧条件下热解成炭黑，逐渐堵塞燃烧管；

（3）燃烧管内金属丝，多次反复氧化后容易发生断裂，粉末化；

（4）样品中含有"禁忌"化合物，造成催化剂中毒。

（张　晗）

281. 如何判断高温燃烧管堵塞？

轻微堵塞时，色谱峰明显拖尾；在完全堵塞时，发现反吹无效，即反吹打开时仍有大量溶剂进入质谱仪器中，如图 4-69 所示。

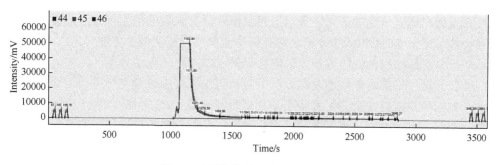

图 4-69　燃烧管堵塞时出现的谱图

（张　晗）

282. 哪些化合物是燃烧管"禁忌"的物质？

含有卤素的化合物是 GC-C-IRMS 分析时应该重点避免的物质。氯化物或氟化物将与燃烧管内的铜和镍形成盐类物质，使反应管中毒，且不可逆转，会大大降低燃烧管的反应效率，降低寿命，造成堵塞，如有机氯农药，DDT、六六六等多氯联苯类化合物和多溴联苯醚类化合物。同理，在 GC-C-IRMS 分析中均应尽量避免使用含有氯的溶剂和含有卤素的衍生试剂。

（张　晗）

283. 在 GC-C-IRMS 分析中应避免使用哪类溶剂？

在选择 GC-C-IRMS 的分析溶剂时，应从以下两个方面加以考虑：

（1）选择有利于色谱柱分离的溶剂。与普通气相色谱一样，选择对样品溶解度大、沸点低和极性小的中性溶剂，如正己烷、丙酮。

（2）选择对燃烧反应管友好的溶剂。同样，应尽量避免使用含氯溶剂，如二氯甲烷和氯仿等，该类溶剂进入反应管后将产生大量的氯化氢和金属盐，对燃烧管造成不可逆的中毒，并腐蚀后面的四通阀等接口。若必须使用该类溶剂时，需打开反吹，确保大量溶剂排空后方可关闭反吹（溶剂反吹时间不得低于 350s）引入样品。

（张　晗）

284. 在 GC-C-IRMS 分析中应避免使用哪些衍生试剂？

气相色谱适用于分离和分析可挥发性物质，而对于极性强、挥发性低、热稳定性差的物质往往不能直接进样分析，需通过衍生化的方法以改善样品的稳定性或挥发性，达到分离的效果。虽然气相色谱分析有大量的衍生化方法，但其中只有少数可用于 GC-C-IRMS 分析。选择衍生试剂同样需从两个方面考虑。

（1）目标物引入的衍生基团恒定且可重现，并利于色谱分离。

（2）衍生试剂对燃烧管友好。以下两类衍生试剂应该避免使用：①硅烷化试剂，如三甲基硅烷（TMS）和叔丁基二甲基氯硅烷（TBDMS）。为了确保反应完全，在衍生过程中会使用大量的硅烷化试剂，然而大量的硅烷化试剂在经过高温燃烧管时会形成二氧化硅或碳化硅，降低燃烧管的寿命，造成燃烧管的堵塞。②含有卤素的衍生试剂，如三氟乙酸（TFA）或七氟丁酸酯（HFB）。同样，氟将在燃烧管中生成氟化氢，与铜镍生成稳定的氟化铜和氟化镍，造成燃烧管不可逆的损毁。

（张　晗）

285. 在 GC-C-IRMS 分析中为什么强调基线分离？

在 CSIA 中，色谱峰基线完全分离是实现单体同位素比值高准确度分析的基本要求。由于色谱中的同位素效应，重同位素相对更早从色谱柱中洗脱出来，因此 m/z 44 信号峰的出现通常滞后于 m/z 45 信号峰 60～150ms。所以，同位素色谱图上每一个样品峰并不是一个对称的峰，每个峰从起始到结束，同位素比值存在差异。因此，要获得准确的单体同位素比值，必须从峰起始基线处到峰尾基线对每个色谱峰进行积分，样品峰的重叠会极大干扰数据的准确性。

（张　晗）

286. GC-C-IRMS 分析时，出现色谱峰拖尾的原因是什么？

影响基线分离最大的问题来自色谱峰拖尾，一般以下因素可能导致拖尾。

（1）色谱部分

①色谱的分离条件。

第一，升温程序，一般升温程序过慢可能导致色谱峰展宽，升温程序过快则会导致多个色谱峰共同流出，影响分离度。对于未知化合物需要多次摸索梯度升温条件，寻找平衡点。

第二，载气流速，一般载气流速过慢导致色谱峰展宽，拖尾，流速过快同样影响分离度。同时考虑到燃烧管的反应效率，对 0.25mm 或 0.32mm 内径的毛细柱，最高流速都不应超过 1.5mL/min，以避免目标物过快通过燃烧管，反应不完全。

②氦气流速的确认。每次更换色谱柱或对进样口进行维护后应重新进行柱评价，根据色谱柱参数（长度、内径），与标准 K 值比较，确认载气流速与设置的流速一致。

③进样口存在漏气现象，即使更换柱子后柱评价 K 值正常，密封垫在经过多次穿插后，孔隙过大，导致载气不稳，分流比无法恒定，此时再进行柱评价会发现 K 值偏离。

④样品浓度过高，色谱柱过载；进样口衬管被污染（高沸点化合物滞留或进样垫碎屑污染）。

⑤氦载气严重不纯。

（2）燃烧管部分

①燃烧管没有连接好，色谱柱-燃烧管-IRMS 之间的接口死体积过大；

②燃烧管反应效率降低（不仅导致拖尾，还造成同位素分馏）；

③燃烧管出现轻微堵塞。

（张　晗）

287. 什么是符合分析要求的色谱峰？

以氨基酸单体同位素分析为例来进行说明。

（1）图 4-70 为正常的色谱分离峰。

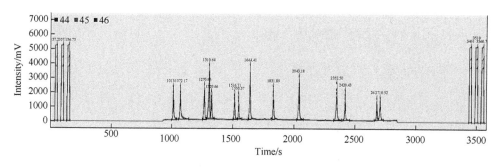

图 4-70　正常的色谱分离峰

色谱峰应做到基线完全分离，色谱峰应尽量狭窄。

（2）图 4-71 为有轻微拖尾的色谱峰。

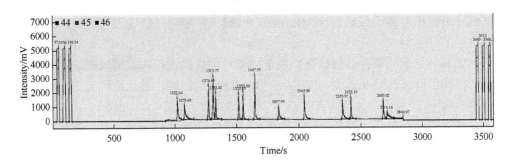

图 4-71　轻微拖尾的色谱峰

应对照问题，排查导致拖尾的因素。

（3）图 4-72 为分离较差的色谱峰。

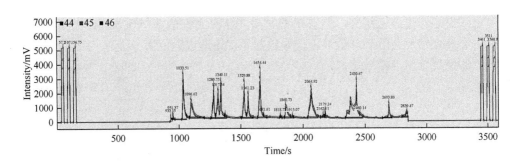

图 4-72　分离较差的色谱峰

分离较差的色谱峰与色谱柱的分离条件、燃烧管的燃烧状况以及质谱的测定样品的设定条件均相关。

（4）图 4-73 为色谱柱过载的色谱峰。

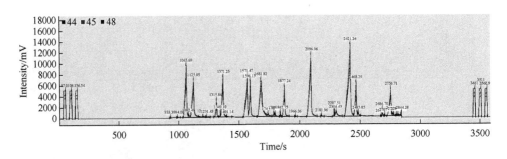

图 4-73 色谱柱过载的色谱峰

样品浓度过大，导致色谱柱过载，一方面影响分离度，另一方面基线杂质峰增多，对目标化合物分析造成干扰；同时过大的浓度快速消耗燃烧管内的氧，导致样品反应不完全。

（张 晗）

288. 什么是色谱柱的评价？

色谱柱的评价是根据不同的柱子长度和内径测定压力和流速的实际关系。每次更换色谱柱后，通过作柱评价后可以对载气流速进行调整，同时也可以根据柱评价的 K 值判断进样口是否存在漏气。倘若 K 因子远低于标准值，表明进样口有泄漏，检查隔垫和固定柱子的螺母是否旋紧。倘若 K 因子远高于标准值，表明柱子中有堵塞，应检查是否因固定柱子的螺母拧得过紧，以致石墨垫变形挤入内螺母，而造成柱头堵塞。值得注意的是，该柱评价并不能检测色谱柱与燃烧管接口的密封状况，或燃烧管部分是否存在漏气或堵塞现象，仅是反映色谱进样口的状态。

（张 晗）

289. GC-C-IRMS 分析对样品制备的要求

（1）从样品采集、前处理到衍生，样品制备的每一步都必须考虑该过程是否带来质量歧视效应，即避免产生样品的同位素分馏。

（2）如果已知同位素分馏不可避免（如衍生过程）时，在样品制备前，应在样品中加入化学性质相似且具已知同位素比值的内标化合物。

（3）内标化合物在质谱上的信号值应与目标物相当。

（张 晗）

290. 仪器长期不使用后，再次进行 GC-C-IRMS 测试前需要做哪些检查？

（1）若真空泵系统是关闭的，应打开泵系统，并抽真空稳定一天以上。

（2）确认反吹打开。

（3）提前一天打开 IRMS 进样口离子源的加热器，进行加热。

（4）将燃烧管升温，建议每 20～30min 升温 30℃，直至 990℃或 1030℃，以

保护燃烧管各个接口。

（5）检查真空度：针阀关闭时，真空度在 $9 \times 10^{-8} \sim 1.2 \times 10^{-7}$ mbar，离子源关闭时高压为 0kV；针阀开启时，真空约 1.7×10^{-6} mbar（若在 10^{-5} mbar，意味着仪器有微漏）。仪器真空正常以后，打开离子源，高压应在 3kV（Thermo Delta 系列仪器）。

（6）缓慢地将炉温升至 120℃，进样口在 220℃下烘烤 1～3h，去除水分。

（7）检查仪器的本底值：在同位素质谱仪器稳定数小时后，关闭反吹，将 GC 炉温降至 60℃，进样口温度设在 220℃，用中间接收杯测试 m/z 18 和 m/z 40 的信号，确认 m/z 18 峰应＜5000mV；m/z 40 峰应＜70mV。

（8）打入几针溶剂，建议使用正己烷试剂，检查 GC 的本底值。

（张　晗）

291. 单体同位素分析数据如何校准？

与 EA-IRMS 一样，GC-C-IRMS 也通过标准物质对参比气体进行校准，再通过参比气体对目标化合物进行定值。即将标准物质如咖啡因（IAEA-600）溶于适当的溶剂通过 GC 进入 IRMS 进行校准。但需要注意的是，即使 EA 和 GC 连接同一台稳定同位素质谱仪器，并使用同一瓶 CO_2 或 N_2 参比气体，不建议通过 EA 对参比气体进行校准后，然后用于 GC-C-IRMS 的定值。因为，标准物质在元素分析仪内和通过 GC-C 或 GC-Isolink 中燃烧管的反应过程和反应效率不同，标准物质经过不同分析过程进入同位素质谱可能会存在系统误差。特别对于 GC-C 或 GC-Isolink 中燃烧管，若反应效率降低，样品燃烧不完全，将带来较大误差，通常会大于 2‰。推荐配备一瓶标准气体（CO_2 或 N_2）和 1～2 个标准物质同时进行校准。当燃烧管反应完全，两者定值的两点斜率应是恒定的；倘若燃烧管反应效率降低，燃烧不完全，两点定值斜率将出现偏离，借此对整个 GC-C-IRMS 分析过程进行校准，或对燃烧管反应效率进行监控。

（张　晗）

第五章 气体同位素组成测量中标准样品的选择问题

用以校准测量仪器和评价测量方法的材料和物质称为参比物质，通常也称为标准物质，它可以是气体、液体或固体。同位素标准物质有多种，在日常气体同位素比值质谱（GIRMS）分析中使用得最多的是附有证书的有证标准物质。在我国，有证标准物质是目前具有最高计量特征的同位素标准物质。

在气体同位素质谱分析过程中，由于分析方法和质谱仪器都存在测量误差，测得的同位素比值并非样品的真实值。因此，必须利用有证标准物质校验分析方法和校准仪器设备，以获取测量结果的校正系数，然后通过测定值与校正系数的相互关系求得接近真实值的准确结果。

292. 气体同位素比值测量所用的标准物质是如何分类的?

气体同位素比值测量所用的标准物质分为三类。

第一类是 primary reference material，或者叫 international standard。这类标准物质可能是天然的、合成的，甚至是不存在的，它一般无法购买（除了 VSMOW 目前可以买到），只是作为国际统一的同位素刻度标尺而存在，例如，$\delta^{13}C$ 对应 VPDB（Vienna-pee dee belemnite），$\delta^{15}N$ 对应 Air-N$_2$，$\delta^{18}O$ 对应 VSMOW（Vienna standard mean ocean water），δ^2H 对应 VSMOW，$\delta^{34}S$ 对应 VCDT（Vienna-canyon diablo troilite）。需要说明的是 VSMOW 的前身是 SMOW，SMOW 本身是不存在的，只是人为定义它的 H 和 O 同位素 δ 值为 0（1961 年 H.Craig 等定义），后来人们用蒸馏海水和普通水混合人为做出了值很接近 SMOW 的水样并重新命名为 VSMOW（1968 年），并把它作为 H 和 O 水样的 primary reference material。^{18}O 同位素的标尺既可以是 VSMOW（水溶液）也可以是 VPDB（碳酸盐样品中的氧），二者需要经过如下公式转化：$\delta^{18}O_{VSMOW} = (1.0309 \times \delta^{18}O_{VPDB}) + 30.9$（Hut，1987）。

第二类是 reference material。这类标准物质通常是天然的或者是合成的某种化合物，并且足够均匀，它的值是根据 primary reference material 标定而来，并且可以从市场上买到。目前国际上通用的同位素 reference material 大部分是由国际原子能机构（IAEA）、美国国家标准与技术研究所（NIST）、欧盟标准物质与测量研究所（IRMM）研制的。其中 IAEA 和 NIST 从 1960 年就开始合作共同发布标准物质，它们二者的标准物质是通用的。例如，IAEA-CH-6（IAEA 和 NIST 共同发布）、GISP（IAEA 和 NIST 共同发布）、NBS18（IAEA 和 NIST 共同发布）、BCR658（IRMM 发布）、USGS24（IAEA 和 NIST 共同发布），这些都是 reference material。这类标准物质非常重要，通常在文献中作为数据是否标准化的依据存在。

第三类是实验室内部标准样品（internal laboratory standard）。这类标准物质由各个实验室自己制备，也称工作标准样品，或实验室标准样品。这类物质原料易得并且均一，可能与待测样品成分接近。实验室可以根据平时测定样品的详情和特征，根据标准样品制作的规范程序，选取合适的材料进行制备，由 reference material 标定，并经多家比对测试后给出工作标准样品的同位素参考值和不确定度，然后作为质谱实验室质量控制（QC）使用。例如，可以选取小麦粉或玉米粉，在烘干经多个实验室比对测试定值后即可以作为植物样品的碳、氮同位素比值测定的 QC。

关于同位素标准物质的更多知识，建议阅读 *Handbook of Stable Isotope Analytical Techniques*（Vol），Chapter 40：*International Stable Isotope Reference Materials*。

（马　潇）

293. 选择稳定同位素国际标准物质的依据是什么？

选择的标准物质与待测样品，在理论上应该做到基质匹配。当然对于很多样品可能无法实现。但是对于特殊的样品如头发、蛋白等组织样品，因为这类组织样品中含有可交换的 OH 基团，为了保证样品变化的一致性而便于后期校正处理，所以这类样品的标准物质的选择必须做到 100% 的基质匹配。

此外，标准物质最好的选择方法是选择一系列的标准物质。这些标准物质不需要接近待测样品的 δ 值，但要尽量涵盖足够宽的 δ 值的自然丰度范围，利用这些标准物质绘制校正曲线。

（马　潇）

294. 选择实验室内部标准样品的原则

（1）标准样品应具均一性，在极小的取样量下也能达到一致性；
（2）具有稳定的和恒定的同位素比值，这需要经过长期验证才能得出结论；
（3）样品的前处理较方便，易于取样也易于称量；
（4）标准样品应与待测样品基质匹配或接近；
（5）标准样品的同位素丰度值与待测样品接近（一个标准品），或者可以涵盖待测物质的同位素范围（使用多个标准样品）。

（马　潇）

295. 选择同位素标准物质的依据是什么？

应首选有证标准物质，如 GBW、IAEA、USGS 等国家和国际标准样品。从物质的性质上应尽量选择属同种或同类的标准物质；而在丰度上应覆盖样品丰度的变幅范围。现在不论国家还是国际的稳定同位素标准样品几乎都是自然丰度的样品，富集同位素的标准样品极少。最近只见到一个 IAEA-311 富集 ^{15}N 的标准物质，为硫酸铵，其 ^{15}N 丰度为 2.05atom%。

（曹亚澄）

296. 实验室内部标准样品（或称工作标准）有什么作用？

在同位素比值的测量过程中为了保证数据的准确性，需要使用标准物质。但国际标准物质价格昂贵，不适合大量使用。实验室可以根据需要制备某种标准样品作为工作标准样品使用。内部标准样品应与待测样品具有相近的基体，穿插在样品中间，每几个样品中插入一个内部标准样品。内部标准样品的作用相当于 QC，可以通过检查内部标准样品测定值的变化判断仪器的状态。

（马　潇）

297. 在进行 SIRMS 测定时，应采用哪种方法确定被测样品的准确同位素比值？

利用 SIRMS 测定样品，不同型号质谱仪器、不同外部设备，甚至同一质谱仪器在不同时间内因离子源状态的差异，均可能产生随机误差和系统误差。为保证测定结果的准确性，应尽量采用外标法标定测定的数值。其方法是，选择两个以上已知同位素比值的标准样品 A 和 B（即 A_T 和 B_T），利用 EA-IRMS 测定其同位素比值（A_M 和 B_M），将二者联立，建立线性回归方程（图 5-1）。然后将样品的测定值代入该方程，即可计算出被测样品准确的同位素比值。选择和样品基质相同或类似的标准样品，还可消除复杂样品引入的背景空白。在日常测定中，建议每天在样品开始运行前和样品运行结束后，分别测定两次标准样品 A 和 B，具体测定顺序如下：

标准样品 A

标准样品 B

样品气体 1

样品气体 2

······

样品气体 n

标准样品 A

标准样品 B

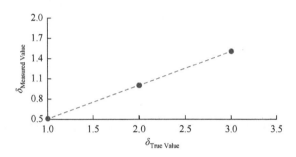

图 5-1　由标准样品的真值与仪器测定值制作的标准曲线

标准样品的选择需注意：

（1）应至少选择两个以上的标准样品；

（2）标准样品应与样品具有相同或类似基质；

（3）标准样品同位素比值的取值范围应覆盖被测样品同位素值的分布范围。

若无合适的标准样品或标准样品值跨度较大，可将两个标准样品按一定比例混合，或配制为相同浓度的溶液后，再按一定比例混合两种标准溶液，即可制得适合同位素比值的标准样品或标准样品溶液。

（王　曦　温　腾）

298. 怎样制备同位素质谱实验室的氮同位素质控样品？

在同位素质谱实验室中，质控样品的作用在于检验样品前处理方法和质谱仪器测定的准确性。由于在国际与国内有证书的氮同位素标准样品比较稀缺，所以普通同位素质谱实验室可以自制氮同位素的质控样品。氮同位素质控样品有两种，固体样品和气体样品。

固体质控样品通常选用分析纯的试剂尿素化合物，可以将它作为氮同位素自然丰度的质控样品；也可以将它与同质的已知 ^{15}N 丰度的标记尿素按一定比例混合后，配制成所需 ^{15}N 丰度的质控样品。在制备过程中，为了确保两种不同 ^{15}N 丰度的尿素混合均匀，一般不宜采用固体机械研磨的方式，而应采用先用无水乙醇完全溶解，然后再烘干研磨混匀的方法。

气体质控样品，这里仅以 ^{15}N 标记的 N_2O 气体为例。先后选择一种 ^{15}N 自然丰度的硝酸钾化合物，另一种为同质的已知 ^{15}N 丰度的硝酸钾化合物，分别将它们配制成一定浓度的溶液，然后按不同吸取比例进行混合（配制成不同 ^{15}N 丰度的硝酸钾溶液）。吸取一定量的混合溶液于真空瓶中，在 pH4.7 条件下用镀铜镉粒的化学转化法制备成不同 ^{15}N 丰度的 N_2O 气体。N_2O 气体在真空瓶中可以保存数月。

（曹亚澄）

299. 富集 ^{15}N 的实验室工作标准物质的制备方法

在进行 EA-IRMS 样品的测定过程中，需要插入适宜的同位素标准物质，其中包括有证同位素标准物质和实验室工作标准物质。以固体标准物质为例，实验室自然丰度的同位素工作标准物质包括尿素和硫酸铵等，其中尿素性质稳定，非常适合用作 EA-IRMS 的实验室同位素工作标准物质。对于富集同位素的实验室工作标准物质，可以向某些公司购买，也可自行制备。例如，可以根据称取的克数、含氮量及同位素的丰度，通过以下计算公式制备出系列 ^{15}N 丰度的 $(NH_4)_2SO_4$ 工作标准样品。例如，取 10g 自然丰度（0.3663atom%）的硫酸铵，与 X g 的 ^{15}N 丰度为 10.13atom%同质硫酸铵均匀混合（由于是同质可忽略两者含氮量的差异），就可计算出配制硫酸铵的 ^{15}N 丰度。

$$A \text{ atom}\% = (0.3663 \times 10 + 10.13 \times X) \div (10 + X)$$

式中，X 为称取 10.13atom%^{15}N 丰度的硫酸铵的质量数（g）；A 为配制的硫酸铵的 ^{15}N 丰度。

（曹亚澄　戴沈艳）

300. 建议测定气体样品中 N_2O、CH_4、CO_2、N_2 同位素比值的实验室，应配备一瓶天然的压缩空气，为什么？

测定气体样品同位素比值的实验室很有必要配备一瓶天然的压缩空气，将它作为一种稳定气源的实验室工作标准气体。通常自然空气中含有 78%的 N_2，360ppm 的 CO_2，1.7ppm 的 CH_4 和 320ppb 的 N_2O。但在目前市场上供应的压缩空气大都是用 N_2 和 CO_2 等气体配制出来的，其中不含 CH_4 和 N_2O。测定空气样品中 N_2O、CH_4、CO_2、N_2 的实验室十分必要配备一瓶天然的压缩空气。现列出在一定条件（Thermo PreCon-IRMS 测定，主峰接收杯高阻值为 $3 \times 10^8 \Omega$）下测定几种气体成分的取样量、信号强度及其稳定同位素的比值（表 5-1），仅供参考。

表 5-1　压缩空气中几种气体的取样量、信号强度及其稳定同位素的比值

气体类别	所取气体量/mL	仪器信号值主峰/mV	稳定同位素自然组成的参考值		
			$\delta^{15}N_{air}$/‰	$\delta^{13}C_{PDB}$/‰	$\delta^{18}O_{smow}$/‰
N_2O	100	850～1100	6～7	—	43～45
CH_4	100	1000	—	−46～−43	—
CO_2	5	1200～1500	—	～−7	～0
N_2	3	600	−1～1	—	—

　　在经过实验室同位素质谱仪器长期多次的测定，或由几个实验室多种条件下反复测试后，可审定出该瓶气体中多种成分的同位素比值。它可以作为实验室的工作标准气体，但它不能用于技术仲裁或作为实验室认证的依据。

（曹亚澄）

301. 热力学同位素分馏效应与动力学同位素分馏效应有哪些区别？

　　同位素分馏效应是指系统中某元素的各种同位素原子或分子以不同比值分配到各种物质或物相中的现象，主要分为非质量相关和质量相关同位素分馏。在物理、化学、生物作用下引起的热力学或动力学同位素分馏几乎均为与质量有关的分馏。

　　热力学同位素分馏是指同一元素的同位素原子（或分子）之间质量的相对差异而引起物理和化学性质上的差别。热力学分馏又称平衡分馏，包括许多机理不相同的物理化学过程，通过同位素交换的方式，如扩散、溶解-再沉淀、微区化学置换等，自动调整各物相或化合物的轻、重同位素原子或分子的分配比，以实现系统中同位素分布的平衡状态。一旦平衡建立后，只要体系的物理化学条件不变，则同位素在不同化合物或物相中的分布就保持不变，这就是同位素平衡状态的特点。在讨论同位素平衡分馏时，可不考虑同位素分馏的具体机理，而是把所有平衡分馏看成同位素交换反应的结果。

　　动力学同位素分馏是指同位素质量的相对差异引起物理或化学过程在运动速率或反应速率上的差别。动力学分馏常伴随有物相转变或化学反应的发生，并且是单向、不可逆的过程。例如，物理过程中水分蒸发、气体扩散，生物化学过程中植物光合作用、呼吸作用及不可逆化学反应，均存在动力学分馏现象。

（孟宪菁）

302. 在气体同位素质谱分析过程中，如何防止记忆效应的影响？

　　气体的吸附和解析是气体同位素质谱分析中产生记忆效应的根本原因。主要表现在残留于质谱进样系统、离子源和分析管道内的前次样品对后一样品测量结果的影响，尤其在前后样品的同位素丰度之间和进入的样品量之间差异很大时，记忆效应会更加严重。克服或减少记忆效应的办法通常有：在有条件时，用两台同位素质谱仪器分别测定自然丰度样品和富集同位素（主要是 ^{15}N 或 ^{13}C）的标记样品；其次，在同一台仪器上测定时，尽可能降低样品用量，样品的测定顺序按同位素丰度由低到高排序，并经常对仪器的进样系统、离子源、分析管道和色谱分离柱进行烘烤除气。

（曹亚澄）

303. 如何消除高丰度样品测试对管路记忆效应的影响？（以气相色谱-燃烧炉-同位素质谱联用系统测定甲烷气体碳同位素为例）

在测定甲烷碳同位素时，消除高丰度样品测试对系统管路记忆效应的办法如下：

（1）通常为了克服或减少记忆效应，应尽可能降低样品用量；

（2）样品测定顺序应以同位素丰度从低到高排序；

（3）样品测试完成后，打开氧气反吹活化反应炉，并及时烘烤离子源和色谱柱。

（尹希杰）

304. 在样品制备和同位素比值的质谱分析中，怎样避免产生同位素的分馏效应？

同位素分馏效应是由元素同位素之间存在的质量差引起的，轻元素（碳、氢、氧、氮和硫）同位素间的相对质量差较大，同位素的分馏效应更为明显。

在样品制备和同位素比值的质谱分析中，凡存在不完全的化学和生物反应或气体流动速度较快的现象，就会出现同位素的分馏效应，使反应生成物偏于富集轻同位素，而反应的起始物偏于富集重同位素，从而改变了样品原有的同位素比值，使样品的测定结果失去真实性。因此，特别在自然丰度样品的制备和同位素比值的质谱分析时，应尽量避免同位素分馏效应的产生。

（曹亚澄）

305. 在同位素示踪样品的研磨和制备过程中，如何防止产生交叉污染？

在进行富集 ^{15}N 和 ^{13}C 同位素示踪试验时，采集到的不同部分的植物样品间、不同层次的土壤样品间或不同时间产生的气体样品间，其同位素丰度的差异非常大。因此，经常会出现样品间的交叉污染（cross contamination），即在研磨的器具上、吸取试液的玻璃器皿壁上，以及抽取试验气体的针管和针头上残留的微量高丰度的粉末、液体和气体都将污染到后一个样品，给样品测定的结果带来严重影响。例如，使用没有清洗干净的盛放过高丰度试液的反应瓶，再进行另一个样品的制备时就会产生严重的样品交叉污染。因此，必须彻底清洗干净处理过示踪样品的研磨器具和玻璃器皿；必须用反复抽、排空气的办法，将抽取试验气体的针管和针头清洗干净。

（曹亚澄）

第六章　气体同位素质谱测定数据的处理问题

气体同位素质谱分析最终的结果需要经过复杂的计算与处理才能得到。目前的气体同位素质谱通过计算机进行数据采集和计算，并对计算结果进行校正，最后输出样品的测定结果。因此，如何判断测定的数据是否准确、是否合理，是气体同位素质谱分析工作者的基本能力之一。

同位素质谱测定的结果准确与否，除了涉及采集样品的代表性、分析前处理的合理性和同位素质谱仪器的稳定性外，采用科学的分析方法与计算方法，并通过合理的校准更为重要。本章的内容主要讨论有关数据的处理问题。

306. Thermo Isodat 输出结果中各符号代表的意义

Thermo 系列质谱仪所使用的软件均为 Isodat，其在输出图谱结果和计算结果时，通常的符号和参数如表 6-1 所示，为了让读者更直接了解符号所代表的意义，将常用符号总结如下。

表 6-1　Thermo Isodat 输出结果中各符号代表的意义

Peak Nr.	峰的编号	Number of peaks found 代表第几个峰
Start[s]	起始时间/s	Start time in seconds 代表出峰的起始时间（以秒计）
Rt[s]	保留时间/s	Retention time in seconds 代表出峰的保留时间（以秒计）
Width[s]	峰宽/s	Width of peak in seconds 代表峰宽（以秒计）
Sample Dilution[%]	样品的稀释度/%	Sample dilution in percent 代表样品稀释的百分比
Ampl.<m/z>[mV]	峰的信号强度/mV	Amplitude of a particular mass in millivolt 代表特定质量数峰的信号强度（mV） A separate column is provided for each mass 每一个质量数峰都对应一个值
BGD<m/z>[mV]	背景值/mV	Background for a particular mass in millivolt 代表特定质量数峰的本底强度（mV） A separate column is provided for each mass. 每一个质量数峰都对应一个值
Area All [Vs]	总面积/Vs	Sum of all（peak）areas for all isotope traces 对于所有同位素的扫迹而言，即所有峰面积的总和

Amt% [%]	元素的质量百分比/%	Percentage of an element in a compound 某种元素在化合物中的质量百分数
AT %	原子百分数/%	Atomic percentage value of an isotope 一种同位素的原子百分数 Examples: AT % [^{13}C] and AT % [^{18}O] 示例：AT % [^{13}C]和AT%[^{18}O]分别代表了 ^{13}C 在（^{13}C + ^{12}C）中的百分比和 ^{18}O 在（^{18}O + ^{16}O）中的百分比 The value is calculated from the element delta and the corresponding absolute element ratio of the standard. 该值是根据原子的 δ 值与相应标准品的原子绝对比值计算而来的

以 N_2 为例：

rArea 28	Raw Area m/z 28 原始峰面积	Sum of all integration points within a peak multiplied by peak width. Unit is mVs. The raw area is BGD corrected 质谱峰内所有积分点乘以峰宽之和，单位为 mVs；Raw area 是扣除本底校正后的原始峰面积
Area 28	Area m/z 28 校正后的峰面积	Raw area in Vs（instead of mVs）. All areas are normalized to the basic mass trace by the relation of resistors between basic trace and this trace. The basic mass trace remains uncorrected 此处的原始峰面积为 Vs，而不是 mVs。通过高阻的基本扫迹和该扫迹之间的相关性，将所有峰面积归一为基本质量扫迹。基本扫迹属未校正的值
$rR\ ^{29}N_2/^{28}N_2$	Raw Ratio N_2 样品的原始分子比值	The molecular ratio of the raw areas（Cont.Flow）or Intensities（Dual Inlet） 根据原始峰面积（连续流测量），或离子流强度（双路比较测量）得到的分子比值
$R\ ^{29}N_2/^{28}N_2$	True Sample Molecular Ratio N_2 样品的真实分子比值	True molecular ratio of sample calculated from raw ratio and a correction factor received from the calculation of the standard peak（Cont.Flow）or standard（Dual Inlet） 样品的真实分子比值是根据原始比值与校正系数计算得到的；而校正系数是由连续流测量中的参比峰，或双路比较测量中的标准品计算得到的
$R\ ^{29}N_2/^{28}N_2$ （standard peak）	True Standard Molecular Ratio N_2 标准品的真实分子比值	The true standard molecular ratio is calculated from the standard deltas. The ratio of observed（measured）standard ratio and the true standard ratio gives a correction factor, which is used to correct the observed sample ratio into its true sample ratio 标准品的真实分子比值是由标准品的 δ 值计算得到的。根据标准品的测定比值与标准品的真实比值获得一个校正系数，用它将样品的测定比值换算成样品的真实比值
rd $^{29}N_2/^{28}N_2$	（Molecule）Raw Delta vs. Std. N_2 样品（分子）的原始 δ 值	These molecule delta values are calculated from the raw ratios $rawDelta = ((rRatio29\text{-}Sample/rRatio29\text{-}Std) - 1) \times 1000$ 由 N_2 的原始比值计算出 N_2 分子的 δ 值 计算公式： 原始的 δ 值 =[（rRatio29–样品/rRatio29–标准品）–1]×1000
$\delta\ ^{29}N_2/^{28}N_2$	（Molecule）Delta vs. Std. N_2 样品（分子）的 δ 值	These delta values are calculated from the Raw delta values, corrected by the standard delta values. $Delta = RawDelta + UserStdDelta + (RawDelta \times UserStdDelta \times 0.001)$ 由 N_2 的原始 δ 值，经标准品的 δ 值校正后得到。计算公式： δ 值 = 原始 δ 值 + 用户使用标准品的 δ 值 + （原始 δ 值×用户使用标准品的 δ 值×0.001）

续表

$R\ ^{15}N/^{14}N$	Element Ratio 氮原子的真实比值	Element ratios are calculated from the true molecule sample ratios normally using a certain algorithm（ion correction）. 通常采用特定的算法（离子校正），由 N_2 样品的真实分子比值计算出来的
$\delta\ ^{15}N/^{14}N$ vs. Air N_2	Element Delta vs primary standard 氮原子的真实 δ 值	Element deltas are calculated from true element sample ratios and true element standard ratios（the true element standard ratios are read from primary standards defined in primary standard data base）. 原子的 δ 值是由样品的氮原子真实比值与标准品的氮原子真实比值计算出来的；而标准品的氮原子真实比值是从基本标准数据库中定义的基本标准品读取的
AT % $^{15}N/^{14}N$	Atom Percent 氮原子百分数	Calculated from element delta and corresponding absolute element ratio of standard. $AT\% = 100.0 \times (R_{abs}Std \times ((Delta/1000.0) + 1)) / (1 + (R_{abs}Std \times ((Delta/1000.0) + 1)))$. 原子百分数是由氮原子的 δ 值与相应标准品的原子真实比值计算出来的，计算公式： $AT\% = 100.0 \times [R_{abs}-标准品 \times (\delta/1000.0 + 1)]/\{1 + [R_{abs}-标准品 \times (\delta/1000.0 + 1)]\}$

（田有荣　马　潇）

307. 绝对测量与相对测量有什么不同？

绝对测量，要求测量样品的真实同位素比值，例如，用同位素丰度计算出元素的原子量。这类测量不只要求精密，更要求准确。在进行同位素示踪试验时，测量样品中某一种同位素的原子百分数，即 atom%，它的测量属于绝对测量的范畴，不同于相对测量。

相对测量只是检测样品之间，或一组样品与一个选定的样品间同位素组成是否存在差异，自然丰度样品的气体同位素质谱测量属于相对测量。因此，相对测量一般更注重精密度。

（曹亚澄）

308. 什么是准确的和可再现的数据？

通常从以下三方面判定什么是准确的和可再现的同位素比值数据。

一是，测定的结果已通过连续的比较链进行了数值溯源。

二是，测定结果具有一定的精密度，不同科学研究来源的样品对不同元素的同位素比值测定有其不同要求的测量精密度。对于气体同位素比值质谱分析来说，相对误差一般应好于或等于 1%；也就是说，当用接近自然丰度的高纯气体做参比气体测量 1000‰的样品时，其相对误差可能为 10‰。

　　三是，能再现的同位素比值结果，其数值能被其他同位素质谱实验室复核和再现，即具有可比性。

（曹亚澄）

309. 数据的准确性概念是什么？

　　数据的准确性是指"测量结果与真值之间的一致程度"，是一种对测量值与"真值"或测量值与"约定值"吻合程度的评价方法。也许由于无法用数值确切地表达同位素质谱仪器的准确度，或没有适宜的同位素标准物质，所以在气体同位素质谱仪器调试和验收的技术指标中没有列出"准确度"一项。但对气体同位素质谱实验室而言，应经常使用有证标准物质（固体或气体样品）进行检测，观察测试方法和质谱仪器测定结果的准确性，即测量结果与有证标准物参考值的吻合度。

（曹亚澄）

310. 什么是数据的溯源性？如何溯源？

　　溯源性是指通过一条具有确定不确定度的连续比较链，使测量结果能够与规定的参考标准联系起来的特性。同位素比值的量值属化学测量量值的范畴，由测量装置的检定、有证标准物质的使用和分析方法的确认这 3 个要素所决定。所以，没有经过溯源的数据同位素比值，就不具有可比性，也就没有被引用的价值。

　　为了获得具有溯源性和可比性的准确同位素分析结果，一般可以采用两种办法：一是使用有证标准物质，定期或不定期地穿插在日常的质谱分析过程中，检验同位素质谱仪器和分析方法所得测定结果是否准确；二是积极参与国内或国际实验室间的比对，以验证对同位素比值的检测能力，同时也能检验所测定结果的可比性。

（曹亚澄）

311. 如何能获得良好的同位素比值的测量结果？

　　正确使用和掌握气体同位素质谱仪器有以下几个阶段。

　　第一阶段：应了解同位素质谱主机及附件的工作原理；掌握元素同位素的概

念及其测定原理；能够独立操作质谱仪器测定样品，包括建立"sequence"、使用自动进样器和查看数据等；能够通过样品的质谱图判断样品测定过程是否正常；掌握简单的数据处理步骤；质谱仪器有故障时能够向工程师准确描述具体故障或现象。

第二阶段：掌握仪器各部件的维护周期并能进行及时的维护；了解仪器状态，能够根据质谱参数简单判断仪器是否处于正常状态；掌握样品测定前对仪器的基本检查和调试步骤；熟悉对标准样品的选择，能够设计样品测定的流程；了解数据质控标准，能够进行数据质量的长期监测；了解对质谱仪器运行造成风险的样品有哪些或哪类（例如，含有杂质较多的样品或者被标记的同位素丰度过高的样品，这些样品可能会对离子源造成污染等）；掌握质谱仪器待机和测样时的所有相关参数；掌握质谱仪器外部设备简单的维护知识和技能（例如，燃烧炉升温的注意事项，以及如何更换色谱柱和除水阱等备件）；有故障时能够预先对仪器进行初步检查，如基本参数的检查和仪器状态的检查，然后再与维修工程师联系。

第三阶段：了解质谱仪器长期以来测定过的样品类型；了解长期以来质谱仪器出现过的故障、原因以及更换或维修过的备件；从样品的质谱图和测定结果推断故障可能来源；依据系统气流的流向和连接图逐级排查故障点；能够开发新的测试方法。

稳定同位素比值质谱仪属于大型精密仪器，由于仪器固件较多、参数复杂，如果想保持仪器长期的良好运行，应该由专人管理和维护。稳定同位素比值质谱仪器的特点是调试、维护和维修复杂且耗时，而样品测定的操作相对简单，也就是说会使用仪器的第一阶段距离用好同位素质谱仪器和获得好的测量数据还差很远。

（曲冬梅）

312. 如何区分和计算同位素比值测量的内精度和外精度？

同位素比值测量的内精度是指同位素质谱仪器对一个样品连续测定结果的标准偏差。例如，水平衡样品，一针进样的谱图中连续出现 7 个样品峰，这 7 个测定结果的标准偏差就被称为内精度。内精度描述的是连续测定的这段时间里测量值的精度，对水平衡一个样品测定用时大约 10min。

同位素比值测量的外精度是指不连续测定结果的标准偏差。例如，在采用水平衡法测定中每测定 7 个样品后就插入一个标准水样，一批样品的测定中需内插 12 个标准水样，这 12 个标准水样测定结果的标准偏差被称为外精度。外精度描述的是所有样品和这 12 个标准样品在被测定的这段时间里的精度，对于水平衡测定而言大概在 20h。

因此，在对稳定同位素的测量结果进行评价时，求算测量结果的内精度和外精度是很有必要的。以上述一批样品内插 12 个标准样品为例，对每批样品的这 12 个标准样品求其平均值，如果一年中测定了 100 批样品，则会有 100 个标准样品的平均值。对这 100 个平均值求标准偏差，这就是一年内测定样品的精度。

稳定同位素比值的测量结果应该可以进行全球比对，因为它们相对的标准物质是固定的。例如，水中的氢、氧同位素都是相对于 VSMOW 的，碳酸盐中的碳是相对于 PBD 的等。因此，稳定同位素测定的稳定性至关重要，而外精度，一天内的外精度、一年内的外精度和几年内的外精度是考察气体同位素质谱仪器稳定性的重要技术指标。

（曲冬梅）

313. 准确的同位素组成测量数据的基本要求是什么？

一个好的、准确的同位素组成测量数据应满足以下两点要求：

（1）同一个样本在同一个实验室进行测定，它的同位素比值的测定值应该是稳定的，并且在相当长的一段时间内是可重复的；

（2）而且这个样本的同位素比值在其他同位素实验室是可重现的。

总的来说，要求（1）是代表了实验室所测试样品结果的精密度和可重复性；要求（2）则代表了所测数据的准确性和可比性。要求（2）的难度更高。但是可能只有在一些特殊情况下，例如，需要建立全球范围内的数据库、某个联合的科研项目，或者发明新的标准物质等才会进行大范围内的测定结果比对。

注意，不同实验室测定数据进行比对的前提是，需要将各自的测定结果重新换算为国际统一的刻度标尺（例如，相对于 VSMOW、VPDB、VCDT 或相对于 Air-N$_2$）。

（马　潇）

314. 如何判断同位素比值测量数据的准确性？

同位素比值测量数据的准确性是各个分析过程是否科学合理的综合反映。从大的方面来说，诸如仪器的稳定性和状态、样品的同位素丰度、样品的前处理过程、分析方法的选择、分析条件的控制、仪器测定参数的设置以及计算方法的选择等，这是一个非常复杂的问题。对于分析工作者来说，通过数据或质谱峰形来判断数据的准确性可能更为迅速和实用。

（1）通过峰形作判断

对于连续流测量，理想的峰形应为对称的高斯曲线，样品气体的主峰峰高最好控制在参比气体的 100%～200%，质谱峰完全分开，参比气体峰为矩形峰，峰顶平坦，且峰两端锐利。

对于双路测量，则最好使样品气体与参比气体的信号值接近，峰形为矩形峰，峰顶平坦。

（2）通过测定数据作判断

对于连续流测量，在测定过程中参比气体的峰高或峰面积差异应很小，其放大倍数 $k = rR/R$，无论是在内循环还是样品间 k 值变化应很小，最大在第 5 位有效数字上发生变化。

对于双路测量，在每次循环中各信号值应衰减极小（对于 N_2，一般 $m/z\,30$ 峰会升高，主要由于 NO 的影响），其放大倍数 $k = rR/R$，在一定时间内，无论是在内循环还是样品间，k 值的变化也很小，最大在第 5 位有效数字上发生变化。

（3）对于富集同位素样品的测量，重点观察其放大倍数 $k = rR/R$ 的变化。由于交叉污染和记忆效应的影响，测量富集同位素时 k 值的相对变化较大，但其变化最大也只在第 4 位有效数字发生变化。

另外，由于连续流测量固有的特性，在测量富集同位素样品时，其交叉污染和记忆效应一般会较双路测量高，因此应优先选择双路测量方式。

（高占峰）

315. 为什么同位素比值要用相对比值 δ 来表示？

稳定同位素的比值不是一个绝对比值，而是相对比值，是相对于某一种参比物质的比值。这个可由 δ 的定义公式看出：$\delta X(‰) = (R_{spl}/R_{std}-1) \times 1000$。这种参比物质通常是一种实验室参比气体，它与样品气交替出现（双路进样模式）或是在样品之前或之后出现（连续流进样模式），但也有可能是一种固体标准样品（SerCon 20-22）。由于每个实验室内部可使用不同气源气体作为参比物质，得出的数据其实是样品相对于自己实验室标准的原始值。因此，为了便于与其他实验室进行比较，需要重新换算为国际统一的刻度标尺（即相对于 VSMOW、VPDB、VCDT 或相对于 Air-N_2）。相对比值比绝对比值更为精确，R_{spl} 和 R_{std} 的比值可以消除掉大部分由仪器波动，如温度、压力的变化、电流是否稳定或者污染物所带来的分析误差。δ 可以理解为比值的比值，具有更高维度的信息。

（马　潇）

316. 如何计算和评价气体同位素丰度质谱测量的精度和准确度（不确定度）？

在日常的气体同位素质谱分析测试工作中，经常会遇到测量方法的不确定度的问题，也会遇到检出限的问题，一般是通过离散性极限噪声（shot noise limited，SNL）来评价。以 CO_2 为测量对象举例说明，方法的不确定的决定因素很多，如果只考虑离子流的噪声，测试的精度为

$$\sigma_\delta^2 = 2 \times \frac{10^6 (1+R)^2}{EmN_A R}$$

式中，σ_δ 代表 δ 的测量值的标准偏差；R 为被测量的离子流的比值，如测量对象是 CO_2，R 约等于 0.011；EmN_A 为被接收的主离子流的总和；$i^{44} = V^{44} / R_{44}$，44 的质量为 $i^{44} t / q_e$；$q_e = 1.6 \times 10^{-19} C$；$R_f = 3 \times 10^8 \Omega$，$R = 0.011$。

T 为积分时间（s），峰面积用 A（Vs）表述。

因此，对于 CO_2 来说极限精度用峰面积表达，简化公式：

$$\sigma_\delta^2 = 0.00892 / A$$

当标准和样品的峰面积不相等时，公式将变为

$$\sigma_\delta^2 = 0.00446 / (A_{sample} + A_{standard})$$

在同位素比值的测试过程中，仪器或流程的背景是必须要考虑的因素，考虑背景后：

$$\sigma_\delta^2 = 0.00446\{[(A_\Sigma - a_b)/(A_\Sigma - wa_b/t_b)^2]_{sample} + [(A_\Sigma - a_b)/(A_\Sigma - wa_b/t_b)^2]_{standard}\}$$

式中，w 为峰宽；t_b 为积分时间；a_b 为空白的面积。

（田有荣）

317. 在使用 Isodat 计算机软件时，应注意什么？

在使用 Isodat 计算机软件时，必须注意以下两点：一是 Isodat 软件是根据测定自然丰度样品编写和研发的，而同位素质谱仪器的硬件，如灯丝和放大器等，也根据自然丰度样品的测定进行了优化；二是钨灯丝极易吸附 O/O_2，在离子源内一定会产生影响同位素比值测定结果的 NO 化合物。

当测定高度富集同位素的样品时，必须根据自己的经验，并采用适宜的数学方法进行质量控制，解决测定过程中出现的问题。

（马　潇　曹亚澄）

318. 气体同位素质谱分析中，R 值、δ 值与 atom% 分别是什么概念？它们有何相互关系？

在气体同位素质谱分析中，会遇到两种类型的生物、生态和环境样品，一种是稳定同位素自然丰度样品；另一种是采自施用标记稳定同位素示踪试验的富集同位素样品。对于研究人员而言，上述两种样品需要得到的是不同的同位素质谱数据：对稳定同位素自然丰度样品，需要得到的是稳定同位素自然丰度变异程度，即 $\delta\,{}^{m}X$‰值的大小；而对示踪试验样品，需要获得的是不同样品中同位素的原子百分数，即 ${}^{m}X$ atom%，也可写成 AT ${}^{m}X$%。

在进行气体同位素质谱分析时，R 值是质谱仪器测定出的两种离子流的比值，由于这两种离子代表了元素（X）不同同位素的组成，因此，通常认为 R 值就是该元素重同位素（${}^{m}X$）和轻同位素（${}^{m-1}X$）的比值，R 值不是原子比，也不是质量比，而是同位素质谱分析时不同质/荷比（m/z）离子流强度的比值。而 $\delta\,{}^{m}X$‰则是它与参比气体相比较的值，是两个比值的比值，最后会溯源至与有证标准的比值。${}^{m}X$ atom%表示为元素的某一重同位素原子占总原子数的百分比。在富集同位素的示踪试验中，一般都采用 atom%表示样品的同位素丰度。

采用气体同位素质谱仪测定样品的稳定同位素比值或丰度时，都是根据 R 值计算出来的。以氮同位素质谱分析为例，N_2 进入离子源后，经电离会产生三种单电荷的分子离子峰：m/z 28$[{}^{14}N^{14}N]^{+}$、m/z 29$[{}^{14}N^{15}N]^{+}$和 m/z 30$[{}^{15}N^{15}N]^{+}$，一般采用的 R 值为 m/z 28 与 m/z 29 离子流强度（峰高 mV，或峰面积 Area）比。但在质谱仪器上通常显示的为 $R$29/28 或 $R$30/28。于是就产生了如图 6-1 所示的 R 值、$\delta\,{}^{m}X$‰值和 AT ${}^{m}X$%的相互关系。

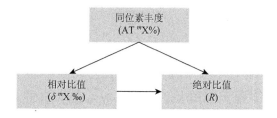

图 6-1　R 值、$\delta\,{}^{m}X$‰值和 AT ${}^{m}X$%的相互关系

（1）R 值，既不是原子比也不是质量比，是同位素质谱分析时不同质/荷比（m/z）离子流强度的比值。以氮同位素质谱分析为例，一般采用的 $R$29，即 $R$29/28，为 m/z 29 $[{}^{14}N^{15}N]^{+}$和 m/z 28 $[{}^{14}N^{14}N]^{+}$的峰高 mV 或峰面积 Area 之比；有时也用 $R$30（$R$30/28），即 m/z 30 $[{}^{15}N^{15}N]^{+}$与 m/z 28 的离子流强度之比。

（2）δ 值，则表示样品气体的同位素比值相对于国际标准物质同位素比值的千分差，即

$$\delta\ ^{m}X‰ = (R_{SA} - R_{ST})/R_{ST} \times 1000 = (R_{SA}/R_{ST} - 1) \times 1000$$

（3）atom%，表示为重同位素原子占元素总原子数的百分比，以氮同位素为例，即

$$^{15}N\ atom\% = {}^{15}N\ 原子数/({}^{14}N + {}^{15}N)\ 总原子数 \times 100$$

（曹亚澄）

319. 稳定同位素比值 $\delta^{m}X‰$ 值，有什么特点？

稳定同位素比值的 $\delta^{m}X‰$ 值，具有以下几个特点：

（1）δ 值是稳定同位素自然丰度微小变化的度量值，R 值是同位素的比值，而 δ 值则是比值的比值，它给出的是精度高出一个数量级的信息。

（2）δ 值是与参比气体相比较得到的值，它的大小与使用的参比气体的同位素比值密切相关。

（3）实验室可以采用标准物标定的参比气体，也可以先与设为零值的参比气体进行比较测量，然后从标准曲线上根据斜率和截距获得真值。

（4）将同位素比值的测定值追溯至世界范围的零点值进行比较，是同位素比值量值溯源性的比较链。必须通过比较链溯源至国家和国际标准上，并以正式的单位符号出具分析报告，如 $\delta^{13}C$ v.s. PDB‰、$\delta^{15}N$ v.s. Air‰等。

严格而言，那些没有标明相对于有证标准物质的 δ 值，是不具可比性的，不能被其他实验室采用。

（5）自然界中氢、氧同位素的 δ 值变异较大；碳同位素变异幅度其次；$\delta^{15}N$ 的变异一般较小，在-5‰～ + 7‰，特殊条件下有-56‰、-38‰、+20‰的 δ 值。

（6）从理论和实际上，$\delta^{m}X‰$ 值和 AT $^{m}X\%$ 可以进行相互换算。

（曹亚澄）

320. 质谱测定同位素示踪样品时以 atom%表示结果，是什么概念？

富集同位素示踪样品的测定结果用 $^{m}X\ atom\%$ 表示。现以 ^{15}N 为例，^{15}N atom% = ^{15}N 原子数/($^{14}N + {}^{15}N$)总原子数$\times 100$。那么由同位素质谱仪器测得的 R 值是如何计算出 $^{15}N\ atom\%$ 的呢？

（1）设 $R = I_{28}/I_{29}$ 时，则 $^{15}N\ atom\% = 1/(2R + 1) \times 100$；

（2）设 $R' = I_{29}/I_{28}$ 时，则 $^{15}N\ atom\% = R/(2 + R') \times 100$。

例如，在 EA-IRMS 上测定到一个高丰度的 ^{15}N 样品，仪器给出的结果中 $R'(I_{29}/I_{28})$ 的值为 2.2673，用上述 R' 公式进行手工计算，其 ^{15}N atom% = 53.132；与质谱仪器给出的 AT%完全相同。

I_{28} 或 I_{29} 可以是 m/z 28 或 m/z 29 离子流的峰高（mV），也可以是离子流的峰面积（Vs）。

（曹亚澄）

321. 何谓同位素丰度的原子百分超?

对进行富集同位素示踪研究的人员而言，除得到样品的 ^mX atom%（也称 APC）外，还需要得到样品的原子百分超（^mX atom% excess，APE）。原子百分超即样品中重同位素的原子百分数高于本底值（自然丰度）的数值，它是计算示踪试验结果的数据。在进行示踪研究试验前，可采用施入富集同位素标记物质前所采集到的样品自然丰度值作为本底值。由于有时不能准确测得试验样品的自然丰度值，所以也可采用将原子百分数直接减去理论的自然丰度值，而得到该样品的同位素原子百分超。自然丰度的取值：^{15}N 样品为 0.3663atom%；^{13}C 样品为 1.108atom%。

（曹亚澄）

322. δ 值与 atom%值如何互算?

在同位素质谱仪器上既显示出 δ ^mX(‰)值，也有 AT ^mX(%)值。它们相互关系是什么？它们之间如何进行换算？按下列公式进行换算比较准确：

$$AT\ ^mX(\%) = \frac{100 \times \left(\dfrac{\delta\ ^mX(‰)}{1000} + 1 \right) \times R_{ST}}{1 + \left(\dfrac{\delta\ ^mX(‰)}{1000} + 1 \right) \times R_{ST}}$$

式中，AT ^mX(%) 为同位素的原子百分数；δ ^mX(‰)为同位素比值的 δ 值；而 R_{ST} 取值为 0.3678。0.3678 取自 Thermo 公司的同位素质谱仪器软件中 Standard Editor/working standards/d^{15}N/^{14}N/primary standard ratio 的数值。

例如，在 ^{15}N 同位素示踪使用的样品上，测得的 δ^{15}N(‰)为 31926.71，经上述公式计算后该样品的 ^{15}N atom%为 10.802；该示踪试验样品的 ^{15}N 原子百分超为 10.4357atom%。

（曹亚澄）

323. 同位素丰度（atom%）、同位素比值（ R ）和 δ 值之间如何进行换算？

同位素丰度是指在一种元素的多种同位素中，某特定同位素的原子数占该元素的总原子数百分比，以 atom% 表示。同位素比值是指在给定样品中，同一元素的重同位素的原子数与轻同位素的原子数之比，也指元素的重同位素原子丰度与轻同位素原子丰度之比，以 R 表示。δ 值是用于描述同位素丰度微小变化的量，通常定义为样品的同位素比值与国际某一标准物质同位素比值的相对千分差。

同位素比值（ R ）与 δ 值的换算关系为

$$\delta(‰) = (R/R_{ST} - 1) \times 1000$$

$$R = [\delta(‰)/1000 + 1] \times R_{ST}$$

同位素丰度（atom%）与同位素比值（ R ）的换算关系主要包括：

（1）当一种元素具有 2 种稳定同位素时（如 ^{12}C 和 ^{13}C ）， $^{13}R = {}^{13}C$ atom%/$(100 - {}^{13}C$ atom%)， ^{13}C atom% $= 100 \times {}^{13}R/(1 + {}^{13}R)$ ；

（2）当一种元素具有 3 种稳定同位素时（如 ^{16}O 、 ^{17}O 和 ^{18}O ）， $^{18}R = {}^{18}O$ atom% /$(100 - {}^{18}O$ atom% $- {}^{17}O$ atom%)， ^{18}O atom% $= 100 \times {}^{18}R / (1 + {}^{17}R + {}^{18}R)$ 。

同位素丰度（atom%）与 δ 值之间也存在以下的换算关系：

$$\delta^{H}X(‰) = [{}^{H}X \text{ atom%}/(100 - {}^{H}X \text{ atom%})/R_{ST} - 1] \times 1000$$

$$^{H}X \text{ atom%} = 100 \times [\delta^{H}X(‰)/1000 + 1] \times R_{ST}/\{1 + [\delta^{H}X(‰)/1000 + 1] \times R_{ST}\}$$

这里， ^{H}X 是指某一元素的重同位素，且该元素仅有 2 种稳定同位素的情况。

（孟宪菁）

324. 有没有推荐的同位素质谱数据处理的标准流程？

可以采取如下流程进行同位素质谱数据的处理：

（1）选择合适的标准物质（最好两个）。需选择有真值的国际认可的标准物质，且这两个真值的同位素范围涵盖样品的同位素比值范围。

（2）选择合适的实验室内部标样。

（3）将空白、标准物质、实验室内部标样和被测样品依次编排成样品测定序列，空白在最开始，然后依次是标准物质、实验室内部标样、待测样品，其中内部标准样品建议穿插在被测样品中间，每隔 5~10 个样品穿插一个标准样品。

（4）在数据处理时，标准物质主要用来做线性校正；内部标准样品主要做 QC 检查。

此流程适合普通的固体样品碳、氮同位素比值的质谱分析。如果测定带有-OH交换基团的样品，校正情况更加复杂，需考虑交换氢和时间漂移的影响。

（马　潇）

325. IRMS 仪器常见的数据标准化方法

在同位素比值质谱分析过程中，样品制备、分析方法和仪器本身存在着固有的系统误差，导致同位素比值的测量值并非样品的真实值。为此，必须通过具有溯源性的同位素标准物质对测量值进行数据标准化，以获取接近真实值的最佳校准结果。

IRMS 可与多种外围设备（如 EA、GC、LC、Thermo GasBench 和 Thermo PreCon 等）联机使用，能够检测不同类型（总体及有机单体）、不同相态（固态、液态与气态）的各类样品。实验室钢瓶气体具有成本低、易获取和通用性等特点，非常适合作为 IRMS 校准的参比气体，在样品峰出现前、后引入参比气体（WG），在 IRMS 配套软件上对样品气体（Spl）进行自动校准，并溯源至相对于国际标准并溯源至相对于国际标准物质（ST）水平，计算公式为

$$\delta_{Spl-ST}(‰) = \delta_{Spl-WG} + \delta_{WG-ST} + \delta_{Spl-WG} \times \delta_{WG-ST} \times 10^{-3}$$

参比气体可采用已知同位素比值的标准物质（Std）进行标定，计算公式为

$$\delta_{WG-ST}(‰) = \delta_{Std-ST-Std-WG} / (1 + 10^{-3} \times \delta_{Std-WG})$$

为了消除 EA-IRMS 在时间上漂移引起的测量误差，在样品分析序列中每间隔若干样品应插入一个与样品 δ 值接近的标准物质进行实时追踪校准。

对于 EA-IRMS 分析，目前越来越多的实验室采取线性内插法进行数据标准化，即采用至少两个不同 δ 值的标准物质（Std_1、Std_2···），被测样品 δ 值应尽可能包含在它们之间，以标准物质 δ 真值为纵坐标（y），以其相对于参比气体的测量值为横坐标（x），由最小二乘法拟合 $y = ax + b$ 的线性方程。在充分反应且无同位素交换的情况下，斜率 a 理论上应等于 1，截距 b 则代表参比气体的标定值（δ_{WG-ST}）。样品测量值代入该方程后得到 $\delta_{y\sim Spl}$。为了消除 EA-IRMS 在时间上漂移引起的测量误差，在样品分析序列中每间隔若干样品应插入一个与样品 δ 值接近且偏离 0 的标准物质（如 Std_2，真值为 $\delta_{T\sim Std_2}$）进行进一步校准，将 Std_2 测量值代入上述方程得到 $\delta_{y\sim Std_2}$，计算校正系数 $k = \delta_{T\sim Std_2} / \delta_{y\sim Std_2}$，再将样品 $\delta_{y\sim Spl}$ 乘以 k 值后最终得到标准化的 $\delta_{T\sim Spl}$；当 Std_2 与样品 δ 值均接近 0 时，可采用差减补偿法对 $\delta_{y\sim Spl}$ 进一步校准，计算公式为

$$\delta_{T\sim Spl}(‰) = \delta_{T\sim Std_2} - \delta_{y\sim Std_2} + \delta_{y\sim Spl}$$

（孟宪菁）

326. 如何进行同位素测定数据的校正？需要注意什么？

根据不同的数学算法，数据的标准化校正具有不同方法，主要的方法有以下三种：①参比气体法；②一点法（一个标准物质）；③两点或多点法（两个或多个标准物质）。不同的数学算法，导致相同的样品用不同的校正方法可得到不同的值。

（1）参比气体法，即利用实验室的参比气体进行校正。此公式中 T 代表真值 True；M 代表测量值 Measure；WG 代表参比气体。使用此公式有一个前提条件，就是假设实验室参比气体的 δ 值是恒定不变的。但是实际情况是，参比气体的 δ 值会随着钢瓶内压力的变化而变化，会随着实验室的温度的变化而变化，这导致参比气体的 δ 值不是一个恒定的值。另外，参比气体的真值需要预先用一个具有标准值的国际标准样品进行标定，在计算上也有可能引入误差。还有一点就是，参比气体并没有和样品气体一样经历过在外部设备内的燃烧、分离等过程，所以不符合样品前处理一致性原则，理论上它们就不能进行直接比较。值得注意的是，大部分仪器软件中都内置了如下公式，利用该公式得到最后的 δ 值，只需要在软件中输入参比气体的同位素比值即可。

$$\delta_{Spl}^{T} = \delta_{Spl}^{M} + \delta_{WG}^{T} + \frac{\delta_{Spl}^{M}\delta_{WG}^{T}}{1000}$$

（2）一点法，该方法可以认为是在方法（1）的基础上演化而来的。

$$\delta_{Spl}^{T} = \frac{(\delta_{Spl}^{M}+1000)(\delta_{Std}^{T}+1000)}{\delta_{Std}^{M}+1000} - 1000$$

该方法需要用到一个有真值的标准物质 Std_1。这种方法不需要对参比气体进行准确的定值，只需一个有证标准物质。与方法（1）相比，样品和标准样品都经历了相同的前处理流程。该方法存在的问题是，使用单点法校正，意味着如果样品的 δ 值与所选用的标准样品的 δ 值相差较大，就会导致误差加剧。

（3）两点或多点法，该方法需要采用两个或者两个以上具有真值的有证标准物质进行校正，这种方法也是目前最通用的校正方法。

$$\delta_{Spl}^{T} = \frac{\delta_{Std_1}^{T} - \delta_{Std_2}^{T}}{\delta_{Std_1}^{M} - \delta_{Std_2}^{M}} \times (\delta_{Spl}^{M} - \delta_{Std_2}^{M}) + \delta_{Std_2}^{T}$$

该方法的原理是利用 Std_1 和 Std_2 建立一条标准曲线，x 坐标轴是仪器对标准物质的测定值，y 坐标轴是有证标准物质的真值，得到一条直线方程，斜率为 a，截距为 b，将样品的测定值代入直线方程中即可得到样品的真值。$\delta^{T} = a \times \delta^{M} + b$。如果标准物质不变，斜率的变化在一定程度上反映了测试过程中的不确定性，以及仪器本底的变化等。理论上斜率随着时间的推移会保持不变，大概在（1.00±

0.05）范围内。截距 b 与使用的参比气体的真值有关。该方法也可以在方法（1）或者方法（2）的基础上叠加使用，将样品值拉回真值。该方法也是国际原子能机构推荐使用的方法，被认为是最佳的校正方法。

（马　潇）

327. 在气体同位素质谱测量时，设立参比气体的实质是什么？

设立参比气体的实质是为了准确测定质谱仪器不同离子接收杯间的相对放大倍数。进而根据该放大倍数由样品的 rR 值计算出气体样品的 R 值及 δ 值。

尽管质谱仪器的各放大器相同，其配备的高阻阻值已知，但由于放大器性能的微小差异，以及高阻阻值的误差，实际上利用高阻阻值计算出的放大倍数误差较大，只能在匹配各接收杯的放大倍数时，做初步计算使用。

因此，准确测定同位素质谱仪器接收杯间的相对放大倍数，需要一个标准信号，这个标准信号对于 IRMS 而言，就是标准（参比）物质。在实际分析中，利用标准物质标定参比气体，实质是将标准物质的放大倍数传递到参比气体，计算出参比气体的 δ 值。进行样品气体测量时，将参比气体作为工作标准实时测定其准确的相对放大倍数，类似地计算样品气体的 δ 值。

标准物质的同位素比值一般是以 δ 值给出，通过理论计算得到不同质量数间同位素质谱信号的准确比值，再根据测定值与理论值之比计算离子接收杯之间的相对放大倍数。通过这个过程，完成参比气体的标定和样品气体的测定。例如，对于 N_2 测量，参比气体的标定过程：

$$标准（参比）物质 \delta^{15}N/^{14}N\text{-air}$$

$$\downarrow$$

$$标准（参比）物质 R^{15}N/^{14}N\text{-air}$$

$$\downarrow$$

$$标准（参比）物质 R^{29}N/^{28}N\text{-st} = 2 \times (R^{15}N/^{14}N\text{-st})$$

$$\downarrow$$

$$同位素质谱测定的标准（参比）物质 rR^{29}N/^{28}N\text{-st}$$

$$\downarrow$$

$$离子接收杯放大倍数 k = (rR^{29}N/^{28}N\text{-st})/(R^{29}N/^{28}N\text{-st})$$

$$\downarrow$$

$$同位素质谱测定的参比气体 rR^{29}N/^{28}N\text{-ref}$$

$$\downarrow$$

$$参比气体 R^{29}N/^{28}N\text{-ref} = (rR^{29}N/^{28}N\text{-ref})/k$$

$$\downarrow$$

参比气体 $R^{15}N/^{14}N\text{-ref} = (R^{29}N/^{28}N\text{-ref})/2$

$$\downarrow$$

参比气体 $\delta^{15}N/^{14}N\text{-air}$

样品气体的测定过程：

参比气体 $\delta^{15}N/^{14}N\text{-air}$

$$\downarrow$$

参比气体 $R^{15}N/^{14}N\text{-ref}$

$$\downarrow$$

参比气体 $R^{29}N/^{28}N\text{-ref} = 2 \times (R^{15}N/^{14}N\text{-ref})$

$$\downarrow$$

同位素质谱仪器测定的参比气体 $rR^{29}N/^{28}N\text{-ref}$

$$\downarrow$$

放大倍数 $k = (rR^{29}N/^{28}N\text{-ref})/(R^{29}N/^{28}N\text{-ref})$

$$\downarrow$$

同位素质谱仪器测定的样品气体 $rR^{29}N/^{28}N\text{-sa}$

$$\downarrow$$

样品气体 $R^{29}N/^{28}N\text{-sa} = (rR^{29}N/^{28}N\text{-sa})/k$

$$\downarrow$$

样品气体 $R^{15}N/^{14}N\text{-sa} = (R^{29}N/^{28}N\text{-sa})/2$

$$\downarrow$$

样品气体 $\delta^{15}N/^{14}N\text{-air}$

（高占峰）

328. Isodate 3.0 数据的采集及其运算过程（以 CO_2 为例）

进行 CO_2 气体同位素质谱分析时，由于万用三杯采集到的信号值是 m/z 44、m/z 45 和 m/z 46 的离子流信号值，因此要得到 $\delta^{13}C$ 和 $\delta^{18}O$ 的值，需进行一些数学公式的转换。

设：^{12}C 同位素丰度为 a，^{13}C 同位素丰度为 b，^{16}O 同位素丰度为 c，^{17}O 同位素丰度为 d，^{18}O 同位素丰度为 e，则有

$$a+b=1, c+d+e=1$$

$$^{13}R = b/a, \quad ^{17}R = d/c, \quad ^{18}R = e/c$$

2 个 O 原子、1 个 C 原子组成 CO_2 分子是随机组合，那么，

$$\left({}^{12}C + {}^{13}C\right) \times \left({}^{16}O + {}^{17}O + {}^{18}O\right)^2$$
$$= \left({}^{12}C + {}^{13}C\right) \times \left({}^{16}O{}^{16}O + 2{}^{16}O{}^{17}O + {}^{17}O{}^{17}O + 2{}^{16}O{}^{18}O + 2{}^{17}O{}^{18}O + {}^{18}O{}^{18}O\right) =$$
$${}^{12}C{}^{16}O{}^{16}O + {}^{13}C{}^{16}O{}^{16}O + 2{}^{12}C{}^{16}O{}^{17}O + {}^{13}C{}^{17}O{}^{17}O + 2{}^{13}C{}^{16}O{}^{18}O + 2{}^{12}C{}^{17}O{}^{18}O +$$
$$2{}^{13}C{}^{17}O{}^{18}O + {}^{13}C{}^{18}O{}^{18}O + {}^{12}C{}^{18}O{}^{18}O + {}^{12}C{}^{17}O{}^{17}O + 2{}^{13}C{}^{16}O{}^{17}O + 2{}^{12}C{}^{16}O{}^{18}O$$

M44	M45	M46
Cup2	Cup3	Cup4
ac^2	$bc^2 + 2acd$	$ad^2 + 2bcd + 2ace$

$$^{45}R = \frac{M45}{M44} = \frac{bc^2 + 2acd}{ac^2} = \frac{b}{a} + 2 \times \frac{d}{c} = {}^{13}R + 2{}^{17}R$$
$$即 \ {}^{45}R = {}^{13}R + 2{}^{17}R \tag{6-1}$$

$$^{46}R = \frac{M46}{M44} = \frac{ad^2 + 2bcd + 2ace}{ac^2} = \left(\frac{d}{c}\right)^2 + 2\left(\frac{b}{a}\right)\left(\frac{d}{c}\right) + 2\left(\frac{e}{c}\right) = {}^{17}R^2 + 2{}^{13}R{}^{17}R + 2{}^{18}R$$
$$即 \ {}^{46}R = {}^{17}R^2 + 2{}^{13}R{}^{17}R + 2{}^{18}R \tag{6-2}$$

另外，^{17}R 和 ^{18}R 存在一个相关关系：
$$\left({}^{18}R / {}^{18}R_{st}\right)^{1/2} = {}^{17}R / {}^{17}R_{st} \tag{6-3}$$

因此，当 ^{45}R、^{46}R 已知就可以通过式（6-1）~式（6-3）求解得到 ^{13}R、^{17}R、^{18}R。下面分几个步骤来分析由原始数据，中间的运算，以及结果输出的过程。

（1）原始数据

原始数据就是软件通过积分得到的峰面积。一般可以分别得到参比气体峰的峰面积和样品峰的峰面积。

（2）运算过程

①首先根据设置的 CO_2 参比气体的 $\delta^{13}C$、$\delta^{18}O$、$\delta^{17}O$ 值，计算出参比气体的 ^{13}R、^{17}R 和 ^{18}R。

②然后再计算出参比气体的 ^{45}R 和 ^{46}R 的值。

根据下面公式，计算出参比气体的 ^{45}R 和 ^{46}R：
$$^{45}R = {}^{13}R + 2 \times {}^{17}R$$
$$^{46}R = 2 \times {}^{18}R + 2 \times {}^{13}R \times {}^{17}R + {}^{17}R^2$$

③计算峰面积比

利用采集到的 m/z 44、m/z 45 和 m/z 46 峰面积，计算每个峰的峰面积比，即
$$rR45 = rArea45 / rArea44 \qquad rR46 = rArea46 / rArea44$$

④利用参比气体的数据计算校正系数：
$$K_1 = rR45 / {}^{45}R$$

$$K_2 = rR46 / {}^{46}R$$

⑤根据校正系数计算气体样品真实的 ${}^{45}R$ 和 ${}^{46}R$ 值

$$ {}^{45}R = rR45 / K_1 $$

$$ {}^{46}R = rR46 / K_2 $$

⑥依据式（6-1）～式（6-3）计算出气体样品的 ${}^{13}R$、${}^{17}R$ 和 ${}^{18}R$，从而进一步计算出 $\delta^{13}C$、$\delta^{18}O$ 和 $\delta^{17}O$ 值。

（尹希杰　杨海丽）

329. Elementar Ionvantage 数据计算方法（以 CO_2 为例）

进行 CO_2 气体的同位素质谱分析时，由于万用三杯采集到的信号值是 m/z 44、m/z 45 和 m/z 46 的离子流信号值，因此要得到 $\delta^{13}C$ 和 $\delta^{18}O$，需进行一些数学公式的转换。在 Isoprime 100 型同位素质谱数据处理时，CO_2 的 δ 45/44，δ 46/44 值与 $\delta^{13}C$ 和 $\delta^{18}O$ 之间的转换，通常使用 Carig 校正公式。具体的计算步骤如下：

（1）原始数据

原始数据就是计算机软件通过积分得到的峰面积。通常可以分别得到参比气体峰的峰面积和气体样品峰的峰面积。

（2）计算过程

①计算参比气体相对国际标准（PDB）的 δ45/44 和 δ46/44 的值。

根据设置的 CO_2 参比气体的 $\delta^{13}C$、$\delta^{18}O$，通过 Carig 校正公式，计算出参比气体的 δ45/44 和 δ46/44 值。

②根据原始数据的峰面积，计算出参比气体 $R_{WG}45/44$、$R_{WG}46/44$ 和样品气体的 $R_{Spl}45/44$、$R_{Spl}46/44$。

由于软件采集到的峰面积是通过一定的电阻放大后得到的脉冲信号，所以要得到 ${}^{45}R$ 和 ${}^{46}R$ 的值，还需除以放大倍数之后的峰面积之比。

③计算气体样品相对于参比气体的 δ45/44 和 δ46/44 的值。

将第②步中计算出的参比气体的 $R_{WG}45/44$ 和 $R_{WG}46/44$ 以及气体样品的 $R_{Spl}45/44$ 和 $R_{Spl}46/44$，代入 δ 的基本公式以计算气体样品相对于参比气体的 δ45/44 和 δ46/44。

$$\delta = (R_{Spl} / R_{WG} - 1) \times 1000$$

式中，R_{Spl} 代表气体样品的 R 值；R_{WG} 代表参比气体的 R 值。

④将样品相对参考气的 δ 值转化为相对于国际标准的 δ 值。

将第①步和第③步计算出来的值，代入下列公式中进行计算，即可将样品气

体相对参比气体的 δ 值转化为相对于国际标准的 δ 值：

$$\delta_{\mathrm{Spl-ST}}(‰) = \delta_{\mathrm{Spl-WG}} + \delta_{\mathrm{WG-ST}} + \delta_{\mathrm{Spl-WG}} \times \delta_{\mathrm{WG-ST}} \times 10^{-3}$$

⑤计算样品的 $\delta^{13}C$ 和 $\delta^{18}O$。

根据第④步计算出来的样品气体相对国际标准的 $\delta45/44$ 和 $\delta46/44$ 值代入 Carig 校正公式中，就可以得到 $\delta^{13}C$ 和 $\delta^{18}O$ 的值。

（尹希杰　杨海丽）

330. 根据 CO_2 参比气体如何计算 CO_2 样品气的碳、氧同位素组成？

在 Thermo 的同位素质谱仪器上，由于 m/z 44、m/z 45 和 m/z 46 接收放大器的电阻值不同（$3\times10^8\Omega$、$3\times10^{10}\Omega$ 和 $1\times10^{11}\Omega$），将 IRMS 给出的原始峰面积值（rArea 44、rArea 45 和 rArea 46）分别除以不同倍数（10^3、10^5 和 $1/3\times10^6$），得到在同一放大倍数情况下（3×10^5）的峰面积值（Area 44、Area 45 和 Area 46），Area 44、Area 45 和 Area 46 至少保留 5 位有效数字。根据 CO_2 参比气体与样品气体之间 $[^{13}C^{16}O_2]^+$ 与 $[^{12}C^{16}O_2]^+$、$[^{12}C^{18}O^{16}O]^+$ 与 $[^{12}C^{16}O_2]^+$ 信号比（即 Area 45/Area 44、Area 46/Area 44）的关系，并结合 CO_2 参比气体给定的同位素比值，计算出 CO_2 样品气的 ^{45}R 与 δ^{45} 和 ^{46}R 与 δ^{46}。基于 $^{45}R = {}^{13}R + 2\times{}^{17}R$ 与 $^{46}R = 2\times{}^{18}R + 2\times{}^{13}R\times{}^{17}R + {}^{17}R^2$ 两个等式，以及自然界 ^{17}O 与 ^{18}O 之间质量相关分馏关系模型：

$$R_{\mathrm{Spl}}^{17} / R_{\mathrm{WG}}^{17} = (R_{\mathrm{Spl}}^{18} / R_{\mathrm{WG}}^{18})^{0.5164}$$

最终计算出 CO_2 样品气的碳、氧同位素比值，即 ^{13}R、^{17}R 和 ^{18}R，再根据描述的换算公式，得到 $\delta^{13}C$、^{13}C atom%、$\delta^{18}O$ 和 ^{18}O atom%。

（孟宪菁）

331. 如何根据 GIRMS 测得的 N_2 分子同位素组成信号的强度计算出 ^{15}N 丰度？

氮元素有 2 种稳定性同位素，^{14}N 和 ^{15}N。N_2 分子由 2 个氮原子组成，其同位素分布有以下 3 种组合：$^{14}N^{14}N$、$^{14}N^{15}N$ 和 $^{15}N^{15}N$。当 N_2 进入 IRMS 的离子源内，会产生相应的 m/z 28 $[^{14}N^{14}N]^+$、m/z 29 $[^{14}N^{15}N]^+$ 和 m/z 30 $[^{15}N^{15}N]^+$ 单电荷分子离子，并由不同电阻值的接收杯进行检测。

如设 a 表示 ^{14}N 原子数，b 表示 ^{15}N 原子数，它们在 N_2 分子的形成过程中是随机组合的，且组合概率与发生在 IRMS 离子源内的组合概率是相同的，N_2 在 IRMS 离子源内电离产生的 m/z 28 $[^{14}N^{14}N]^+$、m/z 29 $[^{14}N^{15}N]^+$ 和 m/z 30 $[^{15}N^{15}N]^+$ 的离子流强度（I）可分别表示为

$$I_{28} = a^2, \quad I_{29} = 2ab, \quad I_{30} = b^2 \qquad (6\text{-}4)$$

根据同位素丰度的定义，^{15}N 丰度可表示为

$$\text{atom\%}^{15}\text{N} = b/(a + b) \times 100 \qquad (6\text{-}5)$$

将式（6-4）中的 I_{28} 和 I_{29} 代入式（6-5）得到：

$$\text{atom\%}^{15}\text{N} = 1/(1 + 2I_{28}/I_{29}) \times 100 \qquad (6\text{-}6)$$

将式（6-4）中的 I_{28}、I_{29} 和 I_{30} 代入式（6-5）得到：

$$\text{atom\%}\ ^{15}\text{N} = (I_{29} + 2I_{30})/[2(I_{28} + I_{29} + I_{30})] \times 100 \qquad (6\text{-}7)$$

将式（6-4）中的 I_{29} 和 I_{30} 代入式（6-5）得到：

$$\text{atom\%}\ ^{15}\text{N} = 2/(2 + I_{29}/I_{30}) \times 100 \qquad (6\text{-}8)$$

式(6-6)～式(6-8)即通常计算 ^{15}N 丰度的 3 种公式。当样品 ^{15}N 丰度小于 10atom% 时，可采用式（6-6）计算；当样品 ^{15}N 丰度等于 10atom% 时，可采用式（6-7）计算；当样品 ^{15}N 丰度大于 10atom% 时，可采用式（6-8）进行计算。

在测定过程中需要注意的地方如下：

（1）一般的 IRMS 及其配套软件主要是为测定同位素自然丰度样品设计的，在编制测量 ^{15}N 丰度的软件程序时没有引入 I_{30} 值，仅根据式（6-6）进行自动计算。在测定 ^{15}N atom% ≥10 的样品时，形成[^{15}N^{15}N]$^+$的组合概率较大，若忽略 I_{30} 则会导致 ^{15}N 丰度计算结果的不准确。因此，在高丰度 ^{15}N 样品的计算公式中必须要有 m/z 30 的离子流强度参与，然后通过式（6-8）进行人工计算。从图 6-2 可以清楚地看出，对于非完全随机组合的气体样品，不同计算方法得到的结果差异很大，仅利用 2 个质谱峰的计算结果是不准确的。

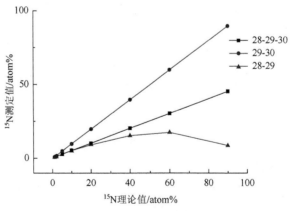

图 6-2　不同计算方法所得到 ^{15}N 结果的差异

（2）IRMS 的离子流强度主要是以峰高或峰面积信号来表示，仪器给出的峰面积（Area 28、Area 29 和 Area 30），是连续采集的峰高信号在一定时间段内的积分值，反映了样品气体在色谱柱内保留与脱附的完整信息，而且这些峰面积已是

换算成在同一放大倍数下的值，不存在电阻之间放大倍数的误差。因此，为了使计算结果更准确，连续流 IRMS 应采用峰面积值进行计算。

（3）在测定高丰度 ^{15}N 样品时，为了防止 m/z 30 信号值过大出现满标现象，可适当减少进样量，但 m/z 28 和 m/z 29 信号值可能会过低从而导致计算结果不准确。因此，在保证 m/z 28 和 m/z 29 信号值正常大小的进样量条件下，可将 m/z 30 的电阻值由 $1 \times 10^{11} \Omega$ 降低至 $1 \times 10^{10} \Omega$ 或 $1 \times 10^{9} \Omega$，使 m/z 30 的离子流强度控制在准确测量的范围之内。

（孟宪菁　高占峰　王　曦　曹亚澄）

332. 如何根据 N₂ 参比气体计算自然丰度样品的氮同位素组成？

为了使参比气体的标定结果更准确，N₂ 参比气体与样品的氮同位素组成应当相近。就 Thermo 同位素质谱而言，对于被测样品的同位素丰度，即 ^{15}N atom%应远小于 10，也不必引入 m/z 30 信号值进行计算。由于 m/z 28 和 m/z 29 接收放大器的电阻值不同（$3 \times 10^{8} \Omega$ 和 $3 \times 10^{10} \Omega$），将 IRMS 给出的原始峰面积值（rArea 28 和 rArea 29）分别除以不同倍数（10^{3} 和 10^{5}），得到在同一放大倍数情况下（3×10^{5}）的峰面积值（Area 28 和 Area 29），Area 28 和 Area 29 至少保留 5 位有效数字。根据 N₂ 参比气体与样品气体之间$[^{14}N^{15}N]^{+}$与$[^{14}N^{14}N]^{+}$信号比（即 Area 29/Area 28）的比例关系，并结合 N₂ 参比气体给定的同位素比值，计算出 N₂ 样品气的 ^{29}R 和 δ^{29}，基于 $^{15}R = 0.5 \times ^{29}R$ 等式，最终计算出样品的氮同位素比值即 ^{15}R，再根据前面描述的换算公式，就可得到 δ^{15}N 和 ^{15}N atom%。

（孟宪菁）

333. 在 Isoprime 同位素质谱仪数据处理软件 CFDA 中，如何修改积分参数？

在 Isoprime 同位素质谱仪测定样品过程中，当基线有小的波动或者漂移的时候可以选择 CFDA 软件中的峰起止选项进行背景扣除，每个样品的峰都会单独进行背景扣除。在 CFDA 软件中选择相应的参比气体，然后选择 "Sample Peak"，在 "Sample Peak Detection" 中打开 "Parameter"，勾选 "Apex Track Peak Integration"，打开 "Peak detect"，在 "Baseline Start Threshold%" 项输入 0.2 以及 "Baseline End Threshold%" 输入 0.5。再在 "Baseline" 中选择 "Peak Start/End"，不勾选 "Use Horizontal"，确定后可重新选择数据进行运行。

（张　莉）

334. 理想的参比气体峰形是什么样的？导致参比气体峰形不好的原因有哪些？

参比气体理想的峰形应为矩形，平顶峰两侧圆滑，左右对称。因为平顶峰区域的信号比较稳定，所以在同位素质谱中参比气为矩形峰。当真空度不好，或离子源的电参数未达到最好的调谐，或离子源的灯丝使用时间过长（＞3 年），或离子源受到污染时都会导致峰形异常。峰形不好会严重影响同位素比值的测定结果。

（张　莉）

335. 在 SerCon 20-22 同位素质谱联用仪样品测定程序中如何选择 Reference（R）？

无论是在 SerCon 20-22 同位素质谱联用仪器 EA 测定还是 CryoPrep 测定中，编写样品测定程序表时应在 12 个左右的样品前后分别插入两个"test"和一个"Reference"（标准物质）。样品测定过程中，出现的每个样品峰，是经标准物质的峰面积校准后而得到相应的测定结果，因此采用这种方法在测定过程中需要添加很多标准样品，一旦标准样品受到污染，会严重影响所测样品的测定结果。为此，参照 Thermo 同位素比值质谱仪中的测定程序，将"Reference"改为相对稳定的钢瓶参比气体。在样品峰前出现两个或三个参比气体峰，并将第二个峰设定为标准，以此校准样品峰，得到碳或氮的同位素测定结果。

以 SerCon 20-22 同位素质谱联用仪 CryoPrep 测定 N_2O 为例，比较了参比气体法和标准物质法两种方法的测定结果，如图 6-3 和图 6-4 所示。

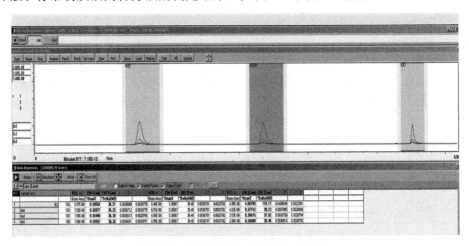

图 6-3　参比气体法中的 N_2O 样品峰

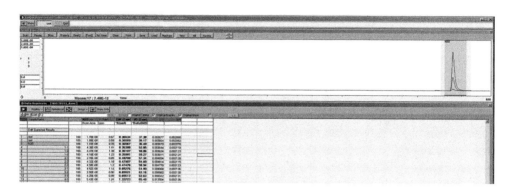

图 6-4　标准物质法中的 N_2O 样品峰

　　从表 6-2 和表 6-3 的测定结果可以看出，使用参比气体方法，无论测定气体样品还是固体样品中的碳、氮同位素比值时均能得到较好的结果，使用参比气体方法进行测定，可以有效地节约时间，降低成本；减小人为误差，但是在测定高丰度同位素样品时测定的结果会偏低。

表 6-2　N_2O 产生法测定 NO_3^- - N 中 ^{15}N 的丰度

样品序号	参比气法		标准物质法		样品序号	参比气法		标准物质法	
	^{15}N, atom%	平均值 atom%	^{15}N, atom%	平均值 atom%		^{15}N, atom%	平均值 atom%	^{15}N, atom%	平均值 atom%
1-1	0.365		0.363		5-1	2.700		2.624	
1-2	0.365	0.365 ±0.001	0.361	0.361 ±0.002	5-2	2.734	2.722 ±0.019	2.657	2.653 ±0.028
1-3	0.366		0.360		5-3	2.732		2.679	
2-1	0.493		0.487		6-1	3.608		3.570	
2-2	0.489	0.492 ±0.002	0.479	0.480 ±0.006	6-2	3.421	3.553 ±0.115	3.579	3.576 ±0.005
2-3	0.493		0.475		6-3	3.630		3.580	
3-1	0.926		0.893		7-1	4.704		4.611	
3-2	0.930	0.929 ±0.004	0.890	0.893 ±0.03	7-2	4.779	4.754 ±0.043	4.666	4.664 ±0.051
3-3	0.933		0.896		7-3	4.777		4.713	
4-1	1.361		1.337						
4-2	1.353	1.359 ±0.005	1.332	1.335 ±0.003					
4-3	1.363		1.335						

表 6-3　以 CO_2 参比气体法测定植物样品中 $\delta^{13}C_{PDB}$‰值

参比气测定法					标准物质测定法				
名称	$\delta^{13}C_{PDB}$‰	平均值	^{13}C, atom%	平均值 atom%	名称	$\delta^{13}C_{PDB}$‰	平均值	^{13}C, atom%	平均值 atom%
A1	−29.11		1.08		A1	−28.74		1.08	
A2	−29.15	−29.10 ±0.05	1.08	1.08 ±0	A2	−29.15	−28.95 ±0.21	1.08	1.08 ±0
A3	−29.05		1.08		A3	−28.98		1.08	
B1	795.53		1.98		B1	757.34		1.94	
B2	775.78	779.31 ±14.78	1.96	1.96 ±0.02	B2	767.34	763.53 ±5.41	1.95	1.94 ±0.01
B3	766.61		1.95		B3	765.90		1.95	

A：自然丰度样品；B：标记 ^{13}C 的示踪样品。

（戴沈艳）

336. 在 SerCon 20-22 同位素质谱联用仪测定样品过程中，如何对样品测定结果进行校准？

测定结果准确性的含义：测量结果与真值之间的一致程度。它是评价仪器性能、测量方法和测定结果的度量。测定结果的准确性是随机误差和系统误差的总和，而各种未知的系统误差是影响分析结果准确性的关键。为评价 SerCon 20-22 同位素比值质谱仪测定结果的准确性，分别制备系列 ^{15}N 丰度的固体样品和气体样品进行测定。

（1）将 ^{15}N 自然丰度与 10.32atom%的 ^{15}N 标记$(NH_4)_2SO_4$ 按一定比例混合均匀，得到系列 ^{15}N 丰度的$(NH_4)_2SO_4$ 固体样品。在 SerCon 20-22 同位素比值质谱联用仪上测定固体$(NH_4)_2SO_4$ 样品，结果显示：

①在 SerCon 20-22 仪器上以标定的 N_2 作为参比气体，测定不同 ^{15}N 丰度的$(NH_4)_2SO_4$ 样品时发现，当样品的 ^{15}N 丰度小于 5atom%时，测定值与计算值接近，准确性较好；而当样品的 ^{15}N 丰度大于 5atom%时，测定值小于计算值，测定结果存在一定误差。

②而在 SerCon 20-22 仪器上以 2.948atom% ^{15}N 的$(NH_4)_2SO_4$（上海化工研究院生产）标准样品作为标准，测定不同 ^{15}N 丰度的$(NH_4)_2SO_4$ 样品时，发现测定值与计算值接近，准确性较好（表 6-4）。

表 6-4　SerCon 20-22 EA-IRMS 对$(NH_4)_2SO_4$ 固体样品中 ^{15}N 丰度测定结果比较

理论计算值 （^{15}N, atom%）	SerCon 20-22[1]	SerCon 20-22[2]
0.366	0.367	0.364
0.517	0.512	0.510

续表

理论计算值 (^{15}N, atom%)	SerCon 20-22[1]	SerCon 20-22[2]
1.000	0.982	0.976
1.951	1.928	1.914
3.013	2.977	2.926
3.976	3.937	3.861
4.990	4.943	4.827
5.994	5.644	5.771
6.996	6.617	6.753
8.028	7.502	7.720
8.999	8.364	8.679
10.320	9.522	9.943
回归方程	$y = 1.084x - 0.135$	$y = 1.040x - 0.023$
R^2	0.999	1.000

1：参比气体法测定结果；2：标准物质法测定结果。

（2）将 ^{15}N 自然丰度和 5.25atom% 的 ^{15}N 标记 KNO_3 配成溶液后，按一定比例混合均匀，加入试剂制备得到系列 ^{15}N 丰度的 N_2O 气体样品。在 SerCon 20-22 同位素比值质谱联用仪的 CryoPrep 上测定 N_2O 气体样品，结果显示：在 SerCon 20-22 仪器的 CryoPrep 上也以标定的 N_2O 作为参比气体，测定不同 ^{15}N 丰度的 N_2O 气体时，测定值与计算值存在一定误差。

（戴沈艳）

337. 如何测定不同 ^{15}N 丰度的氮气混合后的 ^{15}N 丰度？

根据上述问题的分析，对于非完全随机组合的气体样品，需要根据其 $[^{14}N^{14}N]^+$（m/z 28）、$[^{14}N^{15}N]^+$（m/z 29）和 $[^{15}N^{15}N]$（m/z 30）3 个质谱峰才能准确计算。即如下公式：

$$^{15}N\ atom\% = \frac{M29 + 2 \times M30}{2 \times (M28 + M29 + M30)} \times 100$$

但在实际同位素质谱测定过程中，存在 $[^{14}N^{16}O]^+$ 的干扰，目前尚无法进行分离。因此，M30 包括 $M30_{N_2}$ 和 $M30_{NO}$，即上式可转化为如下公式：

$$^{15}N\ atom\% = \frac{M29 + 2 \times M30_{N_2} + M30_{NO}}{2 \times (M28 + M29 + M30_{N_2} + M30_{NO})} \times 100$$

对于高丰度气体（≥10atom%），$[^{14}N^{16}O]^+$ 的干扰相对较小，可忽略。而低丰度气体（<10atom%），$[^{14}N^{16}O]^+$ 的干扰相对较大，不容忽略；同位素丰度越低，影响越大。对于一般的 ^{15}N 示踪研究，样品的 ^{15}N 丰度一般在 10atom% 以下，因此，剔除 $M30_{NO}$ 是准确测定混合氮气 ^{15}N 丰度的关键。一些实验结果表明，无论是连续流测量还是双路测量，$M30_{NO}$ 的大小与样品气体中 ^{14}N 的信号强度（$2 \times M28 + M29$）呈正比，这为消除 $[^{14}N^{16}O]^+$ 的干扰提供了可能。即通过参比气体或已知 ^{15}N 丰度的氮气测定 $M30_{NO}/(2 \times M28 + M29)$ 的比值 k，再利用样品气体的（$2 \times M28 + M29$）和 k 值计算出样品气体的 $M30_{NO}$，进而扣除 NO 的干扰，实现混合氮气 ^{15}N 丰度的准确测定。

（高占峰）

338. 测定低浓度同位素样品时，常采用何种办法进行空白扣除，以计算样品的真值？

一般利用以下公式进行空白的扣除和结果的计算：

$$\delta_{\text{Sample True}} = \frac{\delta_{\text{Sample Measure}} \times C_{\text{Sample Measure}} - \delta_{\text{Blank}} \times C_{\text{Blank}}}{C_{\text{Sample Measure}} - C_{\text{Blank}}}$$

但在实际应用时，采用此方法常常会出现较大偏差，其原因主要是空白的信号较低。在实际样品的测定时，仪器的本底对测定结果影响较大，因此一般很难得到 δ_{Blank} 的准确值，其 SD 较大，将 δ_{Blank} 引入计算会产生较大的不确定性。针对此种情况，一般都考虑利用标准样品建立标准曲线来进行校正，当样品与空白的信噪比超过 10 倍时，由空白引入的分析误差可忽略。

（王　曦）

339. 利用 Thermo PreCon-IRMS 测定高丰度 ^{15}N 的 N_2O 和 N_2 时，为什么 N_2 的 AT% 超过 10atom% 时就出现结果异常，而 N_2O 的 AT% 超过 70atom% 时才出现结果异常？

在测定高丰度 ^{15}N 的 N_2O 和 N_2 时出现这种现象的原因是，Thermo Isodat 计算机软件在计算样品的 ^{15}N 丰度时没有将 $m/z\ 30$ 的信号值包括在内。由于没有将 $m/z\ 28$、$m/z\ 29$ 和 $m/z\ 30$ 的信号值都参与测定结果计算，所以在测定 ^{15}N 丰度超过 10atom% 时就会出现差错。而在测定 N_2O 气体样品的 ^{15}N 丰度时，测量了 $m/z\ 44$、$m/z\ 45$ 和 $m/z\ 46$ 三种离子流的强度，并将测得的数值都参与了结果的计算，所以相对而言对测定和计算稍高 ^{15}N 丰度的 N_2O 气体样品的结果影响较小。但由于在计算过程中存在很多假设，所以对一些同位素丰度很高的特殊示踪样品，计算出的有些结果也是错误的。

（马　潇　曹亚澄）

340. 当采用 Thermo EA-IRMS 联机系统测定 50atom%^{15}N 样品时，在 "method" 的 "peak detection" 选择 29，即可准确测定；但在 PreCon- IRMS 测定 50atom%丰度的 N₂ 时，采用同样的操作输出的结果却不对，造成这种情况的原因是什么？

如上述问题的解答，对于高丰度的 ^{15}N 样品的测定，因为 m/z 30 的信号值没有参与结果的计算，所以会导致错误的结果。在同位素质谱测定这类样品的过程中，由于 m/z 29 的离子流强度更重要，且它的峰面积更准确，因此选择它作为检测的峰后所计算出的结果也更准确可靠。至于为什么采用相同的方法而在 EA-IRMS 与 PreCon-IRMS 两种联机系统上得不到同样准确的测定结果，应该与它们不同的分析流程有关，例如，不同的样品转化方式、不同的反应物质，以及不同的温度、分离和气体流速等分析条件。

（马　潇　曹亚澄）

341. 在离子组合符合随机组合的前提下，计算 ^{15}N 丰度的 3 个公式应该是等价的，但在实际测定不同丰度的 ^{15}N 样品时计算结果存在差异，这是什么原因？

通常在测定 N₂ 样品时，可以选择以下 3 个公式计算 ^{15}N 的原子百分数：

（1）$^{15}NAT\% = \dfrac{1}{1 + 2\dfrac{I_{28}}{I_{29}}} \times 100$ ；

（2）$^{15}NAT\% = \dfrac{I_{29} + I_{30}}{2(I_{28} + I_{29} + I_{30})} \times 100$ ；

（3）$^{15}NAT\% = \dfrac{2}{2 + \dfrac{I_{29}}{I_{30}}} \times 100$ 。

仍然与前面所述的一样，如果不能有效地控制同位素质谱离子源内与 m/z 30 [$^{15}N^{15}N$]$^{+}$ 的离子相同质/荷比离子的产生，那么计算公式中 m/z 30 信号强度的增高就会导致结果计算出现偏差。类似 NO，m/z 30 离子的产生涉及许多有关同位素质谱离子源的性能和电子轰击等方面的问题，例如，是否可以采用铼（Re）灯丝以降低化学氧的吸附；或调节阱电压和电子电压以改变离子源的电参数等。更有效地消除这些差异的办法是，在彻底了解测定不同 ^{15}N 丰度样品时与离子源内由 NO 产生的 m/z 30 信号值的相关性后，去校正计算出的结果。

（马　潇　曹亚澄）

主要参考文献

曹亚澄，张金波，温腾，等. 2018. 稳定同位素示踪技术与质谱分析. 北京：科学出版社.

高仁祥. 1987. 碳酸盐岩同位素数据处理. 质谱学报，8（4）：26-32.

高仁祥，陈琛，吴尊白，等. 1984. 磷酸法测定碳、氧同位素. 石油实验地质，6（1）：72-75.

葛体达，王东东，祝贞科，等. 2020. 碳同位素示踪技术及其在陆地生态系统碳循环研究中的应用与展望. 植物生态学报，44（4）.

郭波莉，魏益民，潘家荣，等. 2009. 牛肉产地溯源技术研究. 北京：科学出版社.

黄达峰，罗修泉，李喜斌，等. 2006. 同位素质谱技术与应用. 北京：化学工业出版社.

林光辉. 2013. 稳定同位素生态学. 北京：高等教育出版社.

鲁如坤. 1999. 土壤农业化学分析方法. 北京：中国农业科技出版社.

冒德寿，王晋，李智宇，等. 2018. 特定化合物稳定同位素分析. 北京：科学出版社.

沈渭洲. 1987. 稳定同位素地质. 北京：原子能出版社.

郑淑慧，郑斯成，莫志超. 1986. 稳定同位素地球化学分析. 北京：北京大学出版社.

Atere C T，Ge T D，Zhu Z K，et al. 2017. Rice rhizodeposition and carbon stabilisation in paddy soil are regulated via drying-rewetting cycles and nitrogen fertilisation. Biology and Fertility of Soils，53（4）：1-11.

Cui J，Zhu Z K，Xu X L，et al. 2020. Carbon and nitrogen recycling from microbial necromass to cope with C：N stoichiometric imbalance by priming. Soil Biology and Biochemistry，142：doi.org/10.1016/j.soilbio.2020.107720.

Ge T D，Li B Z，Zhu Z K，et al. 2017. Rice rhizodeposition and its utilization by microbial groups depends on N fertilization. Biology and Fertility of Soils，53：37-48.

Ge T D，Liu C Y，Zhao H Z，et al. 2015. Tracking the photosynthesized carbon input into soil organic carbon pools in a rice soil fertilized with nitrogen. Plant and Soil，392：17-25.

Ge T，Luo Y，He X. 2019. Quantitative and mechanistic insights into the key process in the rhizodeposited carbon stabilization，transformation and utilization of carbon，nitrogen and phosphorus in paddy soil. Plant and Soil，445：1-5.

Hut G. 1987. Stable reference samples for geochemical and hydrological investigations（Rep. Consultants Group Meeting，Vienna，1985）. International Atomic Energy Agency，Vienna：1-42.

Liu Y L，Ge T D，Ye J，et al. 2019. Initial utilization of rhizodeposits with rice growth in paddy soils：Rhizosphere and N fertilization effects. Geoderma，338：30-39.

McCrea J M. 2004. On the isotopic chemistry of carbonates and a paleotemperature scale. Journal of Chemical Physics，18（6）：849-857.

Radke J，Haubold P，Hilkert A，et al. Isotope analysis of 6-130μg samples with the KIEL IV

Carbonate Device. Application Note: 30176. Thermo scientific.com.

Wei L, Razavi B S, Wang W Q, et al. 2019. Labile carbon matters more than temperature for enzyme activity in paddy soil. Soil Biology and Biochemistry, 135, 134-143.

Xiao M L, Zang H D, Ge T D, et al. 2019a. Effect of nitrogen fertilizer on rice photosynthate allocation and carbon input in paddy soil. European Journal of Soil Science, 70 (4): 786-795.

Xiao M L, Zang H D, Liu S L, et al. 2019b. Nitrogen fertilization alters the distribution and fates of photosynthesized carbon in rice–soil systems: A ^{13}C-CO$_2$ pulse labeling study. Plant and Soil, 445: 101-112.

Zang H D, Blagodatskaya E, Wang J Y, et al. 2017. Nitrogen fertilization increases rhizodeposit incorporation into microbial biomass and reduces soil organic matter losses. Biology and Fertility of Soils, 53 (4): 419-429.

Zang H D, Blagodatskaya E, Wen Y, et al. 2018. Carbon sequestration and turnover in soil under the energy crop Miscanthus: Repeated ^{13}C natural abundance approach and literature synthesis. Global Change Biology Bioenergy, 10 (4): 262-271.

Zhao Z W, Ge T D, Gunina A, et al. 2019. Carbon and nitrogen availability in paddy soil affects rice photosynthate allocation, microbial community composition, and priming: Combining continuous ^{13}C labeling with PLFA analysis. Plant and Soil, 445: 137-152.

Zhu Z K, Ge T D, Hu Y J, et al. 2017a. Fate of rice shoot and root residues, rhizodeposits, and microbial assimilated carbon in paddy soil-part 2: Turnover and microbial utilization. Plant and Soil, 416: 243-257.

Zhu Z K, Ge T D, Liu S L, et al. 2018a. Rice rhizodeposits affect organic matter priming in paddy soil: The role of N fertilization and plant growth for enzyme activities, CO$_2$ and CH$_4$ emissions. Soil Biology and Biochemistry, 116: 369-377.

Zhu Z K, Ge T D, Xiao M L, et al. 2017b. Belowground carbon allocation and dynamics under rice cultivation depends on soil organic matter content. Plant and Soil, 410: 247-258.

Zhu Z K, Ge T D, Luo Y, et al. 2018b. Microbial stoichiometric flexibility regulates rice straw mineralization and its priming effect in paddy soil. Soil Biology and Biochemistry, 121: 67-76.

附　录　一

最新的元素周期表和稳定同位素丰度表

（A）元素的标准原子量

编号	元素	元素名	标准原子量
1	H	hydrogen	[1.00784, 1.00811]
2	He	helium	4.002602（2）
3	Li	lithium	[6.938, 6.997]
4	Be	beryllium	9.0121831（5）
5	B	boron	[10.806, 10.821]
6	C	carbon	[12.0096, 12.0116]
7	N	nitrogen	[14.00643, 14.00728]
8	O	oxygen	[15.99903, 15.99977]
9	F	fluorine	18.998403163（6）
10	Ne	neon	20.1797（6）
11	Na	sodium	22.98976928（2）
12	Mg	magnesium	[24.304, 24.307]
13	Al	aluminium	26.9815384（3）
14	Si	silicon	[28.084, 28.086]
15	P	phosphorus	30.973761998（5）
16	S	sulfur	[32.059, 32.076]
17	Cl	chlorine	[35.446, 35.457]
18	Ar	argon	[39.792, 39.963]
19	K	potassium	39.0983（1）
20	Ca	calcium	40.078（4）
21	Sc	scandium	44.955908（5）
22	Ti	titanium	47.867（1）
23	V	vanadium	50.9415（1）
24	Cr	chromium	51.9961（6）
25	Mn	manganese	54.938043（2）
26	Fe	iron	55.845（2）
27	Co	cobalt	58.933194（3）
28	Ni	nickel	58.6934（4）

续表

编号	元素	元素名	标准原子量
29	Cu	copper	63.546（3）
30	Zn	zinc	65.38（2）
31	Ga	gallium	69.723（1）
32	Ge	germanium	72.630（8）
33	As	arsenic	74.921595（6）
34	Se	selenium	78.971（8）
35	Br	bromine	[79.901, 79.907]
36	Kr	krypton	83.798（2）
37	Rb	rubidium	85.4678（3）
38	Sr	strontium	87.62（1）
39	Y	yttrium	88.90584（1）
40	Zr	zirconium	91.224（2）
41	Nb	niobium	92.90637（1）
42	Mo	molybdenum	95.95（1）
43	Tc	technetium	—
44	Ru	ruthenium	101.07（2）
45	Rh	rhodium	102.90549（2）
46	Pd	palladium	106.42（1）
47	Ag	silver	107.8682（2）
48	Cd	cadmium	112.414（4）
49	In	indium	114.818（1）
50	Sn	tin	118.710（7）
51	Sb	antimony	121.760（1）
52	Te	tellurium	127.60（3）
53	I	iodine	126.90447（3）
54	Xe	xenon	131.293（6）
55	Cs	caesium	132.90545196（6）
56	Ba	barium	137.327（7）
57	La	lanthanum	138.90547（7）
58	Ce	cerium	140.116（1）
59	Pr	praseodymium	140.90766（1）
60	Nd	neodymium	144.242（3）
61	Pm	promethium	—
62	Sm	samarium	150.36（2）
63	Eu	europium	151.964（1）
64	Gd	gadolinium	157.25（3）

编号	元素	元素名	标准原子量
65	Tb	terbium	158.925354（8）
66	Dy	dysprosium	162.500（1）
67	Ho	holmium	164.930328（7）
68	Er	erbium	167.259（3）
69	Tm	thulium	168.934218（6）
70	Yb	ytterbium	173.045（10）
71	Lu	lutetium	174.9668（1）
72	Hf	hafnium	178.49（2）
73	Ta	tantalum	180.94788（2）
74	W	tungsten	183.84（1）
75	Re	rhenium	186.207（1）
76	Os	osmium	190.23（3）
77	Ir	iridium	192.217（2）
78	Pt	platinum	195.084（9）
79	Au	gold	196.966570（4）
80	Hg	mercury	200.592（3）
81	Tl	thallium	[204.382, 204.385]
82	Pb	lead	207.2（1）
83	Bi	bismuth	208.98040（1）
84	Po	polonium	—
85	At	astatine	—
86	Rn	radon	—
87	Fr	francium	—
88	Ra	radium	—
89	Ac	actinium	—
90	Th	thorium	232.0377（4）
91	Pa	protactinium	231.03588（1）
92	U	uranium	238.02891（3）
93	Np	neptunium	—
94	Pu	plutonium	—
95	Am	americium	—
96	Cm	curium	—
97	Bk	berkelium	—
98	Cf	californium	—
99	Es	einsteinium	—
100	Fm	fermium	—

编号	元素	元素名	标准原子量
101	Md	mendelevium	—
102	No	nobelium	—
103	Lr	lawrencium	—
104	Rf	rutherfordium	—
105	Db	dubnium	—
106	Sg	seaborgium	—
107	Bh	bohrium	—
108	Hs	hassium	—
109	Mt	meitnerium	—
110	Ds	darmstadtium	—
111	Rg	roentgenium	—
112	Cn	copernicium	—
113	Nh	nihonium	—
114	Fl	flerovium	—
115	Mc	moscovium	—
116	Lv	livermorium	—
117	Ts	tennessine	—
118	Og	oganesson	—

本表引自：CIAAW，2017 年公布的元素的同位素组成，可在线从 www.ciaaw.org 获取（张莉收集整理）。

（B）元素的稳定同位素组成

编号	元素	元素名	同位素	稳定同位素组成
1	H	hydrogen	0	[0.99972, 0.99999]
			2	[0.00001, 0.00028]
2	He	helium	3	0.000002（2）
			4	0.999998（2）
3	Li	lithium	6	[0.019, 0.078]
			7	[0.922, 0.981]
4	Be	beryllium	9	1
5	B	boron	10	[0.189, 0.204]
			11	[0.796, 0.811]
6	C	carbon	12	[0.9884, 0.9904]
			13	[0.0096, 0.0116]
7	N	nitrogen	14	[0.99578, 0.99663]
			15	[0.00337, 0.00422]

编号	元素	元素名	同位素	稳定同位素组成
			16	[0.99738, 0.99776]
8	O	oxygen	17	[0.000367, 0.000400]
			18	[0.00187, 0.00222]
9	F	fluorine	19	1
			20	0.9048（3）
10	Ne	neon	21	0.0027（1）
			22	0.0925（3）
11	Na	sodium	23	1
			24	[0.7888, 0.7905]
12	Mg	magnesium	25	[0.09988, 0.10034]
			26	[0.1096, 0.1109]
13	Al	aluminium	27	1
			28	[0.92191, 0.92318]
14	Si	silicon	29	[0.04645, 0.04699]
			30	[0.03037, 0.03110]
15	P	phosphorus	31	1
			32	[0.9441, 0.9529]
16	S	sulfur	33	[0.00729, 0.00797]
			34	[0.0396, 0.0477]
			36	[0.000129, 0.000187]
17	Cl	chlorine	35	[0.755, 0.761]
			37	[0.239, 0.245]
			36	[0.0000, 0.0207]
18	Ar	argon	38	[0.000, 0.043]
			40	[0.936, 1.000]
			39	0.932581（44）
19	K	potassium	40	0.000117（1）
			41	0.067302（44）
			40	0.96941（156）
			42	0.00647（23）
			43	0.00135（10）
20	Ca	calcium	44	0.02086（110）
			46	0.00004（3）
			48	0.00187（21）
21	Sc	scandium	45	1
			46	0.0825（3）
22	Ti	titanium	47	0.0744（2）
			48	0.7372（3）

编号	元素	元素名	同位素	稳定同位素组成
22	Ti	titanium	49	0.0541（2）
			50	0.0518（2）
23	V	vanadium	50	0.00250（10）
			51	0.99750（10）
24	Cr	chromium	50	0.04345（13）
			52	0.83789（18）
			53	0.09501（17）
			54	0.02365（7）
25	Mn	manganese	55	1
26	Fe	iron	54	0.05845（105）
			56	0.91754（106）
			57	0.02119（29）
			58	0.00282（12）
27	Co	cobalt	59	1
28	Ni	nickel	58	0.680769（190）
			60	0.262231（150）
			61	0.011399（13）
			62	0.036345（40）
			64	0.009256（19）
29	Cu	copper	63	0.6915（15）
			65	0.3085（15）
30	Zn	zinc	64	0.4917（75）
			66	0.2773（98）
			67	0.0404（16）
			68	0.1845（63）
			70	0.0061（10）
31	Ga	gallium	69	0.60108（50）
			71	0.39892（50）
32	Ge	germanium	70	0.2052（19）
			72	0.2745（15）
			73	0.0776（8）
			74	0.3652（12）
			76	0.0775（12）
33	As	arsenic	75	1
34	Se	selenium	74	0.0086（3）
			76	0.0923（7）

续表

编号	元素	元素名	同位素	稳定同位素组成
34	Se	selenium	77	0.0760（7）
			78	0.2369（22）
			80	0.4980（36）
			82	0.0882（15）
35	Br	bromine	79	[0.505, 0.508]
			81	[0.492, 0.495]
36	Kr	krypton	78	0.00355（3）
			80	0.02286（10）
			82	0.11593（31）
			83	0.11500（19）
			84	0.56987（15）
			86	0.17279（41）
37	Rb	rubidium	85	0.7217（2）
			87	0.2783（2）
38	Sr	strontium	84	0.0056（2）
			86	0.0986（20）
			87	0.0700（20）
			88	0.8258（35）
39	Y	yttrium	89	1
40	Zr	zirconium	90	0.5145（4）
			91	0.1122（5）
			92	0.1715（3）
			94	0.1738（4）
			96	0.0280（2）
41	Nb	niobium	93	1
42	Mo	molybdenum	92	0.14649（106）
			94	0.09187（33）
			95	0.15873（30）
			96	0.16673（8）
			97	0.09582（15）
			98	0.24292（80）
			100	0.09744（65）
43	Tc	technetium	[97]	-
44	Ru	ruthenium	96	0.0554（14）
			98	0.0187（3）
			99	0.1276（14）

编号	元素	元素名	同位素	稳定同位素组成
			100	0.1260 (7)
44	Ru	ruthenium	101	0.1706 (2)
			102	0.3155 (14)
			104	0.1862 (27)
45	Rh	rhodium	103	1
			102	0.0102 (1)
			104	0.1114 (8)
			105	0.2233 (8)
46	Pd	palladium	106	0.2733 (3)
			108	0.2646 (9)
			110	0.1172 (9)
47	Ag	silver	107	0.51839 (8)
			109	0.48161 (8)
			106	0.01245 (22)
			108	0.00888 (11)
			110	0.12470 (61)
48	Cd	cadmium	111	0.12795 (12)
			112	0.24109 (7)
			113	0.12227 (7)
			114	0.28754 (81)
			116	0.07512 (54)
49	In	indium	113	0.04281 (52)
			115	0.95719 (52)
			112	0.0097 (1)
			114	0.0066 (1)
			115	0.0034 (1)
			116	0.1454 (9)
			117	0.0768 (7)
50	Sn	tin	118	0.2422 (9)
			119	0.0859 (4)
			120	0.3258 (9)
			122	0.0463 (3)
			124	0.0579 (5)
51	Sb	antimony	121	0.5721 (5)
			123	0.4279 (5)

编号	元素	元素名	同位素	稳定同位素组成
			120	0.0009（1）
			122	0.0255（12）
			123	0.0089（3）
52	Te	tellurium	124	0.0474（14）
			125	0.0707（15）
			126	0.1884（25）
			128	0.3174（8）
			130	0.3408（62）
53	I	iodine	127	1
			124	0.00095（5）
			126	0.00089（3）
			128	0.01910（13）
			129	0.26401（138）
54	Xe	xenon	130	0.04071（22）
			131	0.21232（51）
			132	0.26909（55）
			134	0.10436（35）
			136	0.08857（72）
55	Cs	caesium	133	1
			130	0.0011（1）
			132	0.0010（1）
			134	0.0242（15）
56	Ba	barium	135	0.0659（10）
			136	0.0785（24）
			137	0.1123（23）
			138	0.7170（29）
57	La	lanthanum	138	0.0008881（71）
			139	0.9991119（71）
			136	0.00186（2）
58	Ce	cerium	138	0.00251（2）
			140	0.88449（51）
			142	0.11114（51）
59	Pr	praseodymium	141	1
			142	0.27153（40）
60	Nd	neodymium	143	0.12173（26）
			144	0.23798（19）

续表

编号	元素	元素名	同位素	稳定同位素组成
			145	0.08293（12）
60	Nd	neodymium	146	0.17189（32）
			148	0.05756（21）
			150	0.05638（28）
61	Pm	promethium	[145]	-
			144	0.0308（4）
			147	0.1500（14）
			148	0.1125（9）
62	Sm	samarium	149	0.1382（10）
			150	0.0737（9）
			152	0.2674（9）
			154	0.2274（14）
63	Eu	europium	151	0.4781（6）
			153	0.5219（6）
			152	0.0020（3）
			154	0.0218（2）
			155	0.1480（9）
64	Gd	gadolinium	156	0.2047（3）
			157	0.1565（4）
			158	0.2484（8）
			160	0.2186（3）
65	Tb	terbium	159	1
			156	0.00056（3）
			158	0.00095（3）
			160	0.02329（18）
66	Dy	dysprosium	161	0.18889（42）
			162	0.25475（36）
			163	0.24896（42）
			164	0.28260（54）
67	Ho	holmium	165	1
			162	0.00139（5）
			164	0.01601（3）
			166	0.33503（36）
68	Er	erbium	167	0.22869（9）
			168	0.26978（18）
			170	0.14910（36）

编号	元素	元素名	同位素	稳定同位素组成
69	Tm	thulium	169	1
			168	0.00126（1）
			170	0.03023（2）
			171	0.14216（7）
70	Yb	ytterbium	172	0.21754（10）
			173	0.16098（9）
			174	0.31896（26）
			176	0.12887（30）
71	Lu	lutetium	175	0.97401（13）
			176	0.02599（13）
			174	0.0016（12）
			176	0.0526（70）
72	Hf	hafnium	177	0.1860（16）
			178	0.2728（28）
			179	0.1362（11）
			180	0.3508（33）
73	Ta	tantalum	180	0.0001176（23）
			181	0.9998824（23）
			180	0.0012（1）
			182	0.2650（16）
74	W	tungsten	183	0.1431（4）
			184	0.3064（2）
			186	0.2843（19）
75	Re	rhenium	185	0.3740（5）
			187	0.6260（5）
			184	0.0002（2）
			186	0.0159（64）
			187	0.0196（17）
76	Os	osmium	188	0.1324（27）
			189	0.1615（23）
			190	0.2626（20）
			192	0.4078（32）
77	Ir	iridium	191	0.3723（9）
			193	0.6277（9）
78	Pt	platinum	190	0.00012（2）
			192	0.00782（24）

续表

编号	元素	元素名	同位素	稳定同位素组成
			194	0.32864（410）
78	Pt	platinum	195	0.33775（240）
			196	0.25211（340）
			198	0.07356（130）
79	Au	gold	197	1
			196	0.0015（1）
			198	0.1004（3）
			199	0.1694（12）
80	Hg	mercury	200	0.2314（9）
			201	0.1317（9）
			202	0.2974（13）
			204	0.0682（4）
81	Tl	thallium	203	[0.2944, 0.2959]
			205	[0.7041, 0.7056]
			204	0.014（6）
82	Pb	lead	206	0.241（30）
			207	0.221（50）
			208	0.524（70）
83	Bi	bismuth	209	1
84	Po	polonium	[209]	—
85	At	astatine	[210]	—
86	Rn	radon	[222]	—
87	Fr	francium	[223]	—
88	Ra	radium	[226]	—
89	Ac	actinium	[227]	—
90	Th	thorium	230	0.0002（2）
			232	0.9998（2）
91	Pa	protactinium	231	1
			234	0.000054（5）
92	U	uranium	235	0.007204（6）
			238	0.992742（10）

本表引自：CIAAW，2017 年公布的元素的同位素组成，可在线从 www.ciaaw.org 获取（张莉收集整理）。

附　录　二

稳定同位素的标准物质表

标准物质编号	标准物质名称说明	公布的稳定同位素比值
一.水样品中的 ^{2}H 和 ^{18}O 稳定同位素比值		
VSMOW	维也纳标准平均海洋水 （Vienna standard mean ocean water）	$\delta^{18}O_{VSMOW} = 0 \pm 0.02‰$, $\delta^2H_{VSMOW} = 0 \pm 0.3‰$
SLAP2	南极白昼雨水标准 （standard light Antarctic precipitation 2）	$\delta^{18}O_{VSMOW} = -55.5 \pm 0.02‰$, $\delta^2H_{VSMOW} = -427.5 \pm 0.3‰$
GISP	格陵兰冰盖降水 （Greenland ice sheet precipitation）	$\delta^{18}O_{VSMOW} = -24.76 \pm 0.09 ‰$, $\delta^2H_{VSMOW} = -189.5 \pm 1.2 ‰$
GRESP	格陵兰山顶降水 （Greenland summit precipitation）	$\delta^{18}O_{VSMOW} = -33.39 \pm 0.04‰$, $\delta^2H_{VSMOW} = -257.8 \pm 0.4‰$
USGS45	美国比斯坎湾蓄水层的饮用水 （Biscayne aquifer drinking water）	$\delta^{18}O_{VSMOW} = -2.238 \pm 0.011‰$, $\delta^2H_{VSMOW} = -10.3 \pm 0.4‰$
USGS46	安瓿中的冰芯水 （Greenland ice core water per ampoule）	$\delta^{18}O_{VSMOW} = -29.80 \pm 0.03‰$, $\delta^2H_{VSMOW} = -235.8 \pm 0.7‰$
USGS47	安瓿中的路易丝湖饮用水 （Lake Louise drinking water per ampoule）	$\delta^{18}O_{VSMOW} = -19.80 \pm 0.02‰$, $\delta^2H_{VSMOW} = -150.2 \pm 0.5‰$
USGS49	安瓿中的阿蒙森–斯科特南极站冰芯水 （ice core water from the Amundsen–Scott South Pole Station per ampoule）	$\delta^{18}O_{VSMOW} = -50.55 \pm 0.04‰$, $\delta^2H_{VSMOW} = -394.7 \pm 0.4‰$
二. 已知 ^{2}H, ^{13}C, ^{15}N, ^{18}O 和 ^{34}S 稳定同位素比值的标准物质		
NBS 22	油（oil）	$\delta^{13}C_{VPDB} = -30.031 \pm 0.043‰$, $\delta^2H_{VSMOW} = -120 \pm 1‰$
USGS24	石墨（graphite）	$\delta^{13}C_{VPDB} = -16.05 \pm 0.04‰$
USGS40	谷氨酸（L-glutamic acid）	$\delta^{13}C_{VPDB} = -26.389 \pm 0.042‰$, $\delta^{15}N_{airN_2} = -4.5 \pm 0.1‰$
USGS41	谷氨酸（L-glutamic acid）	$\delta^{13}C_{VPDB} = 37.626 \pm 0.049‰$, $\delta^{15}N_{airN_2} = 47.6 \pm 0.2‰$
USGS42	西藏人头发粉末 （Tibetan human hair powder，＜100 mesh）	$\delta^2H_{VSMOW-SLAP} = -78.5 \pm 2.3‰$, $\delta^{18}O_{VSMOW-SLAP} = 8.56 \pm 0.10‰$, $\delta^{15}N_{air\,N_2} = 8.05 \pm 0.10‰$, $\delta^{13}C_{VPDB} = -21.09 \pm 0.10‰$, $\delta^{34}S_{VCDT} = 7.84 \pm 0.25‰$

续表

标准物质编号	标准物质名称说明	公布的稳定同位素比值
USGS43	印度人头发粉末 （Indian human hair powder，＜100 mesh）	$\delta^2H_{VSMOW-SLAP} = -50.3 \pm 2.8‰$, $\delta^{18}O_{VSMOW-SLAP} = 14.11 \pm 0.10‰$, $\delta^{15}N_{air\ N_2} = 8.44 \pm 0.10‰$, $\delta^{13}C_{VPDB} = -21.28 \pm 0.10‰$, $\delta^{34}S_{VCDT} = 10.46 \pm 0.22‰$
IAEA-600	咖啡因（caffeine）	$\delta^{13}C_{VPDB} = -27.771 \pm 0.043‰$, $\delta^{15}N_{air\ N_2} = 1 \pm 0.2‰$
IAEA-602	苯甲酸（benzoic Acid）	$\delta^{18}O_{VSMOW1} = 71.4 \pm 0.5‰$
IAEA-CH-3	纤维素（cellulose）	$\delta^{13}C_{VPDB} = -24.724 \pm 0.041‰$
IAEA-CH-6	蔗糖（sucrose）	$\delta^{13}C_{VPDB} = -10.449 \pm 0.033‰$
IAEA-CH-7	聚乙烯（polyethylene）	$\delta^{13}C_{VPDB} = -32.151 \pm 0.050‰$, $\delta^2H_{VSMOW} = -100.3 \pm 2.0‰$
IAEA-303	^{13}C 标记的碳酸氢钠 （^{13}C labelled sodium-bicarbonate）	$\delta^{13}C$（Amp. A）$_{VPDB} = 93.3‰$, $\delta^{13}C_{VPDB}$（Amp. B）$= 466‰$
BCR-657	葡萄糖（glucose）	$^{13}C_{VPDB} = -10.76 \pm 0.04‰$
AEB-2153	土壤样品（soil）	$\delta^{15}N_{air\ N_2} = 6.70‰$, $\delta^{13}C_{VPDB} = -27.46‰$, $\delta^{34}S_{VCDT} = 4.94‰$
AEB-2157	小麦粉（wheat powder）	$\delta^{15}N_{air\ N_2} = 2.80‰$, $\delta^{13}C_{VPDB} = -27.20‰$, $\delta^{34}S_{VCDT} = -1.40‰$
AEB-2174	尿素（urea）	$\delta^{15}N_{air\ N_2} = -0.30‰$, $\delta^{13}C_{VPDB} = -48.63‰$
Alpha N$_2$O	法国液空公司的 5 ppm N$_2$O 标准气体 （Lot No：156）	$\delta^{15}N_{air\ N_2} = 2.21‰$, $\delta^{18}O_{VSMOW} = 39.33‰$
Alpha N$_2$O	法国液空公司的 5 ppm N$_2$O 标准气体 （Lot No：028）	$\delta^{15}N_{air\ N_2} = -2.80‰$, $\delta^{18}O_{VSMOW} = 41.95‰$
USGS-51	N$_2$O 国际标准气体	$\delta^{15}N_{air\ N_2} = 1.32 \pm 0.04‰$, $\delta^{18}O_{VSMOW} = 41.23 \pm 0.04‰$, $SP_{air} = -1.67‰$
USGS-52	N$_2$O 国际标准气体	$\delta^{15}N_{air\ N_2} = 0.44 \pm 0.02‰$, $\delta^{18}O_{VSMOW} = 40.64 \pm 0.03‰$, $SP_{air} = 26.15‰$
IAEA-S-1	硫化银	$\delta^{34}S_{VCDT} = -0.3 \pm 0.2‰$
IAEA-S-2	硫化银	$\delta^{34}S_{VCDT} = 22.7 \pm 0.2‰$
IAEA-S-3	硫化银	$\delta^{34}S_{VCDT} = -32.3 \pm 0.2‰$
IAEA-S-4	硫元素	$\delta^{34}S_{VCDT} = 16.9 \pm 0.2‰$
IAEA-SO-5	硫酸钡	$\delta^{34}S_{VCDT} = 0.5 \pm 0.2‰$
IAEA-SO-6	硫酸钡	$\delta^{34}S_{VCDT} = -34.1 \pm 0.2‰$

续表

标准物质编号	标准物质名称说明	公布的稳定同位素比值
NBS-127	硫酸钡	$\delta^{34}S_{VCDT}=20.3\pm0.4\%$， $\delta^{18}O_{VSMOW}=39.33\%$

三. 已知 ^{13}C，^{18}O，^2H 稳定同位素比值的标准物质

NBS 18	方解石（calcite）	$\delta^{13}C_{VPDB}=-5.014\pm0.035\%$， $\delta^{18}O_{VPDB}=-23.2\pm0.1\%$
IAEA-CO-8	方解石（calcite）	$\delta^{13}C_{VPDB}=-5.764\pm0.032\%$， $\delta^{18}O_{VPDB}=-22.7\pm0.2\%$
RM-8562	二氧化碳气体（CO_2 gas）	$\delta^{13}C_{VPDB}=-3.72\pm0.04\%$， $\delta^{18}O_{VPDB}=-8.43\pm0.22\%$
RM-8563	二氧化碳气体（CO_2 gas）	$\delta^{13}C_{VPDB}=-41.59\pm0.06\%$， $\delta^{18}O_{VPDB}=-23.61\pm0.24\%$
RM-8564	二氧化碳气体（CO_2 gas）	$\delta^{13}C_{VPDB}=-10.65\pm0.04\%$， $\delta^{18}O_{VPDB}=0.06\pm0.20\%$
Thermo 1.1　CH_4 in Air（法国液空）	CH_4 含量：2.5%、2500ppm、250ppm	$\delta^{13}C_{VPDB}=-45\%$， $\delta D_{VSMOW}=-150\%$
Thermo 1.2　CH_4 in Air（法国液空）	CH_4 含量：2500ppm	$\delta^{13}C_{VPDB}=-25\%$， $\delta D_{VSMOW}=-120\%$
1.1　CO_2 in Air（法国液空）	CO_2 含量：50%	$\delta^{13}C_{VPDB}=-40\%$
1.2　CO_2 in Air（法国液空）	CO_2 含量：50%	$\delta^{13}C_{VPDB}=-25\%$
1.3　CO_2 in Air（法国液空）	CO_2 含量：50%	$\delta^{13}C_{VPDB}=25\%$

四. 已知 $^{15}N/^{14}N$ 同位素比值的标准物质

IAEA-N-1	硫酸铵（ammonium sulfate）	$\delta^{15}N_{air\ N_2}=0.4\pm0.2\%$
IAEA-N-2	硫酸铵（ammonium sulfate）	$\delta^{15}N_{air\ N_2}=20.3\pm0.2\%$
IAEA-NO-3	硝酸钾（potassium nitrate）	$\delta^{15}N_{air\ N_2}=4.7\pm0.2\%$， $\delta^{18}O_{VSMOW}=25.6\pm0.4\%$
USGS32	硝酸钾（potassium nitrate）	$\delta^{15}N_{air\ N_2}=180\pm1\%$， $\delta^{18}O_{VSMOW}=25.7\pm0.4\%$
USGS34	硝酸钾（potassium nitrate）	$\delta^{15}N_{air\ N_2}=-1.8\pm0.2\%$， $\delta^{18}O_{VSMOW}=-27.9\pm0.6\%$
USGS35	硝酸钠（sodium nitrate）	$\delta^{15}N_{air\ N_2}=2.7\pm0.2\%$， $\delta^{18}O_{VSMOW}=57.5\pm0.6\%$
USGS25	硫酸铵（ammonium sulfate）	$\delta^{15}N_{air\ N_2}=-30.4\pm0.4\%$
USGS26	硫酸铵（ammonium sulfate）	$\delta^{15}N_{air\ N_2}=53.7\pm0.4\%$
NSVEC	氮气（nitrogen gas-N_2）	$\delta^{15}N_{air\ N_2}=-2.8\pm0.2\%$
IAEA-305	^{15}N 标记的硫酸铵（^{15}N labelled ammonium sulfate）	$\delta^{15}N_{air\ N_2}$ (Vial A) = 39.8‰，$\delta^{15}N_{air\ N_2}$ = (Vial B) = 375.3‰

标准物质编号	标准物质名称说明	公布的稳定同位素比值
IAEA-310	^{15}N 标记的尿素（^{15}N labelled urea）	$\delta^{15}N_{air\ N_2}$ = (Vial A) = 47.2‰, $\delta^{15}N_{air\ N_2}$ = (Vial B) = 244.6‰
IAEA-311	富集 ^{15}N 的硫酸铵（^{15}N-labelled ammonium sulfate）	^{15}N atom% = 2.05
IAEA 考核样品-1999	富集 ^{15}N 的植株样品-1	^{15}N atom% = 0.544，N% = 2.03
	富集 ^{15}N 的植株样品-2	^{15}N atom% = 1.19，N% = 1.90
	富集 ^{15}N 的植株样品-3	^{15}N atom% = 0.394，N% = 1.53
IAEA 考核样品-2000	富集 ^{15}N 的植株样品-1	^{15}N atom% = 1.58，N% = 1.63
	富集 ^{15}N 的植株样品-2	^{15}N atom% = 0.519，N% = 1.82
	富集 ^{15}N 的植株样品-3	^{15}N atom% = 1.12，N% = 1.31

五. 已知稳定同位素比值的国家标准物质

标准物质编号	标准物质名称说明	公布的稳定同位素比值
GBW-04401	标准水样（一级标准物质）	δ^2H_{VSMOW} = −0.4‰, $\delta^{18}O_{VSMOW}$ = 0.32‰
GBW-04402	标准水样（一级标准物质）	δ^2H_{VSMOW} = −64.8‰, $\delta^{18}O_{VSMOW}$ = −8.79‰
GBW-04403	标准水样（一级标准物质）	δ^2H_{VSMOW} = −189.1‰, $\delta^{18}O_{VSMOW}$ = −24.52‰
GBW-04404	标准水样（一级标准物质）	δ^2H_{VSMOW} = −428.3‰, $\delta^{18}O_{VSMOW}$ = −55.15‰
GBW-04458	氢氧同位素水标准物质*	δD_{VSMOW} = −1.7±0.4‰, $\delta^{18}O_{VSMOW}$ = −0.15±0.07‰
GBW-04459	氢氧同位素水标准物质*	δD_{VSMOW} = −63.4±0.6‰, $\delta^{18}O_{VSMOW}$ = −8.61±0.08‰
GBW-04460	氢氧同位素水标准物质*	δD_{VSMOW} = −144.0±0.8‰, $\delta^{18}O_{VSMOW}$‰ = −19.13±0.07‰
GBW-04461	氢氧同位素水标准物质*	δD_{VSMOW} = −433.3±0.9‰ , $\delta^{18}O_{VSMOW}$ = −55.73±0.08‰
GBW(E)-040001	标准水样（二级标准物质）	δ^2H_{VSMOW} = −0.2‰
GBW(E)-040002	标准水样（二级标准物质）	δ^2H_{VSMOW} = −48.3‰
GBW(E)-040003	标准水样（二级标准物质）	δ^2H_{VSMOW} = −98.4‰
GBW(E)-040004	标准水样（二级标准物质）	δ^2H_{VSMOW} = −151.4‰
GBW(E)-040005	标准水样（二级标准物质）	δ^2H_{VSMOW} = −201.8‰
GBW(E)-040006	标准水样（二级标准物质）	δ^2H_{VSMOW} = −299.9‰
GBW(E)-040007	标准水样（二级标准物质）	δ^2H_{VSMOW} = −403.6‰
GBW-04494	尿素和 L-谷氨酸中碳、氮同位素标准物质*	$\delta^{13}C_{VPDB}$ = −45.6±0.08‰, $\delta^{15}N_{air-N_2}$ = −0.24±0.13‰
GBW-04495	尿素和 L-谷氨酸中碳、氮同位素标准物质*	$\delta^{13}C_{VPDB}$ = −26.58±0.06‰, $\delta^{15}N_{air-N_2}$‰ = 33.75±0.09‰

续表

标准物质编号	标准物质名称说明	公布的稳定同位素比值
GBW-04496	尿素和 L-谷氨酸中碳、氮同位素标准物质*	$\delta^{13}C_{VPDB} = 2.16 \pm 0.10‰$, $\delta^{15}N_{air-N_2}‰ = 17.71 \pm 0.09‰$
GBW-04497	尿素和 L-谷氨酸中碳、氮同位素标准物质*	$\delta^{13}C_{VPDB} = -11.09 \pm 0.09‰$, $\delta^{15}N_{air-N_2}‰ = -7.51 \pm 0.06‰$
GBW-04498	水中溶解无机碳 $\delta^{13}C$ 标准物质*	$\delta^{13}C_{VPDB} = -27.28 \pm 0.10‰$
GBW-04499	水中溶解无机碳 $\delta^{13}C$ 标准物质*	$\delta^{13}C_{VPDB} = -19.58 \pm 0.10‰$
GBW-04500	水中溶解无机碳 $\delta^{13}C$ 标准物质*	$\delta^{13}C_{VPDB} = -4.58 \pm 0.12‰$
GBW-04405	碳酸钙 （无机碳碳、氧同位素的标准物质）	$\delta^{13}C_{VPDB} = 0.57‰$, $\delta^{18}O_{VPDB} = -8.49‰$
GBW-04406	碳酸钙 （无机碳碳、氧同位素的标准物质）	$\delta^{13}C_{VPDB} = -10.85‰$, $\delta^{18}O_{VPDB} = -12.40‰$
GBW-04407	炭黑（有机碳碳同位素的标准物质）	$\delta^{13}C_{VPDB} = -22.43‰$
GBW-04408	炭黑（有机碳碳同位素的标准物质）	$\delta^{13}C_{VPDB} = -36.91‰$
GBW-04416	碳酸盐（无机碳碳、氧同位素的标准物质）	$\delta^{13}C_{VPDB} = 1.61‰$, $\delta^{18}O_{VPDB} = -11.59‰$
GBW-04417	碳酸盐（无机碳碳、氧同位素的标准物质）	$\delta^{13}C_{VPDB} = -6.06‰$, $\delta^{18}O_{VPDB} = -24.12‰$

六. 已知碳、氮百分含量标准物质

GBW-07423	碳、氮含量标准的土壤样品	C% = 1.90，N% = 0.130
GBW-07427	碳、氮含量标准的土壤样品	C% = 1.53，N% = 0.072
GBW-07429	碳、氮含量标准的土壤样品	C% = 0.93，N% = 0.094
AEB -2188	土壤样品	C% = 5.39，N% = 0.35

*国家同位素标准物质的研制单位：中国地质科学院水文地质环境地质研究所。联系人：张琳　18633032566。

附 录 三

赛默飞 IRMS 及其外部设备的主要备件与消耗品清单

1. 稳定同位素比值质谱仪主机

货号/PN	品名描述/Description
1027920	Filament Assy Delta S/＋/XL，普通灯丝，用于 DELTA 型号
1275500	Filament Assy （Vacromium），耐用灯丝，用于 DELTA 型号
0672460	Filament Tungsten，普通灯丝，用于 MAT 型号
1339400	Filament MAT253 Vacromium，耐用灯丝，用于 MAT 型号

2. 元素分析仪

货号/PN	品名描述/Description
468 020 09	Prepacked Reactor NC/CHN Determinations-Argon sealed，用于 NC 测定的预填充反应管
468 020 21	Prepacked Quartz Reactor for NCS Determination-Argon sealed for FLASH IRMS/HT，用于 NCS 测定的预填充反应管
468 020 76	Prepacked Oxydation Reactor NC Determination （FLASH IRMS），预填装氧化管
468 020 77	Prepacked Reduction Reactor NC Determination （FLASH IRMS），预填装还原管
468 200 70	Empty Quartz Reactor 18mm OD（Set of 2），18mm 空反应管
252 045 10	Quartz Crucible，用于提取燃烧灰分的石英灰分管
240 064 00	Universal Soft Tin Containers（Set of 100），OD：5mm；H：8mm；Vol.：157μL，锡杯
338 229 00	Chromium Oxide（25g），氧化铬
338 245 00	Silvered Cobaltous-Cobaltic Oxide（25g），镀银氧化钴
338 353 12	High Quality Copper（50g），还原性铜
338 222 00	Quartz Wool（5g），石英棉
338 219 00	Magnesium Perchlorate [Anhydrone]（100g），无水高氯酸镁
338 352 36	Carbosorb（Ascarite，CO_2 Adsorber，50g），二氧化碳吸附剂
338 375 10	Vanadium Pentoxide（1g），五氧化二钒
115 689 0	HO 反应管组件，包括陶瓷管、玻璃化碳管、玻璃化碳粒、石墨坩埚、银棉和石英棉等
112 131 0	Galssy carbon reactor，玻璃化碳管

货号/PN	品名描述/Description
111 740 1	Glassy carbon granulate，玻璃化碳粒
115 723 0	液体进样口金属组件，含金属管线
240 054 00	Silver Containers（set of 100），银杯
111 739 1	Ag capsules 0.03mL contents（set of 250），银杯
111 743 0	Silver Wool 0.002kg，银棉
205 005 00	Forceps，镊子
205 006 00	Small Spatula for container filling，取样小勺
112 316 0	有孔包样盘，黑色
122 851 0	Sample Tray CF IV，样品盘
124 347 0	Sample Tray Cap，样品盘盖子
114 138 0	TC/EA 上衡量填装填料高度的细长金属钩子
119 625 0	H_2O-Kit 液态水进样金属插件
109 150 0	Septum 11mm，H_2O-Kit，进样隔垫，绿色
365 040 45	Syringe 0.5 μL，50mm，H2O-Kit，0.5μL 进样针
290 206 49	Bottom O-ring（Set of 5），O 形圈
290 206 82	Top O-ring（Set of 5），O 形圈
260 082 05	IRMS Separation Column（SS；3m；6×5 mm），碳氮分离柱
260 082 15	CHNS/NCS Separation Column（PTFE；2 m；6×5 mm），碳氮硫分离柱
260 070 80	Sulphur Separation Column for IRMS/HT（PTFE；0.8m；6×4mm），硫专用分离柱
260 079 00	O/H Separation column（SS；1m；6×5mm），氢氧分离柱
BRE0005436	Halogen Bulb 230，EA IsoLink by temperature ramped GC oven，卤灯，用于 EA IsoLink 程序升温柱温箱
281 131 02	Adsorption Filter for IRMS/HT Version（small size），普通吸附阱
290 136 35	Sealing O-Ring for adsorption filter（Set of 2），用于吸附阱两端的 O 形圈

3. 气相色谱接口

货号/PN	品名描述/Description
1255321	Combustion reactor tube for ^{13}C and ^{15}N，GC IsoLink II，NC 反应管
1257100	HTC reactor tube for ^2H，GC IsoLink II，H 反应管
1149050	HTC reactor tube for ^{18}O，GC IsoLink II，O 反应管
1255320	Combustion reactor tube，GC IsoLink，NC 反应管
1255330	HTC- reactor tube f. H_2，GC IsoLink，H 反应管

续表

货号/PN	品名描述/Description
1220690	3ltr dewar vessel/w.holder/f.autocool，3L 规格液氮冷凝阱
1364600	液氮阱上方开孔盖子
0783120	Insert fur，Trace 1310，Splitless，Liner，4mm×6.5×78.5，用于 Trace 1310 GC 不分流衬管
45351030	Liner Split，用于 Trace 1310 GC 分流衬管
45350031	Liner Split 3 mm，用于 Trace GC Ultra 分流衬管
29053488	Encapsulated Graphite Ferrule for 0.1～0.25mm Column（10pk），PTV 进样口杯型石墨垫
29013488	Ferrule cap graph（0.1 & 0.25mm ID Pk 10），进样口石墨垫
29013487	Ferrule cap graph（0.32mm ID Pk 10），进样口石墨垫
290GA139	Graphite Ferrule 0.1～0.32（Set of 10），石墨垫圈
1004850	Ferrule 1/16" GVF/003，石墨垫圈
0674920	Ferrule 1/16" GVF/004，石墨垫圈
0566390	Ferrule 1/16" GVF/005，石墨垫圈
1060170	Ferrule 1/16" GVF2/003，双孔石墨垫
1006490	Ferrule 1/16" GVF2/004，双孔石墨垫
1121090	Ferrule-Removal-Kit（Set of 2），清除套圈碎屑用的细针
20509007	GC Column Cutter，毛细管割刀
60201318	Ceramic Capillary Column Cutter for Fused Silica，毛细管割刀
365D0291	Syringe 10μL×50mm Needle Cone，TriPlus RSH Autosampler Syringe，10μL 进样针
22151869	Kit Seal Cap，Polyethylene SnapCap Septum Silicone/PTFE（Set of 10），洗针瓶上使用的带隔垫密封瓶盖
31303230	BTO Septa，11.5mm（Set of 50），用于 Trace 1310 GC 的进样隔垫，红色
31303210	BTO Septa 17mm Inj SSL，用于 Trace GC Ultra 的进样口隔垫，红色

4. GasBench 与 PreCon 装置

货号/PN	品名描述/Description
1168790	Sample Vials 12mL，cleaned，12mL 样品瓶 1 包，含 100 个样品瓶和 300 个瓶帽/隔垫
1141370	Cap/Septum for Exetainer/pk.w.1000pcs，1000 个瓶帽/隔垫
1137020	Measurement Needle GasBench，双孔取样针
1137030	Acid Needle GasBench，酸针
1137070	Acid Tube Carbonate，酸管路
1091831	Catalytic Rods，box of 50rods（Pt），铂黑棒（50/包）
0171911	PoraPlot Q Cap. Column 25m×0.32mm，石英毛细管分离柱

续表

货号/PN	品名描述/Description
0743390	Nafion tubing for gas dryer，气体干燥管
1004850	Ferrule 1/16" GVF/003，石墨垫圈
1060170	Ferrule 1/16" GVF2/003，双孔石墨垫
1068240	Gas-Container（100ml）PreCon，100mL 采样瓶
1068230	Ascarite Trap，化学吸附阱

注：上述货号信息仅供参考，未来可能会有变动，购买时请与厂家联系并确定对应实物信息。（孟宪菁收集整理）